研究生创新教育系列

"十二五"国家重点图书出版规划项目

生命科学前沿

基因健康信息学

杨　进　主编

科学出版社

北　京

内 容 简 介

本书围绕基因组导向下健康管理创新性关键技术——基因健康信息学，以后基因组研究成果为基础，从动态发展角度出发，坚持产、学、研、用相结合的整体思路，详细论述了基因健康信息学在基因组导向下健康管理中的重要性和核心位置，并对基因健康信息学新的概念提出目的、相关具体定义和内容、所涉及的关键技术等进行了系统阐述，其目的在于提高我国基因组导向下健康管理的科学性和实际管理水平，促进我国基因组导向下健康管理事业的快速、可持续发展。

本书是创新思维的产物，是目前首部专门论述基因健康信息学的书籍。适于医生、健康管理师、基因健康管理师和其他相关企事业人员，以及广大对基因组与健康事业感兴趣的大众人员参考阅读。

图书在版编目（CIP）数据

基因健康信息学／杨进主编. —北京：科学出版社，2015.12
(生命科学前沿)
ISBN 978-7-03-046837-6

Ⅰ.①基…　Ⅱ.①杨…　Ⅲ. ①生物信息论–应用–人类基因–研究
Ⅳ. ①Q987

中国版本图书馆 CIP 数据核字(2015)第 312466 号

责任编辑：罗　静 / 责任校对：蒋　萍
责任印制：赵　博 / 封面设计：北京铭轩堂广告设计有限公司

科学出版社出版
北京东黄城根北街 16 号
邮政编码：100717
http://www.sciencep.com
北京凌奇印刷有限责任公司印刷
科学出版社发行　各地新华书店经销
*
2015 年 12 月第　一　版　开本：720×1000 B5
2018 年 1 月第三次印刷　印张：19
字数：364 000
定价：108.00 元
(如有印装质量问题，我社负责调换)

《基因健康信息学》
编者名单

主　编　杨　进

副主编　冯　筠　董　靖　雷　蕾

编　者（以姓氏笔画为序）

王　敏　王　檬　王月雯　王莉莉　冯　筠　刘瑞涛

朱　锐　闫　伟　张晓庆　杨　进　杨　莹　杨芳芳

陈尔飞　郑万里　贺红娟　徐晓娜　曾　媛　董　靖

雷　蕾　裴雨晨　瞿晓婷

前　言

21 世纪初，随着人类基因组计划的完成，我们现处于后基因组时代，后基因组时代生命科学的研究方向已由对生命现象最基本的基因组、转录组、蛋白质组等三个层面的生物信息学与组学的研究（即基因组到生物学，from genome to biology）过渡到运用基因组学的知识来解决人类及各种生物体自身问题的方向上来，而这其中研究的主要内容之一就是基因组与健康(即基因组到健康，from genome to health)。人类基因组与健康的研究就是从基因组、转录组、蛋白质组等三个层面研究疾病发生的分子机制，以及它们与影响健康的各种因素及其之间相互作用的规律，以期阐明基因组与健康的关系，推动以预防为主的基因组导向下健康管理事业的发展，从而征服人类自身的疾病，提高健康水平及生命质量，创造经济价值，促进社会的发展（即基因组到社会，from genome to society）。可以说，人类基因组计划后续的人类基因组单体型图计划、国际千人基因组计划、第一次亚洲人基因组计划、人类泛基因组计划、人类宏基因组计划、人类古老基因组计划、国际肿瘤基因组计划、表观基因组计划等一系列大规模的国际合作计划的实施，是在人类健康领域对人类基因组计划的进一步诠释和延伸，是从不同方面来研究和阐明基因组与健康之间的关系。后基因组时代正在围绕解决基因组与健康的关键问题展开深入、细致、全面的研究。同时也伴随着基因组与健康生物数据呈指数级的积累，而这种积累本身也在加速。如何将海量的基因组与健康原始数据进行深加工从而转化为具体有用的信息和知识乃至最终带来经济效益和社会效益，则是摆在我们面前亟待开展的课题。而运用好生物信息学这一工具是快速促进 21 世纪基因组与健康以及基因组导向下健康管理事业发展的有效方法。因此，基因健康信息学应运而生。基因健康信息学是基因组学、医学信息学和信息技术发展到一定阶段的产物。它的研究对象是与健康（及疾病）相关的基因组、蛋白质组等组学信息活动及其规律；其研究内容包括对基因—健康—信息三个相互关联的维度进行的探讨，具体涉及健康领域基因组信息的获取、处理、储存、分配、分析和解释以及信息安全和伦理等问题。是基因组与健康以及基因组导向下健康管理事业发展的基础。目前，虽然基因组与健康研究结果如雨后春笋不断涌现，在基因健康信息的处理、储存、分析和利用等方面的研究也不断深入，但基因健康信息学的概念还没有被明确提出，该学科仍处于早期发展阶段，尚没有完整统一的学科系统。

为了快速推进基因组与健康事业的发展，西北大学预防基因组医学研究所联合西北大学信息学院在从事多年遗传分析、遗传咨询、基因组导向下健康管理、医学信息学等产、学、研实践的基础上，本着创新、整合的理念，尝试着从与其相近的若干学科的概念来理解基因健康信息学，历时一年多的时间编写了《基因健康信息学》一书。其目的就是想与广大读者深入探讨和交流基因健康信息学相关知识，吸引和培养一批从事基因健康信息学相关研究的技术骨干，以期在我国开展关于基因健康信息学的深入探索和讨论，提高我国基因组与健康事业（特别是基因组与健康转化事业）的水平，最终造福于我国人民的健康。

钱学森曾经提出一个学科体系应由四个部分组成，即学科的哲学部分、基本理论部分、学科技术部分、工程技术部分。略去学科的哲学部分不谈，根据这个思路，我国基因健康信息学应由基本理论、科学技术和工程技术三个部分组成。全书内容也分为三篇：即基础篇、技术篇和应用篇。第一篇基础篇由两章组成，在介绍基因健康信息学产生背景的基础上，着重阐述基因、基因组、健康、基因健康信息学的定义及其相互关系，以及基因健康信息学的具体内容等。第二篇技术篇由三章组成，力求从动态发展角度出发，审视基因健康信息学相关技术的新进展，阐明基因健康信息相关数据的产生、挖掘、储存利用等技术。第三篇应用篇由三章组成，在介绍基因健康信息学系统应用体系及相关大规模合作计划和数据库的基础上，以复杂疾病遗传分析数据库建设及遗传分析模型再建立等内容为例，阐明了基因健康信息学在基因导向下健康管理中的具体应用。

本着创新、整合的理念，围绕基因健康信息学相关基本理论、科学技术和应用三个部分编写，并特别注重理论与具体预防医学实践的结合，这是本书的主要特点。本书适用于从事基因组与健康信息研究及应用的人员以及广大对基因组与健康事业感兴趣并主动参与自身健康管理的大众人员。

本书的编写人员由两位教授、两位讲师及 15 位硕博研究生组成。他们大部分都有从事多年基因健康信息学相关产、学、研实践的基础，并跨预防基因组医学及信息学等两大领域。这种医学领域与非医学领域编写者的组合是本书编写的一种新的尝试，希望对于拓展医学院校、预防医学院校、信息学院校及从事健康管理等专业研究生及从业人员的知识面和科研思路有所裨益。各位编者在所撰写的章节中尽可能融汇了个人的科研成果、教学和实践经验，以使读者对相关内容有更为深刻的理解。在编写过程中，我们首先召开了编者会议，集体讨论和议定了编写大纲和各章的知识点，分头执笔完成初稿以后，进行互审，全书进行了多次的审定和修改，以尽量提高编写质量。但是由于编写时间仓促、编者学识水平有限，加之基因健康信息学发展异常迅速，本书难免存在遗漏、错讹和缺憾之处，谨请使用本书的广大师生、科技工作者和其他相关读者批评指正。

本书每章末列出了以原始论文为主的若干参考文献，以供读者进一步学习参考。在本书的整个编写过程中，始终得到西北大学领导们的大力支持，此外，还有一批为本书编写工作和编写会议作贡献的人士，在此一并表示衷心的感谢。

杨　进

2015 年 7 月

目　　录

第三篇　应　用　篇

第一篇

基　础　篇

第一章　基因健康信息学的兴起

第一节　基因组导向下的健康管理是现代疾病防治的有效手段

一、健康事业的发展促进健康管理事业的发展

随着人民生活水平的不断提高和生活方式的转变，人口逐渐老龄化及人们生活日趋都市化（生活节奏快、精神压力大、营养过剩、高盐摄入、久坐缺少锻炼），致使近数十年来世界范围内疾病谱和死因谱开始发生结构性变化：影响人们健康的主要疾病由过去的急性传染病、母婴疾病转变为慢性非传染性疾病，其中主要是常见慢性病，即复杂疾病。就我国而言，2012 年 5 月 8 日，卫生部等 15 个部门联合印发的《中国慢性病防治工作规划（2012～2015 年）》中指出：影响我国人民群众身体健康的常见慢性病主要有心脑血管疾病、糖尿病、恶性肿瘤、慢性呼吸系统疾病等，并呈现发病人数快速上升的井喷态势。我国现有慢性病确诊患者 2.6 亿人，其中，糖尿病患者有 9240 万，血糖增高尚未诊断为糖尿病的人群有 1 亿 4 千万；高血压的患者超过 2 亿，每年增加 1000 万人；心脑血管疾病超过 2 亿人，占我国每年总死亡人数 1/3。慢性病导致的死亡人数已经占到我国总死亡人数的 85%，导致的疾病负担已占总疾病负担的 70%。慢性病已成为致死致残、因病返贫的重要原因，若不及时有效控制，将带来严重的社会经济问题。据国家卫生部统计，人一生中患复杂疾病的概率是 72.18%。每年复杂疾病防治所消耗的社会资源达 2.8 万亿元，远远超过我国年均 GDP 的增幅（1.8 万亿元）。以上这一组触目惊心的数据已明确告诉我们，复杂疾病的发病在我国已经呈现井喷态势，其早期防治已刻不容缓，如再不加以有效控制，其将会严重制约我国社会和经济的发展[1]。

多年来我国对复杂疾病的防治采取了众多措施，但其发病率和死亡率仍呈逐年上升的趋势这一客观事实证明：传统的临床医学模式（诊断、药物和手术）和传统的预防医学（预防接种和母婴保健）已远远不能满足人们对疾病防治的需求。传统医学模式对于复杂疾病的诊治基本上建立在患者已有症状的基础之上，因此是一种“治标”的模式，这时的干预耗费了社会和家庭巨大的资源，其效果却往往不尽人意，事倍功半，只能是“亡羊补牢”。健康科学事业的发展促使传统疾病

医学向现代的生物—心理—社会医学模式转变。这种模式强调几乎所有疾病都是由遗传因素（内因）和环境、生活习惯（外因）等多因素共同作用的结果，同时强调社会、心理因素对疾病发生发展的影响。医学模式的转变促进了健康理念的变化。人们逐渐认识到：健康不仅仅是没有疾病和痛苦，而是包括身体、心理和社会功能各方面的完好状态；良好的健康是社会、经济和个人发展的重要资源。此外，现代的生物—心理—社会医学模式更加关注引起疾病的各种危险因素，这就为人们通过控制危险因素来防控疾病的发生奠定了基础，也就是说它是一种“治本”的模式，它在强调对疾病诊治的基础上更加关注对疾病的早期预防。

随着医学模式和健康理念的转变，特别是随着社会的发展、科技的进步及人们生活水平的提高，人们自觉地维护自身健康的意识及防控疾病发生的能力不断提高。人们对疾病防治的理念也在发生着变化，不是只关注得了病后如何诊治，而是把更多的注意力渐渐放在如何控制疾病的危险因素，并主动参与管理好自身的健康，以期长期维持自身良好的健康状态，使疾病不发生或晚发生。这种转变促进了健康管理事业的发展。所谓健康管理指的是：按照现代健康理念和医学模式要求，采用先进的医学科学技术和经验，结合运用现代管理科学的理论和方法，有目的、有计划、有组织的管理手段，调动全社会各个组织和每个成员的积极性，通过对群体和个体的整体健康状况、健康素质、身心状态、健康危险因素进行全面检测、监测、分析、评估、预测、预警和跟踪干预管理，以达到维护、改善、促进群体和个体健康，提高生活生命质量，延长健康寿命之目的。健康管理是一门集生命科学、管理科学和信息科学为一体的综合科学，它的主要内容就是健康检查、健康评估、风险干预和健康促进。健康检查是基础，风险干预是关键，管理（个人和社会）是重点，健康促进和改善是目的。它所创建的医学服务模式是以人为本，预防为主，主动、系统地全程健康监管与跟踪服务，更加注重人的健康素质的提高，不良生活方式及行为的改善[2, 3]。目前人们熟知的 4P 医学模式就是一种新型的健康管理模式。所谓 4P 医学是指预测医学（predictive medicine）、干预医学（preemptive medicine）、个体化医学（personalized medicine）、主动参与医学（participatory medicine）。4P 医学的主要理念是在疾病发生之前，对其进行早期准确的预测及有效的早期干预，使疾病晚发生或不发生；对已患疾病进行个性化的、有针对性的有效诊断和治疗；同时强调在疾病防治过程中个人的主观能动性，提倡个人主动地参与到对自身健康的认识和维护过程中。4P 医学是人们对健康规律的认识趋向整体，疾病的控制策略趋向系统的产物。这种健康管理模式贯穿疾病发生发展全过程。目前，以预测和早期干预为主的 4P 医学这一新兴健康管理模式被普遍认为是复杂疾病早期防治的有效手段。

二、基因组导向下的健康管理是非传染性疾病防治的有效手段

早在 1987 年，诺贝尔生理学或医学奖获得者利川根进博士指出：所有疾病的发生都与遗传基因有关，差别仅在于程度的不同。在非传染性疾病中，几乎绝大部分都与遗传基因有关，属于遗传病。遗传病是指由遗传物质发生改变而引起的或者受其影响的疾病，其中有很多属于常见病和多发病。人类遗传疾病包括单基因遗传病、染色体遗传病、线粒体遗传病和多基因遗传病，即复杂疾病，主要以常见慢性病为代表。虽然单基因遗传病的平均发病率并不高，但有些病的发病率也不低，例如，红绿色盲的男性发病率为 5%～7%，高度近视的发病率为 1%，发病率接近万分之一的单基因遗传病接近 10%，且单基因遗传病种类多，已超过 5000 多种，较常见的就超过 1000 余种；染色体异常疾病发病率为 5.5%左右，种类超过 100 种。这两种遗传病遗传因素在疾病的发生发展过程中起着决定性作用，疾病一旦被确定干预和预防措施不多，就会给人类健康造成极大危害。多基因遗传病，虽然病种不多，超过 50 种，但发病率都较高。总共估计，遗传病的发病率会超过 25%，4 个人里面就有一个被遗传病所累。遗传病已经成为严重的社会公共卫生问题[4]。由于几乎所有非传染性疾病都与遗传有关，深入研究遗传基因与疾病与健康之间的关系可以帮助我们找到解决疾病有效防控的“钥匙”。

21 世纪初，随着人类基因组计划（human genome project，HGP）的顺利完成，一个崭新的时代——后基因组时代已经来临。后基因组的主要研究内容之一就是基因组与健康（Collins et al.，2003）。人类基因组计划的完成、人类基因组单体型图计划的实施以及数百种病原基因组的解析，不仅为基因组医学研究打下了坚实的基础，而且促进了 4P 医学的快速发展。近 10 年来，基因组与健康事业的发展势如破竹，研究成果大量涌现，一个个与疾病相关的致病基因及变异被不断确定，使得我们通过基因检测对疾病进行早期准确的患病风险评估并在此基础上进行早期个性化健康干预成为可能，也促进了基因组导向下健康管理事业的发展。可以说缺少基因组数据的健康管理是不完善的，这可从以下几个方面理解：①一切健康问题几乎都是由遗传因素和不良外部环境、生活习惯、心理及社会等因素共同作用的结果，缺少对遗传因素的检测、评估和干预的健康管理从内容上来说是不完全的。②健康及健康管理的本质。新的健康以及健康管理理念的提出是科学快速发展以及与之相伴随的人类创新思维的必然产物。在多年的健康管理实践中，人们逐渐认识到人与人之间的健康管理内容是有差异的（包括内在的遗传和外在的外部因素等），而内在差异的本质是什么还不是很清楚。人类基因组计划的完成，为认清个体间存在的健康管理本质差异打下了坚实基础。我们现在知道：与健康或疾病相关的一些现象，如患病风险、药物治疗的有效性和毒副作用等人与人之

间都存在差异，而这些差异主要是由基因组中 0.1%的差异序列引起的；几乎一切健康或疾病（主要指遗传性疾病）相关的表型其本质就是基因表达的改变从而引起各种不同表型的出现。因此，没有基因检测数据，我们就无法开展现代的、科学的个体化医疗及健康管理工作。③健康管理的时效性、有效性和完整性。现代先进的健康管理理念是疾病预防为主、贯穿生命全过程的健康维护等，因为基因是根本，很多基因问题是先天遗传下来的，因此，只有通过基因检测，才能把疾病的科学预防推到生命的早期，才能真正实现有效和完整的贯穿生命全过程的健康管理和健康维护：此外，新近的研究结果显示：环境因素、饮食、运动等生活习惯是可以改变基因表达水平的，并很有可能长期作用于基因，产生基因记忆，并一代代遗传下去。本质上来讲，如果我们不从战略上设计并改变人类生存所必须面临的环境、文化和心理等问题，现在一切针对疾病、健康或亚健康的防治措施都是相对的治标而不是治本。因此，认识清楚基因（基因表达）在健康生命维护和群体健康生命传承中的重要性，可以指导我们开展早期、更加有效的促进健康工作（如加强、加快健康文化创新工作，加快以健康为核心的新的心理学创新步伐等，并以此为基础，传播健康文化、健康思维和健康心理等，以期最终养成群体和个人的健康行动习惯），真正改变影响个体和人类健康的土壤和环境，事半功倍地促进健康事业的发展。基于基因检测的基因组导向下的健康管理以其时效性（早发现、早预防）、有效性和全面性已经成为遗传性疾病（包括单基因遗传病、染色体异常病和复杂疾病）防治和健康促进的有效手段。④科学性和精准性。在传统的健康管理体系中，缺少对健康问题的本质认识，健康管理缺少科学性和精准性。基因检测数据是实现“精准医疗”的前提和基础。前不久，美国总统奥巴马强势推出的“精准医学”计划，指的就是个体疾病的遗传学信息用于指导其诊断和治疗，精准医学本质上反映的就是科学的个体化医疗思维。我们可提出“精准健康管理”这一理念，因为从思维的角度看，精准健康管理除包含有个体化医疗及精准医疗等科学理念外，还包含预防为主的理念和管理思维等。基因组导向下的健康管理是实现“精准健康管理”的核心内容，精准健康管理的理念要求我们以科学的健康思维为基础，在从事基因组导向下的健康管理实践中，采取科学的方法和手段（基因健康信息学）逐步完善遗传分析、遗传咨询及基因组导向下的健康管理等内容，使健康管理更加科学、有效。可以总结为以下几句话：以科学的健康思维为基础，以建立在基因健康信息学基础上的科学的遗传分析、咨询及健康管理为手段，最终实现“精准健康管理”这一目标。由此看来，缺乏基因组数据的健康管理是不完善的和不精准的，健康管理师必须要掌握遗传分析、遗传咨询、基因健康信息学及基因组导向下的健康管理等知识内容，只有这样，才能做好“精准健康管理”工作。

基于基因组检测的基因组导向下的健康管理以其时效性（早发现、早预防）、有效性和全面性已经成为非传染性疾病防治的有效手段。2008 年美国国立卫生研究院报告显示：美国人通过基因检测及健康管理家族性大肠癌发病率下降 90%；卵巢癌 5 年生存率高达 80%～90%；肝癌 5 年生存率由 0 提高到 46.4%；96%以上的乳腺癌可以治疗；70%以上的重大慢病得到了有效控制。

基因组导向下健康管理还没有一个明确的定义，我们探索性给出定义，以便进一步讨论。基因组导向下健康管理指的是：在现代科学健康思维基础上，按照现代健康理念和医学模式要求，将基因组和遗传数据通过基因健康信息学的科学方法，结合先进的医学科学技术和经验以及运用现代管理科学的理论和方法，有目的、有计划、有组织的管理手段，调动全社会各个组织和每个成员的积极性，通过对群体和个体的整体健康状况、健康素质、身心状态和健康危险因素进行全面检测、监测、分析、评估、预测、预警和跟踪干预管理，以达到科学、有效地维护、改善、促进群体和个体健康，提高生活生命质量，延长健康寿命之目的。基因组导向下健康管理是一门集基因与健康科学、管理科学和信息科学为一体的综合科学，它的主要内容就是基因与健康相关因素检查、健康综合评估、基因导向下风险干预和健康促进。健康相关因素检查是基础，基因导向下风险干预是关键，管理（个人和社会、基因健康信息）是重点，健康促进和改善是目的。它所创建的医学服务模式是以人为本，预防为主，主动、系统、科学精准的全程健康监管与跟踪服务，更加注重人的健康素质的提高，不良生活方式及行为的改善，其本质就是精准健康管理，是个体化医疗和健康管理的基础，是转化医学的重要组成部分。

我们现在处于后基因组时代，后基因组时代的健康法则是疾病在于预防，预防在于预知，预知的前提是我们必须要了解自己的基因。有专家预测：二十一世纪以预防为主的基因组医学——预防基因组医学必将成为主流医学。到目前为止，关于预防基因组医学还没有一个明确的定义，我们探索性下一个定义以便引起讨论并有目的性地促进预防基因组医学的快速发展。预防基因组医学是为适应基因组学、后基因组学及健康医学的快速发展，从医学中分化出来的，由多门分支学科组成的一个独立的学科群。它以人类群体为研究对象，依据应用基因组学、生物医学、环境医学、营养学、毒理学、社会医学等的理论，使用宏观与微观相结合的方法，从基因组学的角度出发，研究疾病发生的分子机制、影响健康的各种因素及其相互作用的规律，在综合评估疾病相关内因（遗传因素）和外因（环境因素、生活习惯等）的基础上制定预防对策和措施，以达到预防疾病、促进健康，提高劳动能力和延年益寿为目的的一门综合学科，它是转化医学的重要组成部分。通俗地讲，预计不远的将来我们每个人都会有属于自己的基因图谱，包括基因图、序列图、遗传图、基因表达图等，那时的医生或健康管理师会一手拿着您的基因图谱，一手拿着您的相关环境、社会、生活习惯、心理、体检等信息，在可靠的基因健康信息基础上做出综合评估，并准确预测您的基因组导向下的可能健康状况，并进行科学的基因组导向下的健康管理，以期保持良好的健康状态，使疾病不发生或晚发生。预计预防基因组医学的发展必将促进预防基因组信息产业的发展，并以此为基础促进基于基因组与健康信息的医药咨询、社区医疗和保健、电子医疗和远程医疗等事业的快速发展（图 1-1）。

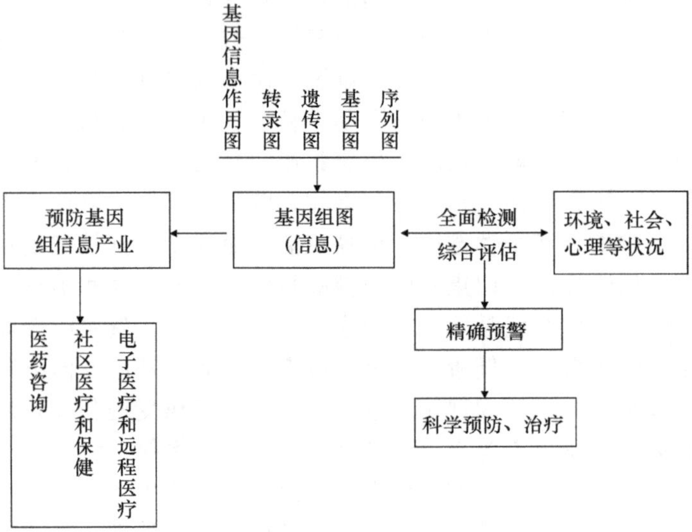

图 1-1　预防基因组医学的发展

预防基因组医学和基因组导向下的健康管理都是基因组与健康领域里最新的人类思维活动的产物，都是先进的健康相关理念，内容也大部分重叠。预防基因组医学更侧重基因组与健康相关研究、疾病预防和健康维护方案的制定，基因组导向下健康管理更加侧重管理实践和管理效果，但它们的最终目的都是预防疾病、促进健康，提高劳动能力和延年益寿。

深入开展非传染性疾病的基因组学研究，并在此基础上将海量基因组信息转化为具体的预防基因组医学实践（基因组导向下的健康管理实践）将成为 21 世纪针对非传染性疾病进行防控的主要发展趋势。我国非常重视对非传染性疾病的防控。国务院颁布的《国家中长期科学技术发展规划纲要（2006～2020 年）》指出，重大疾病防治要战略前移，重点研究开发心脑血管病、肿瘤等重大疾病的早期预警和诊断、疾病危险因素早期干预等关键技术。发展健康产业，将基因组科学和健康管理相结合，这是一个新的指导思想，也是大势所趋，相信非传染性疾病的基因组导向下的健康管理事业的发展必将提高我们对疾病的防治水平，造福于人类。

第二节　基因健康信息学是基因健康事业的基础

一、人类基因组计划的完成促进了生物信息学的发展

随着生命科学的不断发展，人们对生命现象及生命运动的本质的认识也不断加深。早在20世纪中叶，人们就认识到生命是能够进行繁殖、新陈代谢、生长发育、遗传变异的半开放系统，然而生命又不是组成其各种物质（水、蛋白、脂肪等）的简单组合，而是作为一个系统，高度有序整合的有机体，不同物质共同完成各种生命活动。那么不同物质相互交流的语言就是生物信息，这种语言实际上是指导生命活动的核心。所以从这个意义上来讲，生命区别于非生命的根本特点可以看作是自发储存并加工生物信息的复杂系统，在这个系统中DNA是信息储存的载体（模板）；蛋白质进行信息加工（催化）；RNA具有双重功能。系统生物学认为：生命体是物质、能量和信息内部和相互间代谢及影响而形成的有机体。而构成生命体的各个层次（分子、细胞、组织、个体、群体、生态系统等）也离不开各种信息（如遗传基因、神经信号、激素等）的交换和传递。从这个意义上来讲，人类疾病的产生可以理解为涉及某种生理过程（功能）的信息流动和代谢发生异常，因而也可称作“信息病”。

20世纪后期，生命科学技术迅猛发展，无论是数量上还是质量上都极大地丰富了生命科学的数据资源。数据资源的急剧膨胀，迫使人们寻求一种强有力的工具去组织这些数据，以利于储存、加工和进一步使用。一方面，海量的生物学数据中必然蕴含着重要的生物学规律，这些规律将是解释生命之谜的关键，人们需要一种强有力的工具来协助人脑完成对这些数据的分析工作；另一方面，以数据分析、处理为本质的计算机科学技术和网络技术迅猛发展并日益渗透到生命科学的各个领域，于是生物信息学悄然兴起。生物信息学（bioinformatics）是一门交叉科学，它包含了生物信息的获取、加工、存储、分配、分析、解释等在内的所有方面，它综合运用数学、计算机科学和生物学的各种工具，来阐明和理解大量生物数据所包含的生物学意义[5]。

随着21世纪初人类基因组计划的完成，生物信息学得到了前所未有的快速发展。生物信息学的快速发展首先得益于人们对复杂的生命现象的认识有了革命性的转变。基因组研究进一步验证和确定了关于生命的两个创造性结论：生命是序列的（life is of sequence）；生命是数据的（life is digital）。生命是序列的是指生命的遗传物质DNA是由四种脱氧核苷酸按严格顺序有机组成的，这种有序的DNA序列奠定了复杂生物体有序活动的基础。也可以说DNA核酸序列是我们研究生物信息的起点和基本内容，也是连接生命科学与信息科学的桥梁。由很多科学家明

确提出生命是数据的[6, 7]。这句话的意思是，生命传承的过程不是单纯的模仿和复制，而是由数据编码完成的，即生命的指令是数据的。生命的繁衍，始于遗传物质（核酸）的复制和变异，进而形成一定的表型（蛋白质），也就是说生命的信号通常间接地由核酸传递给蛋白质，而并非简单复制，在这个过程中，遗传信息既有保留，也有创新。生命越高等，这个过程越复杂。这种认识上的转变为生物信息学的发展奠定了理论基础。此外，随着人类基因组计划的完成，人们逐渐认识到一种复杂的生命现象不是只由一个基因或几个基因来参与活动的，它可能涉及基因组中很多个基因的共同作用，这就促使人们在研究复杂的生命现象时更多地以组学的理念和思路来考虑问题。特别是随着近些年来高通量组学检测技术的不断发展和成熟，使得这种以组学的理念为基础的研究思路得到进一步落实。人们按照分子生物学的中心法则，在DNA、RNA、蛋白质等各个层面从事与生命相关的各种组学研究，伴随着的生物数据正经历指数级的积累。截至2009年8月，已经有6393个物种完成基因组全序列测序，而且生物数据量还将以越来越快的速度增长，生物学数据的积累并不仅仅表现在DNA序列方面，与其同步的还有蛋白质一级结构，即氨基酸序列的增长。此外，迄今为止，已有数万种蛋白质的空间结构以不同的分辨精度被测定。而这种增长速度本身也在加速。这种情况不仅反映了科学知识的深化和研究方式的转变，而且在短短几年内必将影响生物、医学、农业乃至军事等众多领域。生物信息数据爆炸性增长也给我们带来了更大的挑战。如何将海量的原始数据进行深加工从而转化为具体的知识乃至最终带来经济效益和社会效益，则是摆在我们面前亟待开展的课题。必须快速发展生物信息学才能从根本上解决这一问题。实际上，生物信息学的研究重点之一就是组学（omics）研究，即同时研究成千上万个基因或蛋白质集合的生物特性。类比于分子生物学的中心法则（DNA—RNA—蛋白质），生物信息学在组学研究中的中心法则可以概括为基因组—转录组—蛋白质组。

生物信息学现已迅速发展成为当今生命科学最具吸引力和重大的前沿领域。它不仅是一门新学科，更是一种重要的研究开发工具。从科学的角度来讲，生物信息学是一门研究生物和生物相关系统中信息内容与信息流向的综合系统科学。只有通过生物信息学的计算处理，人们才能从众多分散的生物学观测数据中获得对生命运行机制的系统理解。从工具的角度来讲，生物信息学几乎是今后所有生物（医药）研究开发所必需的工具。只有根据生物信息学对大量数据资料进行分析后，人们才能正确地选择该领域研发的方向。

总之，生物信息学在不断的实践和发展中已从一门不断发展和完善的前沿学科，逐渐走向成熟，已当之无愧地成为当代生命科学中的核心学科，其基本理论和研究方法已广泛并深入渗透到其他学科的教学和科研中。可以说目前在生物医学领域取得出色的研究成果，缺少生物信息学这把利器是很难想象的。从应用的角度说，21 世纪生命科学领域任何事业的发展都离不开生物信息学这一工具。坚持信息管理理念、运用好生物信息学这一工具是做好 21 世纪生命科学领域任何工作的前提和基础。

二、健康信息学的发展促进了健康管理事业的发展

在健康管理事业发展的过程中，人们逐渐认识到运用生物信息学这一有力工具促进健康管理事业快速发展的重要性。因此，健康信息学应运而生。健康信息学创立于美国。1996～1997 年，在一位美国学者发表的题为《用户健康信息学与病人决策制定》的报告中，首次出现健康信息学这一概念，但也有报道在美国哈佛大学医学院 Tom Ferguson 的一篇论文中首次提出该概念[8]。目前，较为公认的完整的用户健康信息学概念是由 G. Eysenbach 提出的[9]，他对学科的隶属、内容及方式等都做了明确的定义。2010 年由 Evelyn J. S. Hovenga 主编、在荷兰 IOS 出版社出版《健康信息学概述》（*Health Informatics：An Overview*）一书，书中从全球视角说明了健康信息学的发展历史，详细阐述了健康信息学的概念、内容等。现一般认为：健康信息学是指在生物医学、生命科学及信息工程等多学科高度交叉的领域，通过对不同层次上多模态、多尺度信息的获取、传输、处理、存储和检索，从遗传信息开始，将与个体健康相关的信息从分子到系统地进行监测、记录、管理和分析，以深入理解人体内在的生物、生理及病理原理，从而对患病风险进行早期预测，对不良倾向进行及时调整，对健康状态进行综合评估，并努力做到疾病个性化早期发现、早期诊断和早期治疗。

起初，健康信息学以满足广大客户维护自身健康、防控疾病的发生为目的，其主要内容为用户健康信息学。用户健康信息学冠上“用户”二字，明确了用户健康信息学服务的对象。用户这个概念在健康信息学的发展中也在不断地完善。起初，用户健康信息学服务的对象主要是患者，分析研究患者对信息的需求，提供信息，满足患者在检查和治疗过程中对信息的需求。而后，用户的概念逐步扩大，其服务对象不只是患病的人群，还包括了健康人群和亚健康人群。服务内容也分别对待，如对健康人群提供他们对自己健康状况、健康水平、健康知识的需求；对亚健康人群提供健康状况分析评估、加强预防措施，力争摆脱亚健康状态。

用户健康信息学的服务方式主要通过计算机网络系统实现，其本质是通过用户健康信息平台查找需要的信息，进行自我评估、自我诊断。求助者也可与医疗保健人员同用一个信息，协商对求助者健康进行评估和诊断。不论采用哪种方式，求助者和医疗保健人员不必要进行面对面的沟通，而是通过计算机网络远程操作。除此之外，还可通过电话、掌上电脑、网络软件、个人电脑等移动终端设备来实现。总之，互联网的发展为健康信息学的服务平台提供了良好的基础，改变了传统的医

生坐堂，求助者寻医求诊的模式，进一步完善了医疗保障体系。

不断地完善和应用用户健康信息学，将为我们的生活带来极大的便利，具体表现为：①缓解医疗压力；②减少医疗支出；③改善医患关系；④增强自我护理的能力；⑤克服重治轻防，从根本上改变医疗模式；⑥提高健康信息资源的利用率。基于这些优势，健康信息学已逐步占据人们的视线并得到政府有关部门的政策支持。

由于信息技术的发展，针对多种疾病的健康信息的工具也逐渐增多。根据 *Health Online 2013* 的统计，上网查询健康信息在美国已经成为网民的第 3 种主要活动，72%的网民会在网上查询与医学健康相关的信息[10]。还有一些研究表明，许多患者在去医院就诊前会采用 Google 对其自身症状进行在线搜索和评估诊断[11]。而对健康信息学服务工具的影响因素则主要来源于患者主观意识、人机交互过程、医疗服务以及环境等。其中，对患者主观意识的研究占主要地位[10]。

在健康信息教育方面，美国采用了不同层次的教育模式。如内华达大学、北卡罗来纳大学等高校设立了健康信息学专业本科教育；圣路易斯大学、威斯康星大学设立了硕士教育；艾奥瓦大学设有博士学位教育。此外还有一些院校的专业如健康管理与信息等专业，把健康信息学作为硕士、博士学位的选修课。有报道称美国在不同教育层次中开设了健康信息学学位课程、认证课程、继续教育和培训教育课程，使一般用户掌握用户健康信息的有关内容，把用户融入现代卫生保障系统之中。除此之外，英国、法国、德国、芬兰、荷兰、西班牙、日本等国对用户健康信息学进行了探讨和研究，英国的巴斯大学和日本的一些大学也开设了用户健康信息学专业或课程[12]。我国（包括香港地区）从 2009 年起便有不少学者和相关卫生部门开始对健康信息学进行引进和研究，以学术报告、文章等形式在国内广泛宣传欧美发达国家健康信息学的现状与设想，引起了卫生界的重视。自此，大量政策与机构相继问世为健康信息学在国内的发展保驾护航。2006～2020 年，在国家信息发展战略中明确提出：建设并完善覆盖全国快捷高效的公共卫生信息系统……推进医疗服务信息化（http：//www.gov.cn/test/2009-09/24/content_1425447_4.htm）。2009 年《中共中央 国务院关于深化医药卫生体制改革的意见》第十四条规定："建立实用共享的医疗卫生信息系统……" 在政策的引领下，卫生部迅速完成了覆盖中央、省、市、县、乡五级网络系统；2011 年中科院健康信息学重点实验室建成并通过验收，并于 2012 年正式挂牌，同年 3 月，中国医疗健康信息学院建设正式启动；2008～2011 年，中国标准化管理委员会先后编写出版了《患者健康卡数据通用对象 GB/T21715.2—2008》[13]和《健康信息学患者健康卡数据第四部分扩展临床数据 GB/T21715.4—2011》；2013 年中国医学委员会全科医疗分会成立了"健康信息学组"，北京市建立了中小学健康管理系统。根据《第 31 次中国互联网络发展状况统计报告》所示，至 2012 年 12 月，我国的网民规模已经达到 5.64 亿，互联网的普及率已经达到 42.1%（http：//tech.hexun.com/2013/cnnic31/index.html），在 241 例以初中文化程度为主的对象调查中，64.2%的患者在医生诊断前上网搜索相关信息，48.75%的患者曾根据自己上网搜索的信息对自己的疾病进行过诊断[14]。

我国健康信息系统的发展从时间上说与国际基本上是同步的，发展迅速，这为我国健康信息学的再发展奠定了基础。但同时我们还存在许多急待改进的问题，集中表现在系统性教育、人才培养的力度、群众健康知识的普及等方面。

总之，健康管理事业发展的需求促进了健康信息学的发展，健康信息学的深入研究及应用也必将促进健康管理事业的快速发展。

三、基因健康信息学是基因导向下健康管理的基础

人们对于生物学及医学的研究，其目的在于征服人类自身的疾病，提高生命质量，创造经济价值，促进社会的发展，正是由于这些需要从而推动了人类基因组计划的研究。随着人类基因组计划的完成，我们现处于后基因组时代，后基因组时代的研究方向已由对生命现象最基本的基因组、转录组、蛋白质组等三个层面的生物信息学与组学的研究（即基因组到生物学，from genome to biology）过渡到运用基因组学的知识来解决人类及各种生物体自身问题的方向上来，而这其中研究的主要内容之一就是基因组与健康（即基因组到健康，from genome to health）[15]。人类基因组与健康的研究就是从基因组、转录组、蛋白质组等三个层面研究疾病发生的分子机制，以及它们与影响健康的各种因素及其之间相互作用的规律，以期阐明基因组与健康的关系，推动基因组导向下的健康管理事业的发展，从而征服人类自身的疾病，提高生命质量，创造经济价值，促进社会的发展（即基因组到社会，from genome to society）。可以说，人类基因组计划后续的人类基因组单体型图计划、国际千人基因组计划、第一次亚洲人基因组计划、人类泛基因组计划、人类宏基因组计划、古老基因组研究、国际肿瘤基因组计划、表观基因组计划等一系列大规模的国际合作计划的实施，是在人类健康领域对人类基因组计划的进一步诠释和延伸，是从不同方面来研究和阐明基因组与健康之间的关系的。

21 世纪基因组与健康的研究重点是解决以下几方面问题。

（1）明确遗传因素与疾病及药物反应间的关系。对于复杂疾病要确定与疾病相关的多个基因而不是一个基因。

（2）确定与良好健康状态及可抵御疾病发生相关的基因。

（3）开发用于疾病风险预警及药物不良反应预测的相关技术。

（4）在充分明确基因及相互作用的信号传导途径的基础上，开发新的治疗方

法和手段。

（5）研究遗传风险因素是如何导致临床表型的出现以及这些因素是如何影响健康后果的。

（6）开发基于基因组的用于促进健康的工具等[15]。

后基因组时代正在围绕基因组与健康的关键问题展开深入、细致、全面的研究。同时也伴随着基因组与健康生物数据呈指数级的积累。如何将海量的基因组与健康原始数据进行深加工从而转化为具体有用的信息和知识乃至最终带来经济效益和社会效益，则是摆在我们面前亟待开展的课题。而运用好生物信息学这一工具是快速促进21世纪基因组与健康——基因组导向下健康管理事业发展的有效方法。我们认为包括对基因组与健康相关生物信息的获取、加工、存储、分配、分析、解释、利用等内容在内的基因健康信息学是基因组导向下健康管理的基础。这主要体现在以下几个方面。

（1）基因组导向下的健康管理所涉及的所有内容都是以基因健康信息为基础的，如果没有基因组与健康相关信息为基础，基因组导向下的健康管理就无从谈起。基因组导向下的健康管理所涉及的内容很多，很多内容间相辅相成、互有重叠，但从有利于事业和相关产业发展的角度，从整体层面上主要包括基因检测、疾病遗传分析和遗传咨询、基于基因健康信息的基因导向下健康管理等。这些内容都是以基因健康信息为基础的：没有基因组与健康相关的信息，就不知道应该检测的基因位点，基因检测也难为“无米之炊”；疾病遗传分析的数据库建设及遗传分析模型的建立也都必须以基因组与健康相关信息为基础，只有在此基础上才能进行有效的遗传分析、遗传咨询及基因导向下的健康管理工作。

（2）从方法论的角度来讲，基因健康信息学是一门研究人体中基因与健康相关信息内容与信息流向的综合系统科学，只有建立起有关基因健康信息学相关理念和技术体系，才能开展有效的、较科学的基因健康数据产生、获取等工作。基因健康数据产生、获取等工作是建立基因与健康有效信息及相关体系的基础。

（3）从科学的角度来讲，①以基因组为基础的组学时代会产生大量的关于基因组与健康的原始数据，目前我们可以实现对这些数据的录入、查询、统计等较低层次的功能。但在堆积如山的数据中包含着许多待提取的有用知识，我们无法发现数据中存在的关系和规则。而基因健康信息学相关的数据挖掘技术是解决上述问题强有力的工具。数据挖掘就是从大量不完全的、有噪声的、模糊的或随机的数据中，提取潜在的、人们事先不知道但又是有用的信息和知识。数据挖掘是一种从大型原始数据库或数据仓库中提取隐藏的预测性信息的新技术，它能开采出潜在的知识，找出最有价值的信息，辅助科学研究或指导商业行为。只有通过基因健康信息学的计算处理，人们才能从众多分散的基因健康信息学观测数据中获得对疾病发生或影响健康发生机制的系统理解。②通过运用数据挖掘技术预计可以在不同组学层面（包括基因组、转录组、蛋白质组、营养基因组、功能基因组等）产生大量有用、较可靠的基因组与健康信息，这些相对海量的信息在用于基因导向下健康管理时，由于信息间经常出现相互矛盾的现象，且不同层面的数据量大，数据也会出现某种意义上的重叠现象，所以很难想象健康管理师运用这些信息能做出高效、科学的健康管理工作。所以说组学时代健康管理面临的一个主要问题就是降维问题[16]：基因检测位点要优化；相关数据库建设要按目的和要求合理设计、数据再挖掘；遗传分析、遗传咨询及高风险疾病的基因导向下的健康管理要重点突出等。要想做好相关降维工作，就必须用好基因健康信息学这一有力工具，对信息进行加工、存储、分配、分析等。③数据库建设在对信息进行加工、存储、分配、分析中至关重要，也是信息应用的基础。数据库建设中的数据库设计是现实世界的实体模型与需求转换成数据库的模型的过程，它是建立数据库应用系统的核心问题。数据库及其应用的性能都建立在良好的数据库设计基础之上，数据库的数据是一切操作的基础，如果数据库设计得不好，那么其他一切用于提高数据库性能的方法收效都是有限的。应用好基因健康信息学可以使我们建立起针对特定人群、特定目的的具有特殊健康管理意义和专门用途的二级数据库，以便更高效、科学地存储相关数据，方便进行进一步数据处理、分析和利用。

此外，预计在二十一世纪的基因健康事业发展过程中，基因健康信息学将会起到越来越重要的作用。有专家预测，二十一世纪由生物技术突破所形成的生物产业的市场价值将是信息产业的 10 倍左右。以基因组与健康为主要内容的生物产业将成为新的经济增长点，预期在 15 年左右将率先成为一些国家或地区的支柱产业。我国生物技术产业较美国、日本等发达国家虽起步晚但发展势头强劲，为了更好地发展基因健康事业，即基因组导向下健康管理事业，避免少走弯路，我们有必要首先做好战略层面的务虚工作，站在战略高度梳理下事业发展的可能趋势，制定出基因组与健康事业发展战略规划，以便今后工作有的放矢、事半功倍，事业快速发展。二十一世纪的基因健康事业的发展离不开信息技术，而二十世纪信息行业的发展经验和趋势值得我们借鉴。二十世纪信息行业的“计算、信息、互联”模式，已本质性地改变了人们的生活实践方式。其行业的发展轨迹可概括为以 Apple、IBM、Intel 等公司为代表的计算机硬件的研发——以 Microsoft、Oracle、Adobe 为代表的软件系统的创新——以 Google、Yahoo、百度、腾讯为代表的互联网络链接的实现等三个阶段。预计二十一世纪的基因健康事业的发展也将经历从硬件—软件—互联网的发展过程：即基因检测技术（硬件）——遗传分析及遗传咨询（软件）——基于基因健康信息、大数据及信息技术的健康管理模式（互联网+健康管理模式）。后者可形象比作接口 DNA and Health，即通过计算机或信息服务端接口来实现基因组与健康事业发展的最大化（图 1-2）。

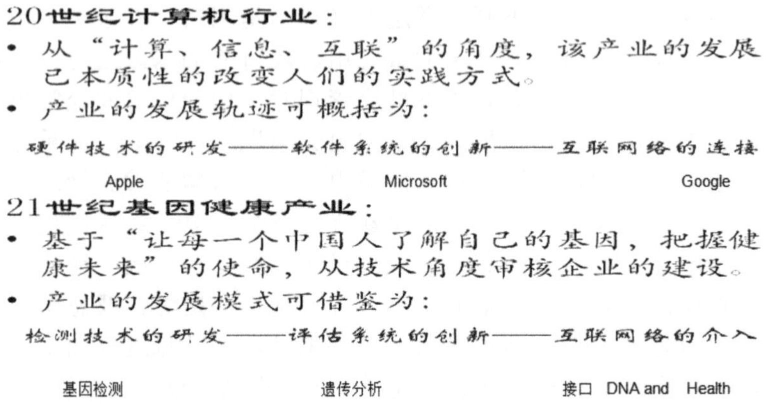

图 1-2　20 世纪计算机行业与 21 世纪基因健康产业发展轨迹的比较

这三个阶段虽存在明显的上下游的关系，但相辅相成、互有重叠。灵敏、高效、准确及低成本的基因检测技术，这里形容为基因组与健康事业的硬件，是广泛开展基因组导向下健康管理的基础。近几十年来检测技术得到了突飞猛进的发展，也带动了基因组与健康的深入研究，可以说目前我们发现的与健康相关的基因变异形式都可以通过一定检测设备检测出来。我们国家所采用的基因检测平台可以说是与世界同步的最先进技术，因此，检测技术在我国相对成熟，而检测什么基因位点、检测结果如何分析解读、如何阐明缺陷基因与环境和生活习惯之间的关系以期达到有效的基因组导向下健康管理等是相对更重要、更难的问题。正如有专家预测：个体全基因组测序成本在不远的将来会降至 1000 美金，而海量遗传信息的翻译、解读工作则需要 100 万美金，因此许多具有前瞻性眼光的人士把主营业务或研究方向转为从事遗传分析、遗传咨询及基因组导向下健康管理工作。

短期内，由于复杂疾病遗传分析、遗传咨询及基因组导向下健康管理等事业刚刚起步，缺乏相关各项标准，特别是普通群众缺乏基因组与健康相关知识，且从业人员缺乏相关培训等，遗传分析、遗传咨询及基因组导向下健康管理等工作还局限在少数单位内进行，且必须有专业人员针对每个客户进行面对面的解读。

随着基因组与健康研究的不断深入及对后基因组时代生物信息学的不断深入认识，人们发现遗传分析及基因组导向下的健康管理的基础就是基因健康信息学，预计随着基因健康信息学概念的提出及相关事业的发展必将促进预防基因组医学信息产业的发展；我们正处于信息时代，我们必须用发展的眼光审视基因组导向下健康管理事业未来发展的趋势，未来信息技术与基因组导向下健康管理等相关技术的结合是大势所趋。只有站在信息学的角度，深入研究基因与健康相关信息的产生、挖掘、加工、存储、分配、分析、解释及应用等，才能最终实现以信息为纽带的接口 DNA and Health。因此，我们提出以下基因组导向下健康管理事业的战略发展规划：短期发展遗传分析、遗传咨询及基因组导向下健康管理事业；中期促进以基因健康信息学为基础的基因组与健康信息产业的发展；终期实现接口 DNA and Health（图 1-3）。

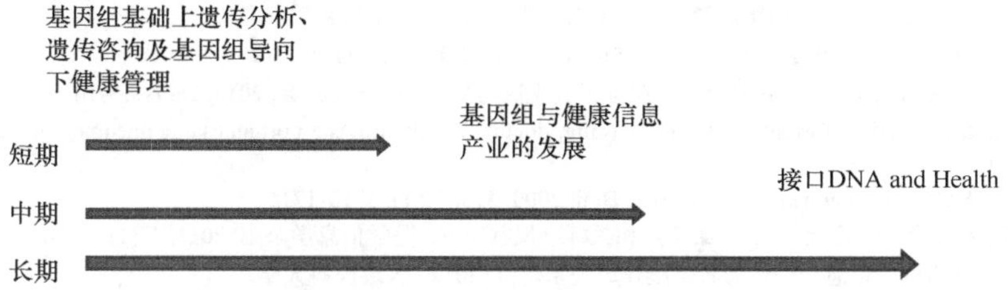

图 1-3　复杂疾病基因组导向下健康管理事业科学发展规划

由此可见，基因健康信息学在整个基因健康事业发展过程中处于最基础、最核心的地位。随着生命科学和信息科学结合的不断深入，在实现基因健康事业发展的中长期规划目标过程中，基因健康信息学会越来越凸显其纽带的作用。此外，基因健康信息学也是实现精准医疗和精准健康管理的基础，精准医学本质上反映的就是科学的个体化医疗思维。我们可提出“精准健康管理”这一理念，因为从思维的角度看，精准健康管理除包含有个体化医疗及精准医疗等科学理念外，还包含预防为主的理念和管理思维等。基因组导向下的健康管理是实现“精准健康管理”的核心内容，精准健康管理的理念要求我们：①必须具备科学系统的健康思维，这是做好健康管理的基础，思维的产物是理念和概念等，思维的价值是在把抽象的先进理念和概念付诸实施和在解决新问题的过程中体现的，健康管理就是主动参与的过程，因此，健康思维比先进的健康相关理念和概念等更重要，它可以指导我们做好健康管理实际工作和在实践中不断创新、完善健康管理工作，使健康管理工作更精准、科学、有效。②在从事基因组导向下的健康管理实践中，采取基因健康信息学等科学的方法和手段逐步完善遗传分析、遗传咨询及基因组导向下的健康管理等内容，使健康管理更加科学、有效。可以总结为以下几句话：以科学的健康思维为基础，以建立在基因健康信息学基础上的科学的遗传分析、咨询及健康管理为手段，最终实现“精准健康管理”这一目标。深入研究和发展基因健康信息学必将快速促进基因导向下健康管理事业的发展，最终造福于人类健康。

参考文献

[1] 杨进, 孟涛, 董靖, 等. 复杂疾病的遗传分析. 北京: 科学出版社, 2013.

[2] 中华医学会健康管理学分会等. 健康管理概念与学科体系的中国专家初步共识. 中国健康管理学杂志, 2009, 3(3): 141-147.

[3] 白书忠. 健康管理概念与学科体系的初步专家共识. 浙江省医学会健康管理学分会第二届学术年会论文集, 2009.

[4] 杨进, 赵锦荣, 董靖, 等. 复杂疾病的遗传咨询. 北京: 科学出版社, 2014.
[5] 李霞. 生物信息学. 北京: 人民卫生出版社, 2010.
[6] Hood L, Galas D. The digital code of DNA. Nature, 2003, 421(6921): 444-448.
[7] Zhang F. Preserving Our Digital Heritage in 2008 Digest of Technical Papers-International Conference on Consumer Electronics. 2008.
[8] 彭琰, 严莉, 朱红, 等. 美国用户健康信息学教育模式探析. 医学信息学杂志, 2011, 32(9): 12-15.
[9] 兰小筠, 梁昌标. 用户健康信息学的起源与概念. 当代医学, 2009, (16): 21-23.
[10] 李英英, 王惠临. 国外消费者健康信息服务工具现况与启示. 医学与社会, 2013, 26(7): 13-16.
[11] Escarrabill J, Martí T, Torrente E. Good morning, doctor Google. Revista portuguesa de pneumologia, 2011, 17(4): 177-181.
[12] Eysenbach G. Consumer health informatics. Bmj, 2000, 320(7251): 1713-1716.
[13] 石丽娟, 任冠华, 董连续, 等. 健康信息相关标准现状研究. 医学信息学杂志, 2011, 32(1): 9-13.
[14] 彭彦妮. 网络健康信息与门诊患者健康焦虑关系研究. 2012, 大连医科大学.
[15] Collins F S, Green E D, Guttmacher A E, et al. A vision for the future of genomics research. Nature, 2003, 422(6934): 835-847.
[16] Chen R, Mias G I, Li-Pook-Than J, et al. Personal omics profiling reveals dynamic molecular and medical phenotypes. Cell, 2012, 148(6): 1293-1307.

第二章　基因健康信息学理论基础

第一节　基因、基因组、健康的定义及其相互关系

一、基因、基因组及健康的定义

尽管基因这一概念如今已广为知晓，其提出和发现却经历了数个世纪。从最初朴素的融合论到达尔文提出的颗粒论，人们对于遗传现象的认识有了飞跃，即人体中有专门负责携带遗传物质的载体（颗粒），这是唯物主义遗传论的发展。奥地利遗传学家孟德尔通过豌豆杂交实验进一步巩固和发展了“遗传因子”学说并提出了遗传学的两个基本规律——基因的分离定律和基因的自由组合定律。1909年丹麦遗传学家约翰逊在《精密遗传学原理》一书中提出“基因”概念，以此来替代孟德尔假定的“遗传因子”。自此，“基因”一词一直伴随着遗传学发展至今。美国遗传学家摩尔根通过果蝇实验发现了连锁互换定律，为遗传染色体学说提供了更加直接和可靠的证据。然而，对于基因化学本质是蛋白质或是核酸的争论，最后由艾弗里和赫尔希等分别通过著名的肺炎双球菌的转化实验和噬菌体同位素标记感染实验画上了句号，证明了DNA是遗传物质。

1953年，美国分子生物学家詹姆斯·沃森和英国物理学家佛朗西斯·克里克根据DNA的X射线衍射结果分析，提出了双螺旋结构模型，从空间结构阐释了构成基因的物质基础并完美解释了基因的分子生物学行为，即如何进行复制、转录、翻译以及突变和调控的机制。进一步研究表明，基因就是DNA分子中具有功能的一个区段。每个DNA分子可以包含几个乃至上千个基因。基因的化学本质和分子结构的发现具有划时代的意义，开创了分子遗传学的新纪元。20世纪中后期，随着人们对基因研究的不断深入，顺反子、断裂基因、假基因等概念陆续被提出，基因的内涵和外延被不断扩大。

现在我们通常认为基因（遗传因子）是遗传的基本单元。在真核生物中，基因是在染色体上作线状排列的具有遗传信息的特定核苷酸序列，通常指染色体基因，由于染色体都在细胞核内，所以又称为核基因。与之相对应的是位于线粒体和叶绿体等细胞器中的基因（染色体外基因、核外基因或细胞质基因）。基因是生命完成自我繁衍延续并持续与生存环境相互作用、相互影响所需信息的物质载体。基因通过“中心法则”掌控着一切生命信息：即DNA转录为RNA，再翻译成蛋

白质，而蛋白质就携带着“基因的信息”来执行各项生命活动。基因产生变异可能导致蛋白质变异，从而影响正常生理活动。基因可以通过自我复制把自己的性状传递给后代；同时也可以通过突变和变异来改造自我，以适应复杂生存环境的选择。对于人类而言，基因作为生命的“源代码”掌控着贯穿我们孕育、生长、死亡过程中的全部信息，人类的生、长、病、老、死等一切生命现象都与基因有关。基因是决定生命健康的内在因素。因此从某种意义上来说，人的大部分问题都与基因相关，因而也可以从基因中找到答案。然而，弄懂人类基因如何决定一个人，就如同面对成千上万个有编号的零部件来组装一架飞机。组装的整个过程称为基因的注释。它包括对每一个基因物理结构进行鉴定以及运用生物信息学方法和组学理念，对基因序列进行分析，挖掘和阐释基因的功能和基因之间的相互作用。

基因不仅是资源、是知识，更可以成为我们改造自我、创造财富的有力工具。基因经济逐渐崭露头角。20 世纪 80 年代第一批外源基因被导入烟草标志着基因工程的重大突破。人类得以在“基因”这片新大陆上充分发挥想象力，犹如一个充满好奇心的孩童摆弄一堆“基因”的积木：将它们进行各种转移、拼接和排列组合，不断创造着一个从未有过的神奇世界。例如仅生长激素基因在美国就有数百亿的市场消费，加之由其带动的上、下游产业和就业市场，其经济效益和社会效益不可估量。人类约有 3 万个基因，如果能够将其充分发掘，所创造的财富将是个天文数字。基因除了能够转化为用于临床诊断和治疗的手段，还可经过操作用于改良农产品品质（如转基因动植物等）、环境保护（如携有可分解有机污染物基因的细菌）等各个领域，全方位地提高人类生活品质。当然目前与人们生活品质最息息相关的仍然是对重大疾病的防控和全面健康的维护。

疾病（尤其是复杂疾病）的发生发展主要受到个体遗传因素（内因）和环境因素（外因）的作用和影响；并且疾病的发生是多个基因（位点）变异所引起的表型效应。然而传统的独立地研究一个或几个基因与复杂性状或复杂疾病（大多数人类疾病都是复杂疾病）的关联的方法显然不符合复杂疾病的遗传规律，严重影响了其在疾病防治中的科学性和有效性。而提高疾病干预效率则必须首先着眼于在全基因组内寻找所有与疾病相关的基因（位点），这就要求我们对于“人类基因组”这张地图有更为深入全面的认识。

如果说分子生物学的兴起带给人类一台“显微镜”，让我们得以仔细研究每一个基因，那么近十多年来随着各种组学方法和技术等现代生物技术的飞速发展则赋予我们一台“望远镜”，人类已不满足于在认知自我的道路上踽踽前行，而是可以从整体“俯瞰”自己的“遗传密码”这张神秘图谱。基因组（genome）一词来源于基因（gene）和染色体（chromosome）两个英文单词，表示细胞中的全部遗传物质。而从某种角度来讲，这个世界上发生的一切事情都与这张图有关。我们关于这张“人类遗传全息图”的认识始于人类基因组计划的完成。

2003 年，中、美、日、德、法、英 6 国科学家宣布人类基因组序列图绘制成功，人类基因组计划的所有目标全部实现。人类基因组计划最重要的意义之一就是使人类更好地理解了基因在疾病易感性方面所起的重要作用。例如，为什么集肥胖、嗜烟嗜酒、讨厌运动为一身的温斯顿·丘吉尔可以活到 91 岁高龄；而无不良生活习惯的马拉松长跑运动员吉姆·菲克斯却在其 52 岁时死于心脏病发作？现在我们清楚，各种健康风险因素几乎都可以溯源至出生时携带的基因上来。在人类基因组计划的基础上，人类基因组学研究正成为国际科学合作的热点，一系列大型科研计划（如人类基因组单倍体型图计划、国际千人基因组计划等）的实施正稳步推进。这些具有划时代意义的科技成果不仅预示着生命科学世纪的来临，而且也不知不觉地把我们带入了后基因组时代和基因组医学时代。这种基于组学的方法学符合疾病发病的客观规律，弥补了以前研究中的客观不足。“组学”理念不断普及和深入生命医学的各个领域，使我们能够从各个层面更加系统并准确地解读“生命的语言”；预示着人类将逐步揭开遗传与变异、衰老与凋亡、疾病与健康背后的神秘面纱；关于生命本质和运动规律的认识将达到前所未有的高度。尽管我们已意识到几乎所有疾病的发生、发展、转归从根本上来说都与人类遗传密切相关，然而围绕基于健康问题的基因组医学方才崭露头角，而其存在和发展将会给现代预防医学、临床医学和公共卫生体系带来一系列革命性飞跃。

当代前沿科技的革命离不开研究技术和方法学的长足进步，而以基因（组）检测技术、PCR 技术、分子免疫技术等为核心的一系列分子检验（诊断）技术在临床上的转化和应用为基因组医学逐步迈向成熟打下了基础。基于基因组的检测技术以其通量高、效率高、成本低等突出优势正逐渐成为现代健康医学领域中的排头兵，彰显出其强大的生命力，并在疾病早期预防和健康维护方面发挥着不可替代的作用。通过基因检测和遗传分析来评估健康状况和发病风险正逐渐成为主流医学的重要内容。而基于此的医学临床研究将从基因组、转录组、蛋白质组、代谢组等水平上综合评估疾病，同时结合个体的生活环境和生活习惯并遵循循证医学理念，从而构建所谓 4P 医学模式（predictive，preemptive，personalized and participatory medicine）。

总之，人类基因组计划的完成及后基因组时代的到来使我们既能从分子水平阐释每一个复杂疾病的相关基因的作用机制，又可以以系统的观点来审视复杂疾病发生的全过程及其物质、能量、信息代谢网络，并在此基础上对复杂疾病进行准确、全面、科学的早期预测和干预。可以说人类基因组计划的研究成果及其相关产业技术在进一步支持并完善 4P 医学模式理论基础的同时也为其提供了有力的技术推动力。因此，我们可以很清楚地看到医学发展正在经历以当代基因组学科研究成果为依托，以重大慢性复杂疾病的早期预测和干预为主要方向，以全面维护和提升人群健康水平为终极目标的伟大转变。

随着人类社会的发展，人们对于健康的观念也在逐渐完善。我国传统医学认为健康是形、神二者的和谐统一：形是维持“活力”的物质基础和能量，而神是人体全部生命活动的体现，二者兼容并蓄，相互促进，共同构成健康的基础。这一朴素的健康论既重视人体自身的统一性，也体现了人体与环境间的相互适应和作用，是我们祖先长期实践中积累的智慧的结晶。因此有学者提出健康在中医学中可定义为：机体内部功能和精神意识活动协调有序，并且与外在环境相适应的一种生命活动状态[1]。古希腊医学将健康描述为“一种整体医学，强调心灵与身体，人与自然的相互联系；健康主要受到生活方式、心理和情绪状态、环境、饮食、锻炼、心态以及意志力等因素的影响[2]。”希波克拉底认为保持土、火、风、水四元素的平衡即可维持健康的根本，同时还需与外界保持协调和适应。中世纪晚期文艺复兴运动带来的人本主义思潮逐渐改变了“体液学说”（又称为四体液学说，认为人体由血液、黏液、黄胆汁和黑胆汁四种体液构成，它们分别对应四种元素、四种气质，四种体液在体内失去平衡就会导致疾病）主导医学领域的局面。

随着细胞的发现和解剖学及生理学的兴起，西方医学对人体的构造和机能的认识跨上了一个新的台阶，形成所谓生物医学模式。随着科学技术的发展，尤其自 20 世纪下半叶以来，机械唯物主义的疾病观和健康观逐渐被打破，我们认识到应当把人作为一个与自然环境和社会环境密切相互作用的整体来研究；同时科学心理学的诞生深化了我们对健康的认识，进一步扩大了健康的范畴[3]。WHO 在 1948 年首次提出“三维健康”的概念，即“健康不仅仅是没有疾病和虚弱，而是一种心理、生理和社会生存的良好状况”（World Health Orgnization，1984）。1978 年 WHO 在《阿拉木图宣言》中重申了健康的内涵“健康不仅仅是没有疾病和痛苦，而是包括心理、身体和社会功能各方面的完好状态”（http：//www.searo.who.int/LinkFiles/Health_Systems_declaration_almaata.pdf.）。《渥太华宪章》提出“良好的健康是社会、经济和个人发展的重要资源”（www.who.int/healthpromotion/conferences/previous/ottawa/en/）。

以前大多数人会认为没有生理疾病就是健康。然而当代社会人们对于健康的需求越来越高，健康所涵盖的内容要宽泛得多。健康早已不仅仅局限于生理完好，它对于个体的心理、社会适应能力甚至灵性等方面都提出了更高的要求。健康直接影响人们生活幸福程度，拥有健康的优质生活（wellbeing）是人类孜孜以求的[4]。健康目前已成为影响人们“幸福感”的重要组成，民众的整体健康水平的提高有利于节约社会资源和提升国家的综合竞争力，公共健康甚至被上升到国家战略方针和重点发展产业领域。现代健康的核心理念是健康的整体性，即从事实践活动的每一个人类成员，在其生命活动的各个发展阶段上，生命活动的各个方面都处于良好的状态[5]。该理念有三个基本论点：首先，整体健康是全体社会成员的健康。健康除了来自个人的需要，也是社会稳定可持续发展的重要保障。而让人人享有健康也符合 WHO 所倡导的“健康是一项基本人权”的理念；其次，从个体生命活动的时间轴线上看，整体健康指生命在其各个阶段上都能够保持一种良性的机能状态和动态平衡。因为健康所指的是一种持续的生命活动，健康的具体形式也具有阶段性的年龄特征，并不存在适用于个体所有年龄阶段的抽象的健康标准。因此说“健康贯穿整个生命的连续的进化过程”[6]。最后，从个体生命活动的空间形态来看，整体健康强调生命系统及其与生存环境之间相互协调，处于一种全面健康的状态。所谓全面就涵盖了生理、心理、社会适应力，乃至道德的完善[7]。以系统的观点来看，健康全面观其实是一种强调以人为本，人与自然、社会和谐统一的理念。可以看出健康涉及个体与环境多维度、多层次的交互作用，是生理、心理、社会文化等多变量非线性关系的综合表现。因此与其说健康是需要达到的终极目标，不如将其看作需要维护的动态过程[4]。

健康理念的改变已经彻底动摇了以被动治疗疾病来维护健康的理念，转而强调以疾病预防和健康维护为主导促进人类的健康状况。根据这个观点，科学地维护健康主要有两种基本方式：一是良好的生活方式，即通过有针对地改变人们不利于健康的生活方式；二是良好的生存状态，即通过改善生存环境来提高健康水平。这两种方式分别强调了个人和社会在促进健康方面的作用，其核心是人们对于健康的科学认知和主动干预[8]。从这个意义上说，人类的健康事业远远超越了医学范畴，教育、公共卫生、各类政府和非政府机构，乃至于全体社会成员的积极参与都必不可少。

而面对人类寿命延长和慢性疾病发生的增加以及由此而造成的医疗费用大幅度持续上升等一系列问题，如何充分调动现有和潜在的各种社会、政府、自然和个人的资源，并利用先进的基因检测、遗传咨询等生物医学技术，来促进健康产业的快速发展、大幅度提高国民的整体健康水平和社会劳动力水平是当前亟待解决的问题。除了健康的内涵，健康的评价标准和评价方法也发生了很大变化。过去通常以是否死亡作为健康风险评价的最终结果，这个标准已逐步被以疾病发生的危险性评价所取代，因为后者能更真实地反映疾病产生和发展的一般规律，并更有效地使个人了解具体的危险因素，以便更有效地实施干预措施和降低费用。对于后者而言，其发病风险评估过程往往涉及基于循证理念的多因素统计分析和相关模型的建立。此外，针对健康问题传统的干预手段主要是根据疾病确诊情况，采用药物、手术、理疗等进行治疗。而未来健康干预除了传统方法外，则还要在重点参考基因诊断的基础上纳入营养、心理等方面的干预手段。

可见无论是我们对于健康的需求，还是目前已掌握的能够用于达到这项需求的方法，都促使我们改革现有的公共卫生体系以适应广大人民群众日益高涨的健康需求。欧美发达国家早在 20 世纪 70 年代起便提出“健康管理”的理念，即对个体或群体的健康进行全面监测、分析和评估，以提供健康咨询和指导并对健康危险因素进行干预[9]。其宗旨是调动个人及集体的积极性，有效地利用有限的资源来达到最大的健康改善效果。健康管理的对象包括患病人群、亚健康人群和健康人群，也就是每个人都可以受益于健康管理。而作为传统疾病医学的完善和补充，健康管理更加注重对于“疾病前（早）期”的监控和干预，其对于遏制社会中“亚健康”人群比例的不断提高这一现状可以说是恰逢其时，有利于节约个人和社会成本，提高民族整体健康水平。健康管理的概念一经提出就得到世界各国广泛重视和深入研究。美国的保险公司首先广泛推广健康管理服务。健康管理体系通常包括个人健康信息管理系统、个人疾病危险性评价系统以及个人健康改善及指导系统三部分；其核心是第二部分；其核心技术是疾病危险性评价模型及在此基础上的健康促进过程。不同公司可能采取不同种的策略设计疾病危险性评价模型（比如对于环境因素和遗传因素的考量）。而采用不同评价模型得出的结论往往也不尽相同。尽管目前还尚未有成熟的统一评价模型，这一领域发展却令人瞩目。我国目前一方面面临着人口老龄化和慢性退行性疾病的迅速上升的压力，另一方面是医疗费用的急剧上涨，使个人、集体和政府不堪重负。将传统以疾病诊治为中心的医学模式转变到以健康管理和预防为主的模式上来无疑是“柳暗花明又一村”。

二、基因与健康的相互关系

虽然人类的平均寿命和整体健康水平较之过去有了大幅度的提升，然而在面对疾病谱扩大，慢性病大众化态势日趋恶化，社会医疗模式老化等一系列突出问题时，我们在探寻健康福祉的道路上依然任重道远。基因（组）时代的到来恰逢其时，它为全面提升人类健康水平和生活质量创造了极其可贵的契机：揭示人类健康的秘密，还是得必须从解读最原始的生命的密码——基因开始。

同样的土质，播种种子的优劣决定了能否长出好庄稼，因为种子蕴含着贯穿植物生根发芽开花结果等生长过程中的“程序编码”。同样的道理也适用于人体。我们知道人体是由细胞、组织、器官、各个系统等层级组成的能完成各项生命活动和精确自我调节的有机体。如此精妙复杂的生命其实却早在其起源于仅有数百微米的受精卵时就已完成程序编码。程序的“源代码”由 A、T、C、G 所代表的四种碱基线性排列而成的基因，以极其简约的双螺旋结构举重若轻地彰显了生命的动态之美和丰富多彩。每一个基因都是相对独立的遗传物质单位，全部基因（基因组）共同组成了生命的基本语言。这套语言对应不同层次的生物分子要经过转换：从 DNA 到 RNA 称为“转录”，从 RNA 再到蛋白质称为“翻译”。一般来说，遗传信息只有经过这两步转换才能最终完成生命活动。储存在 DNA 中相对静态的遗传信息有赖于合成具体的蛋白质来执行生命的过程。这就是经典“中心法则”

的核心思想。当然，该法则还包括 DNA 的自我复制和在某些情况下 RNA 向 DNA 的转录（逆转录）等过程。中心法则重点阐释了遗传信息流动的基本方向和规律，体现了遗传基因在生命活动中的决定性作用；但是，基因表达并非像电脑程序那样完全按照“程序指令”不差分毫地执行指令，在一定环境条件下，为了完成特定的生理功能，不同细胞常常有不同的“基因表达谱”（基因表达的种类和多少）。这种差异表达是通过精确的调节——基因表达的调控来实现的。这种调控作用恰恰一般是通过基因的表达产物——蛋白质来完成的。例如，在调控最关键的转录环节，蛋白质作为反式作用因子，特异地识别或结合在靶基因的顺式作用元件上从而调节基因的表达。在转录后和翻译阶段，蛋白质则可以作为酶等其他因子来参与基因表达。此外，RNA 也可以调节基因的表达，例如，某些小 RNA 可以与信使 RNA 作用，抑制基因的表达。RNA 甚至还能直接胜任蛋白质的工作：例如核酶是具有催化功能的 RNA，可以像蛋白质一样作为酶参与生化过程。总之，在中心法则的基础上，遗传信息的储存、传递和表达形式丰富多样，并无固定模式。DNA、RNA 和蛋白质等生物大分子在基因表达的多个层次上时刻进行着“对话”和“协作”，以团队的形式完成生命的历程。然而关于遗传信息是否能由蛋白质转移到蛋白质或核酸之中，则尚未有明确的证据支持。可以看出：小到单个细胞，大到人体，一切生理、病理活动背后其实都被“基因”这根长长的“线”牵系着；不难推测：健康状态的好坏也必然有相应的基因基础。正如诺贝尔生理学或医学奖获得者利根川进博士指出：“除了外伤之外，人类的一切疾病都与基因有关”。

当然，中心法则并非刻板的教条。从 DNA、RNA 到蛋白质上所携带的遗传信息不是一成不变的，它随时受到外界环境因子的作用与调节[10]进行“遗传语言”与“环境语言”的对话，从而对个体的健康状态和生命活动产生影响。这种作用分为以下几种[11]。

一种是环境因素作用于 DNA 上某些易感性基因，尤其是当一些不利于健康的因素长期综合作用于人体，破坏了基因与环境间的动态平衡，可能造成基因损伤，进而引发疾病甚至死亡。例如，研究表明从事焦炉、铝业制造等环芳烃（PAH）高暴露的人群 GSTM1 缺失基因型明显比非缺失基因型更可能造成外周血淋巴细胞 DNA 损伤，提示 GSTM1 与 DNA 损伤的相关性以及作为危险因素的 PAH 暴露程度相关。

另一种作用是不涉及细胞核 DNA 改变时基因功能的改变，即表观遗传学所关注的内容。这些改变包括 DNA 的修饰（如甲基化）、RNA 干扰、蛋白质的翻译后修饰、印记基因等。由此可见，与传统中心法则“DNA—RNA—蛋白质”相比，环境对基因的作用和改变也可以以不同的方式体现在 DNA、RNA 和蛋白质等各个水平上；还有一种作用是环境因子通过神经系统和内分泌系统的信号转导途径改变基因的表达。

因而由单一因素引起的疾病（如传染病和孟德尔疾病）已远远不能代表当今如此丰富的疾病谱，基因与环境的相互作用依然遵循事物发展“内因”和“外因”的辩证关系。健康或疾病都可看做是在外部致病因素与机体抗病和自我修复因素之间的博弈和相互制衡，一旦这种平衡关系被打破，机体内稳态调节发生紊乱就会导致生命活动过程异常，即疾病。在了解人类健康问题的时候必须改变以往单纯注重遗传因素或环境因素，从“内”“外”两方面把握疾病发生的机理，综合遗传和环境因素的互作关系，才能更准确地找到疾病发生的肯綮所在。

就人类而言，其生存环境主要分为社会环境和自然环境两类，而我们这里所讨论的对象是能够较为直接地和人类基因发生作用的环境，它主要是指自然环境，也包括一部分社会环境因素，比如食物、药物、饮用水、大气、心理状况以及日常生活和工作中所能接触到的各种环境因子。这些林林总总的环境因子充斥着我们的生活，它们与基因间的相互作用时刻在为影响我们的健康状况埋下伏笔。所以，我们期望以整个基因组为研究对象，筛选能与环境相互作用进而影响健康的基因。

1998 年美国国立环境卫生科学研究所（NIEHS）正式启动环境基因组计划（Environmental Genome Project，EGP），其主要目的是通过研究重要环境应答基因的多态性来确定导致环境暴露致病危险性差异的遗传因素（遗传个体差异），建立基因多态性的中心数据库，同时开展环境-基因相互作用的人群流行病学研究[12]。该项目的实施有助于发现对某类环境因素敏感度较高的人群，并有针对性地实施干预。2001 年 NIEHS 又启动了毒理基因组计划，与环境基因组计划类似，该计划将毒理学、基因组学和单核苷酸多态性等遗传标记相结合，旨在发现毒素生物标志物，揭示环境毒素对整个基因组产生的影响（即环境因素的致病机理）。从某种角度说，食物（或其中的营养成分）也属于环境因素范畴。而食物对于健康的重要性使得近年来营养基因组学的研究方兴未艾。营养基因组学是指利用结构基因组学提供的信息，采用高通量的功能基因组学（包括转录组学、蛋白质组学和代谢组学）技术研究膳食营养与基因的交互作用，建立基于基因组的营养干预方法和保健措施促进人类健康。药物基因组学则有机结合了基因功能学与分子药理学，以药物效应及安全性为目标，研究各种基因突变和多态性与药效及安全性的关系。此外，心理因素与基因的作用也越来越被重视。例如，行为遗传学上有名的 MAOA 基因的变异以往被认为会引起人的粗暴行为[13]。可是后来研究变异的 MAOA 基因却并没有引起粗暴行为。分析认为，很可能是因为作用于该基因的环境因子的缺失所致。这里的环境因子指童年时被人虐待。后续试验证明在童年受过虐待的携带该变异基因的人当中的 86%会在 26 岁之后产生不良社会行为[14]。人类其他高级精神活动——情感、认知，乃至气质和人格，某种程度上都可以在分子遗传学中找到其存在的基础。比如五羟色胺转运体基因（5-HTT）编码的蛋白质主要负责将抑制性神经递质——五羟色胺运回细胞从而达到再循环利用和降低代谢率的目的。该基因启动子区域有 L 和 S 两种基因型（多态性），S 型比 L 型的转录效率低；在受到情绪刺激时，携带 S 基因型的个体比携带 L 基因型的个体杏仁核反应程度高，从而导致前额叶皮层难以调节杏仁核对负性刺激的反应[15, 16]。这种机制能够解释特质焦虑 30%的差异。总之，在 DNA 的双螺旋结构被发现的前 30 年，科学家关于基因对于性状的决定性作用的认识逐步加深。换言之，似乎个体的一切表型都可以按图索骥地在基因组这张“地图”上找到“根源”。对于基因研究无疑是人类健康的福祉。科学家们的确也按照这个思路斩获了一大批与人类健康相关的基因。然而，随着研究的深入，科学家发现基因的表达受到精密而严格的调控；而这种调控机制相当一部分依赖于细胞、组织和机体所处的环境；也就是以上我们所列举的各个方面的因素。这种环境因子通过直接或间接作用于某一类特殊的基因（基因型），调控基因的复制、转录、表达等过程，最终改变基因表达谱，产生不同的生物学效应。所以个体是否健康决定于自身环境反应基因和环境致病因素两方面，以及不同的细胞、组织、器官对环境因素反应的复杂的调控过程。基因与生俱来，很难改变；但选择和改变环境的自由度要大得多。我们除了应当重视遗传基因的影响外，更应当辩证地从与相关基因（型）互作的环境着手，采取有针对性的干预措施，以科学的态度积极促进健康、预防疾病。

近年来，遗传学的发展突飞猛进，并且更加突出基因与环境间的深刻关系。表观遗传学、系统遗传学等前沿学科的涌现便充分借鉴了“环境中的基因”这一原理。

基因（组）科学的迅猛发展带动了一大批相关产业的发展和升级，甚至催生了许多新兴行业。预防医学中关于致病因子的内涵也日渐丰富，比如现在致病因子包括疾病的易感基因与单核苷酸多态性（SNP）等；通过分析个人的基因图谱来预测疾病的易感性已成为现实并逐步获得许多国家的官方许可；通过基因功能学与分子药理学的有机结合而诞生的药物基因组学以药物效应及安全性为目标，研究各种基因突变与药效及安全性的关系，实现了个体化用药；基于肿瘤基因组学的肿瘤标志物的发现促使了防止肿瘤发生和转移的分子疫苗和单克隆抗体的诞生，使人们不再“谈癌色变”；简便准确的婚育前遗传咨询，将进一步促进优生优育、提高人口素质。营养基因组学有助于更好地解释个体由于遗传差异而对各种食物成分以及饮食方式所产生的不同反应，相关的营养基因组数据也会为特定人群研制有效的“个性化食品”和食疗方案打下扎实的基础；遗传不仅与个体生理状态有关，精神和心理疾病的发生也具有深刻的遗传学背景，对于精神类疾病基因组学的研究将有助于缓解当代人精神类疾病高发的态势。作为刑事鉴定技术的前沿，基因分析为法医物证检验提供了快捷、科学和可靠的手段，为犯罪指认、亲子鉴定等疑难案件的侦破提供准确可靠的依据。总而言之，基因组学（及其学科群）理论和方法研究的不断深入为人类了解和解决自身的健康问题打开了一扇新的大门。或许这扇门才刚刚被开启，但我们已经能够看到门外的那一束阳光。我们有理由和信心预见，以基因健康产业为核心的产业群的发展势必站在未来社会经济前进的潮头浪尖。

第二节　基因健康信息学及具体内容

一、基因健康信息学的发展历程

基因健康信息学是在人们健康需求质量和层次不断提高以及当代生物医学持续发展的基础上产生的；它是以基因组学、信息学等为核心的学科在健康信息获取和挖掘、疾病预测、预防和健康维护中的具体应用；其重点是人类基因组计划和后人类基因组计划研究的丰硕成果，尤其是海量的生物信息在当前严重威胁人类健康的非传染性疾病的早期防控中的运用。

基因健康信息学的发展大致经历了医学信息学—健康信息学—基因健康信息学三个阶段。作为生物医学与信息科学相结合的交叉学科，医学信息学萌芽于20世纪50年代[17]，主要是计算机的简单应用，然后是运用计算机与传统医疗相结合，即医疗信息化，如医院信息管理系统、临床信息系统和医学信息服务系统等，而相关信息系统的标准和规范的制定也开始被重视。20世纪70～80年代后，一方面人类疾病谱的变化，慢性复杂疾病、代谢相关疾病所占的比例特别是亚健康人群数量持续快速升高同时伴随着人们的知晓率和重视程度较低，因此有人提出“医学”一词过于专注于临床医学而忽略了从维护健康的角度的研究；另一方面信息科学的基本概念和技术在此阶段飞速发展并逐渐被广泛应用于包括医疗在内的各个社会领域。由此催生了围绕“健康维护和复杂疾病预防”为中心的“健康信息学”。

相比最初单纯的辅助性地在医疗过程中应用信息技术，健康信息学贯穿了疾病发生的始末；更准确地说，健康信息学关注的重点由“疾病”转向“健康”，从而在更广的范围内探究生命的本质，因此有时也被称为生命信息学。21世纪初，人类基因组计划的完成标志着“生命信息”的源代码——基因（组）已被发现，我们已经具备了从“生命信息的源头”来寻找解决人类健康问题的途径的条件，同时以互联网为代表的新一代信息技术开始在卫生部门和健康领域深入渗透，这尤其体现在运用计算机和信息技术对海量DNA和蛋白质序列等生物信息学数据进行大规模、高通量的处理以及PubMed等基于互联网的大型数据库和诸多研究机构的建立。可以说现代医学健康信息的类型呈现了多元化、爆炸性的增长趋势。

关于核酸（基因）的数据和信息无疑处于这个信息海洋的中心，这可以从以下几方面理解。

（1）从父母亲遗传下来的先天缺陷和抗病等基因直接决定出生后人们的健康

状况和患病的易感性；

（2）环境和生活习惯等外部因素影响健康状况，本质上是通过影响基因序列或基因表达水平实现的；

（3）从疾病预防、健康维护和个体化医疗的角度出发，基因与生俱来，通过基因检测可以把对个体个性化的疾病防治提前到出生前或生命的早期，大大提高了健康管理的时效性、有效性，也可真正实现科学化的、贯穿生命全过程的健康管理；

（4）虽然基因导向下的健康管理属于健康管理范畴之内，也可以说基因健康信息学属于健康信息学范畴之内，但由于基因导向下健康管理的时效性，对生命早期预测出的高风险疾病进行健康管理的内容几乎涉及健康管理的各个层面，从预防的角度出发，只有基因导向下的健康管理才能把疾病医学、功能医学、基因组医学等有机地、系统地串联起来，以实现系统医学或系统健康管理等目标。

此外，相对于现今的健康管理内容来看，基因导向下的健康管理以其先进性、时效性和有效性无疑是健康管理的核心内容，这意味着我们今后在研究健康问题的时候必须考虑到“有关基因的信息”背景并掌握相关的信息获取和处理技术。对于任何健康问题的全面、本质把握必须将其纳入基因信息的维度当中进行考量是今后医学模式转变的一个重要特点。这也标志着基因健康信息学时代已经到来。从另一个角度说，我们有必要把基因健康信息学作为一门独立的学科进行规划和建设。

二、基因健康信息学的定义、范畴及具体内容

目前基因健康信息学仍处于早期发展阶段，虽然近年来关于“基因与健康”研究方面产生大量的研究成果，并在相关数据储存及利用等方面“硕果累累”，但在基因与健康信息方面缺少相对完整的理论和技术体系。目前，基因健康信息学尚没有完整统一的定义及学科系统。我们首次尝试着从与其相近的若干学科的概念来理解基因健康信息学，将基因健康信息学作为一门独立的学科提出了“基因健康信息学”的概念。

任何形式的生命都不仅仅是生物分子（核酸、蛋白、脂类等）的简单排列组合，而是按照一定规律高度有机整合的能够完成各项生命活动的高度复杂的半开放系统。一切生命活动（如生长、发育和繁殖）均涉及物质、能量和信息的代谢。其中信息代谢处于非常特殊而重要的位置，它作为“中央处理器”控制并调节物质和能量代谢的状态，是指导生命活动的“语言”。从这个意义来讲，生命区别于非生命的根本特点是能够自发储存并加工信息。因此，我们在研究人类健康具体问题的时候就必须将“生命的信息”作为一个重要命题纳入考量。

21 世纪初，人类基因组计划的完成拉开了以基因组信息为标志的关于“生命信息”大规模研究的序幕。这些信息最初主要包括 DNA、蛋白质的序列信息，随着研究的深入，其范围也延伸到基因和蛋白质的高级结构和生物学功能等多种信息。并且，生物信息数据量的积累也在加速。因此，以研究生物数据产生、储存、传递和分析为主要内容的生物信息学已成为主流发展方向。后基因组时代生物信息学研究的主要内容之一是与健康相关的生物信息。有效地运用生物信息学手段将已有的生物信息转变为具体的预防医学实践并造福于人类健康是目前摆在我们目前的主要问题。

基因健康信息学是后基因组时代生物信息学在基因健康领域的具体应用。基因健康信息学是一门研究人体健康相关的基因与健康系统中的信息内容和信息流向的综合系统科学。作为一门交叉学科，基因健康信息学包含对不同层次上多模态多尺度、从遗传信息开始将与个体健康相关的基因健康信息从分子到系统地进行获取、加工、存储、分配、分析、解释、利用等在内的所有方面，它综合运用生命科学、信息科学等的各种工具来阐明和理解大量基因健康数据包含的健康科学意义。

为了深入认识这门新兴学科，我们把基因健康信息学与其相近的若干学科进行比较（表 2-1）。从表 2-1 可以看出：基因健康信息学有确定的研究对象、研究范畴、研究方法和应用体系，能够明显区别于已有的学科。然而，表 2-1 中的几个学科研究的侧重点尽管有所不同，它们之间也有相互交叉和借鉴之处，比如各学科的主要研究都围绕着人类健康或生命现象问题展开，都充分吸纳并运用了当代先进科学的核心理论和研究手段并且都注重多学科交叉和原始信息的分析处理等。

可以将“基因健康信息学”这个词条进行简单的拆分：“基因”、“健康”表明其研究和应用的领域，“信息学”属于方法论。基因健康信息学是一门以预防疾病和维护健康为目的，以信息技术为主要技术支持，研究基因信息的复制、表达、传递和调控与健康或疾病状态之间的内在机制，相关基因及生命数据、信息及知识的组织、存储、分析、检索以及当中涉及的相关技术和方法的一门新兴学科。当然也可以赋予基因健康信息学更宽泛的内涵，即信息技术在基因组医学和分子医学中的应用，包括疾病的预测、诊断、治疗和预后、健康管理、医疗保健和健康教育。总的来说，基因健康信息学是在 4P 医学推动和现代生物医学大革新的历史背景下解决人类疾病谱改变、健康压力空前增大的必然发展方向。它是从一个新的角度——生命信息，来尝试理解、阐释和解决健康问题；是生命科学、信息技术与医学的又一次碰撞和创新。

基因健康信息学是基因组学、医学信息学和信息技术发展到一定阶段的产物。它既充分吸收了其他学科的研究方法和成果，又自成体系，具备相对确定的研究对象和研究内容。基因健康信息学的研究对象是与健康（及疾病）相关的基因组、蛋白质组等组学信息；其研究内容涉及健康信息由基因到蛋白质和表型以

表 2-1 基因健康信息学与相近学科的比较

	基因组信息学（Bauer et al.，2014）	用户健康信息学（Eysenbach，2000）	健康管理学（Reid，2014）	基因健康信息学
研究对象	人类基因组信息	用户健康信息活动及其规律	个体或群体的健康状况以及影响健康的风险因素	与健康（及疾病）相关的基因组、蛋白质组等组学信息
研究范畴	基因组信息的获取、处理、储存、分配、分析和解释	从用户-健康-信息三个相互关联的方面进行的探讨	健康信息采集、健康检测、健康评估、个性化监看管理方案、健康干预等	健康相关基因组信息活动及规律，及信息的获取、处理、储存、分配、分析和解释以及信息安全和伦理问题
研究手段	信息分析工具配合实验研究	调查研究法、实验研究法、内容分析法	对个体及群体的健康状况以及影响健康的风险因素进行全面检查，收集生理、心理、社会、环境等多方面的信息并进行分析、评估，提供咨询和行为干预	基因组信息、疾病信息、信息分析工具及实验室研究
研究目的	基因组相关数据的收集与管理及基因组数据内涵的分析与解释	降低医疗成本、改善医患关系、推动生物-心理-社会医学模式的实现	帮助各类人群恢复、维护健康，节约经费开支	以信息技术为技术支持从基因、基因组等组学水平理解疾病发生发展的一般规律，提高疾病防治和健康维护水平

及环境、生活习惯作用于基因等基因信息流向相关规律及相关数据获取、加工、存储、分配、分析、解释、利用等。具体包括从基因-健康-信息三个相互关联的维度进行的探讨：从基因的维度来看，信息应该包括基因组、转录组和蛋白质组中的有关生命信息。只是因为信息的流动方向始于基因，所以通常称作基因信息；从健康的维度来看，主要包括疾病及疾病相关表型、健康以及影响健康的危险及有利因素等相关信息；从信息的维度来看，主要涉及健康相关基因、环境因素等信息活动规律及相关数据获取、加工、存储、分配、分析、解释和利用等。简言之，基因健康信息学的研究内容涉及基因与健康两个维度不同层面内容的相互作用信息及信息流向，以及相关信息的获取、加工、存储、分配、分析、解释和利用等。此外，人体从微观到宏观分为分子、细胞、组织、器官、系统等不同水平，因此，基因健康信息应包括涉及此维度的内容。

基因健康信息学涉及基础医学、临床医学、预防医学、分子流行病学、公共卫生学和健康管理学等领域内相关信息的分析和处理。实际上，它就是利用信息学方法和工具来分析处理健康相关的基因数据；对其研究至少运用了信息科学与系统科学与相关技术、电子与通信技术、计算机科学技术、管理科学、新闻学与传播学、情报与文献学等领域的理论与成果。从系统论的观点可以把基因健康信息学划分为基本理论（知识）、技术方法、实际应用三部分。第一部分包括基因、健康、基因健康信息学相关概念、相互关系及相关理论基础等；第二部分主要是基因健康信息数据筛选、挖掘、分析、组织、加工和共享等信息系统技术；第三部分则是前两部分在解决实际健康问题和在相关产业领域的重点具体应用。前两部分主要以各种数据库（基因组、蛋白质组等）建设及各类研究计划（人类基因组单体型图计划、国际千人基因组计划、第一次亚洲人基因组计划、人类泛基因组计划、人类宏基因组计划、古老基因组研究、国际肿瘤基因组计划、表观基因组计划、环境基因组计划、毒理基因组计划、营养基因组计划等）为代表。需要强调的是基因健康信息学是一门应用性极强的学科，其学科体系中所有理论和方法最终都是为解决实际健康问题服务的；“数据处理”构成该学科贯穿理论和应用的一条红线，就是对数据进行分级整理和挖掘以获取解决健康问题的具体途径，比如确定与疾病的发生和治疗相关的基因以及在此基础上开发的新的预警、干预和治疗手段。另外，作为一项在疾病预防和健康管理等行业具有较大潜力的实用型工具，基因健康信息学解决的是“人”的问题，在解决健康问题和做出决策时，相关行业的从业人员除了必须具备专业知识基础和实践经验外，还需懂得一定的心理学、社会学、法律、宗教等方面的知识。从这个角度来讲，基因健康信息学是一门自然科学与社会科学深入结合的综合学科。综上所述，基因健康信息学是一门多学科横向交叉的应用型学科，研究内容丰富，涉及的技术广泛，具有巨大的发展潜力。例如，从基因维度进行的疾病相关代谢网络的研究以及从信息维度进行的数据分类和检索。其次，国际上越来越多从事生物信息学、医学信息学和计算机科学等学科的有影响力研究者逐渐把目光聚焦在基因健康信息学领域，以基因健康信息学为主题的专业杂志和专著也层出不穷（如 BMC Medical Genomics）；另外，基因健康信息学还促进了相关产业的出现和发展，如 Navigenics、Genomic Health 公司等。因此，基因健康信息学可以作为一门独立学科进行学科建构的研究。

三、基因健康信息学的教育和专业建设

作为一门新兴学科，基因健康信息学的可持续发展依赖于专业人才的培养和科学培养体制的建立。在基因健康信息学专业建设方面，国际上尚未出现以基因健康信息学为独立专业或系科的教学活动。但部分大学已将基因健康信息内容纳入正式课程或开设相关学位研究方向进行教学和研究（如马里兰大学、密苏里大学哥伦比亚分校和伊利诺伊大学芝加哥分校等大学纷纷开设了基因健康信息相关课程）（http：//ischool.umd.edu/courses/2009，2009-12-5. http：//www.hmi.missouri.edu/prospective/phdhi_description.html，2009-12-5. http：//exedweb.cc.uic.edu/exed/exedpublic/courses/description.asp？ProgramID=38&CoursesID=1770，2009-12-6）。作为一门旨在提高人类生存质量和生活品质、多学科交叉的综合学科，基因健康

信息学的学科建设应坚持跨领域、整合的理念进行建设：教师团队成员应来自基因组医学、生物信息学或信息学、健康管理学、遗传学或医学等领域，最好是具备跨上述学科背景的复合型人才；课程内容应当包括生命科学、医学、健康管理学、预防基因组医学、信息科学和社会学等学科的基础理论及其研究技术和方法。除此之外，还应该广泛吸收社会学领域（如人类学、心理学等）的知识，充分彰显其“以人为本”的服务本质；鉴于基因健康信息学是一门综合交叉学科，从事该专业学习需要具备一定的生物学、医学和信息学知识背景以及实践经验，因此基因健康信息学课程和研究方向应当主要针对基因组医学、生物信息学、预防医学和健康管理学等专业的硕士、博士研究生。综合大学生命科学类和医学院校高年级本科生也可以将基因健康信息学作为专业选修课。需要强调的是，基因健康信息学是一门应用性极强的学科，在教学活动中应该提高实践的比重，因地因时制宜，充分运用教学实验、参观学习、单位实习、案例分析和小组讨论等多样形式的实践活动来提高学生理解和运用知识的能力。另外基因健康信息学的课程内容和研究方向可以根据学生专业背景的不同而有所侧重。比如生命科学专业比较关注疾病基因和表型的研究；而计算机和信息学专业则可能对健康相关信息分析和数据库更感兴趣。另外，国家卫生和教育部门可以针对社会需求和医疗及健康管理相关行业的从业人员的专业知识结构建立有关规范和标准，鼓励专业人员通过远程教育或在专业机构或高等院校参加基因健康信息学培训和继续教育并取得相应资质，完善其知识结构并提高其服务能力。

总之，基因健康信息学在二十一世纪基因健康事业发展中将起到越来越重要的作用。站在战略高度统筹规划、脚踏实地、循序渐进地建立基因健康信息学学科体系有助于快速、科学地促进基因健康事业的发展。

四、基因健康信息学研究热点和发展趋势

随着生活品质的提高，民众对于健康信息的需求空前高涨。然而由于种种原因，我国医学信息学和健康信息学领域的学术研究、服务和相关机构依然以满足相关专业人士（如医生、护士、健康管理师）的需求为主，缺乏科研和市场之间的信息、人才交流和相关知识的科普宣传，潜在的广阔市场尚未被激活；此外，海量基因健康数据背后要有专业的数据挖掘分析、技术转化机构及人才支持方能释放数据潜在的巨大经济和社会价值；另外我国互联网健康信息服务混乱、信息来源和传播途径管理和监督的缺失严重影响了数据的质量和真实性。这些问题造成了我国健康信息服务产业链的薄弱甚至断裂。大数据时代的到来，个人移动设备的迅速普及，物联网和社交网络的兴起被誉为继计算机、互联网之后世界信息产业的第三次浪潮，这对基因健康信息学的发展既带来新的契机，也对其提出新

的要求。首先要搭建基因健康信息服务平台。比如健康服务及设备供应商、医院和电信运营商等相关机构可以形成联动机制，利用各模块的优势资源为客户提供健康数据（如体重、体脂、血压、血脂、心电图、体温和运动量等）采集、无线传输、数据管理、分析和共享。这便是“云健康”和“健康物联网”等概念的核心理念。通过移动终端用户可以实时就个人健康问题进行交流、咨询并及时解决，大大降低了个人和社会医疗卫生成本，提高公共卫生资源的利用率。政府部门可以将基因健康信息服务作为基础公共卫生设施的重要组成在政策层面予以倾斜，扶持鼓励相关产业的快速发展。其次，应加大科普宣传和健康教育力度，提高民众的自我保健意识和健康素养。卫生部于 2009 年公布的“首次中国居民健康素养调查结果”显示，我国居民每 100 人中只有不到 7 人具备健康素养。可见我国居民健康素养之低。而“4P”医学核心之一就是强调个人参与健康维护的主动性。政府应当提高在健康领域的社会投入，建立和完善相关网络、硬件设施的建设；加强专业应用型人才培养；整合相关资源（专家、数据库）利用公共媒体向公众传播健康信息，普及健康知识，让更多的人能够意识到“预防胜于治疗”，提高疾病预防参与度并掌握一定的包括基因健康信息技术在内的先进的理念和技能。

参 考 文 献

[1] 吴大嵘, 赖世隆. 中医学健康概念及其测量操作化探讨. 中国中西医结合杂志, 2007, 27(2): 174-177.

[2] 波特. 剑桥医学史. 大庆: 吉林人民出版社, 2000.

[3] 宋婷, 沈红艺, 倪红梅等. 健康的词源学考释. 中华中医药学刊, 2014, 32(6): 1299-1301.

[4] 黄希庭, 郑希付. 健康心理学. 上海: 华东师范大学出版社, 2003.

[5] 石文山. 现代健康理念刍议. 医学与哲学: 人文社会医学版, 2008, 29(2): 54-55.

[6] Robbins G, Powers D, Burgess S. 1997. Awellness way of live. 3rd ed. NewYork: McGraw-Hill.

[7] 王建平. 健康教育: 世纪的呼唤: 中外学校健康教育比较. 北京: 中国青年出版社, 2001.

[8] 王东胜. 健康促进内涵初探. 中国健康教育, 1997, 13(9): 9-10.

[9] 黄建始. 什么是健康管理. 中国健康教育, 2007, 23(4): 298-300.

[10] Loffredo C A, Silbergeld E K, Parascandola M. The Environmental Genome Project: suggestions and concerns. Environmental health perspectives, 1998, 106(8): A368.

[11] Gilbert S F. Mechanisms for the environmental regulation of gene expression. Birth Defects Research Part C: Embryo Today: Reviews, 2004, 72(4): 291-299.

[12] 郑玉新, 何凤生. 环境基因组与预防医学发展. 中华医学杂志, 2000, 80(9): 656-658.

[13] Lesch K P, Bengel D, Heils A, et al. Association of anxiety-related traits with a polymorphism in the serotonin transporter gene regulatory region. Science, 1996, 274(5292): 1527-1531.

[14] Caspi A, McClay J, Moffitt T, et al. Rule of geno-type in the cycle of violence in maltreated children. Science, 2002, 297(5582): 851-854.

[15] Hu X Z, Lipsky R H, Zhu G, et al. Serotonin transporter promoter gain-of-function genotypes are linked to obsessive-compulsive disorder. The American Journal of Human Genetics, 2006, 78(5): 815-826.

[16] Drabant E M, Hariri A R, Meyer-Lindenberg A, et al. Catechol O-methyltransferase val158met genotype and neural mechanisms related to affective arousal and regulation. Archives of General Psychiatry, 2006, 63(12): 1396-1406.

[17] Ledley R S, Lusted L B. Reasoning Foundations of Medical Diagnosis Symbolic logic, probability, and value theory aid our understanding of how physicians reason. Science, 1959, 130(3366): 9-21.

第二篇

技　术　篇

第三章　基因健康信息系统的数据仓库

复杂疾病，即多基因疾病，是给现代社会和个体造成健康问题的主要原因。本章以复杂疾病为例，详细阐述基因健康信息系统的数据仓库。

第一节　基因健康信息数据库建设的意义、原则、内容和标准

一、基因健康信息系统相关数据库建设的必要性及意义

疾病的遗传分析和基因组导向下健康管理的灵魂是“个体化”，而以基因检测为代表的生物技术的快速发展为个体化健康管理提供了科学依据和技术保障，使疾病预防干预避免了盲目性，具有了很强的针对性。而对基因检测结果进行进一步分析和阐释，为客户提供潜在的高风险疾病和相关分子机制，并以此作为制定下游健康管理方案的重要依据，则首先需要利用基因健康信息学方法筛选疾病相关缺陷基因并构建疾病基因数据库和基因-环境交互作用数据库，为疾病高风险疾病评估和基因导向下的健康管理提供可参考的标准和科学依据[1]。

而疾病相关数据库的构建则得益于近二十年来以人类基因组计划为标志的基因组学技术的革命，特别是基因健康信息学的发展。一个高质量的疾病数据库不仅要充分体现其科学性，即遵循数据库建设的一般规律，设定合理的数据入选标准和进行定期数据维护升级，同时应该凸显其实用性：围绕某类人群的某种（或某几种）疾病浓缩现有的海量研究结果和数据，能够准确而高效地为下游的遗传分析和健康管理提供“原料”——疾病相关基因信息及基因组导向下健康管理建议。

二、基因健康相关数据库建设原则

原则 1：坚持围绕疾病遗传分析等相关内容，建设适用于不同疾病的个性化生物信息数据库。

按照数据库分级理论，疾病遗传分析相关数据库属于二级数据库，是利用生物信息学的数据挖掘技术，针对某种或多种复杂疾病，有效整合各类一级数据库和其他二级数据库的相关信息，依据一定标准建立可以解释疾病易感性和易患性，

阐明基因-环境交互作用原理以及可以提供基因组导向下健康管理建议的复杂疾病遗传分析数据库。根据这一原则，拟收集的数据可分为三类：复杂疾病易感基因数据、基因-环境互作关系数据及用户健康信息数据。复杂疾病基因从疾病产生的内因出发，重点在基因水平阐释疾病发生的易感性；而基因环境数据则在前者的基础上又向前迈了一大步：依据基因表达可以受到外部环境影响这一基本原理，通过改变相关的环境因素来调节复杂疾病易感基因表达，对疾病进行早期干预；用户健康信息则将用户的健康和基因的因果联系起来，最终达到变被动为主动，积极干预，预防疾病的目的。

原则 2：疾病遗传分析相关数据库建设应该坚持科学性与准确性相结合。

随着测序技术的快速发展和一系列重大国际科研计划的实施，科研人员在分子水平上掌握了疾病越来越多的“蛛丝马迹”，一步步将很多过去的“疑难杂症”逼到墙角。近年来，与疾病相关的研究数据呈指数级增长。海量数据一方面给我们的研究提供了丰富的“原料”，另一方面同时增加了数据筛选和分析的难度。我们要学会从中去粗取精、去伪存真，充分利用各种数据挖掘技术，促进复杂疾病遗传分析相关二级数据库的建设。而数据挖掘要有一定的原则和理论支持。在此，循证医学理念的不断推广和深入为我们指引了道路。

循证医学（evidence-based medicine，EBM）的哲学思想起源于 19 世纪中叶，强调任何医疗决策的制定应遵循和应用科学证据。在疾病的诊断和治疗过程中，应将个人的专业知识与现有的最好研究证据和患者的选择结合起来进行综合考虑，为每个患者做出最佳的医疗决策。在数据库建设中引入循证医学的理念、原则和方法，可以帮助我们提出一套在数据库建设中发现问题、寻找现有最好证据、评价和综合分析所得证据及正确应用结果以指导疾病风险评估和基因组导向下健康管理。在健康预防决策中将现有的最好检测研究证据融入到遗传分析中，将极大地提高疾病的预防准确水平。

比如，依据循证理念，我们在筛查复杂疾病易感基因时，可以将基因进行等级划分。影响等级划分的因素包括：研究类型（是否是 GWAS、是否是 Meta 分析等）、研究的样本量大小、是否有其他民族人群验证结果等。

原则 3：复杂疾病遗传分析相关数据库建设应该坚持可持续发展原则。

当前疾病数据爆炸性增长要求我们及时更新疾病相关信息，同时要对海量数据进行规范有效的维护和管理，只有这样才能保持复杂疾病遗传分析相关数据库的可持续发展。由于疾病相关研究成果层出不穷，依据循证理念，我们应当将现有最好的研究证据纳入到数据库中，以增强数据库的科学性和准确性。根据标准应定期复查以往录入的数据质量，删除片面甚至错误的数据，补充新数据。只有使数据保持动态更新和优化，数据库对于复杂疾病预测的科学性和准确性才能不断提高。此外，根据数据库自身特点和内容，需要对数据进行常规管理和维护。

目前，数据库的建设正在朝着自动化、集成化和个性化的方向发展。

所谓“自动化”就是按照使用对象的特点和要求，使数据库的专业性更强，信息容量更大，用户界面更友好，使用更方便，升级更容易。通俗的说，就是使数据库“傻瓜化”，以适应基因组导向下的健康产业的不断扩展和成熟；“集成化”就是力争在一个数据库中囊括数个模块，各个模块可以相互引用，也可以彼此独立，相互配合，按照一定结构有机组成一个整体，“集成”在一起的各个模块不是简单加和，它们具有内部的逻辑关系并彼此印证，它们组合在一起时能够发挥“1+1＞2”的效果；“个性化”则更好理解，即按照不同疾病类别或特定人群来构建数据库（如中国汉族人群恶性肿瘤遗传数据库），有所为而有所不为。

原则 4：复杂疾病遗传分析相关数据库建设还应该坚持种族特异性。

疾病遗传分析数据的挖掘建立在群体遗传学基础上。群体遗传学是研究群体的遗传结构及其演变规律的科学，是遗传学的一个重要分支。它应用数理统计学的方法，研究群体中的基因频率和基因型频率，以及影响基因和基因型频率的各种因素，并探讨生物进化的遗传学机制。群体的定义有广义和狭义之分，广义的群体包括同一物种中的所有个体，实际工作中难以研究。狭义的群体是指在一定地域内由许多可相互交配的个体组成的集体，或者说由许多共享一个“基因库”的个体繁育而成的集体，疾病遗传数据库通常就是针对某一特定群体建立的（如中国汉族人）。分布在同一个地区，且属于同一物种的个体，可以看做是一个单一的群体，而生活在同一地区，且属于同一物种的个体，不一定属于单一的孟德尔群体（因为自然和人为干扰，基因交流受到限制）。由于疾病的遗传信息存在种族特异性，在构建疾病遗传分析相关数据库时，通常是针对某一特定种族或地域的人群的。

三、有关基因健康信息数据库建设内容及标准

基因健康信息相关数据库总体目标是主要通过搜集疾病发生、发展相关的易感基因信息，按照一定的方法和标准对其进行加工整理，解释疾病发生的分子机制，从而为疾病早期预测和干预提供理论依据。然而，疾病的发生、发展是内部遗传因素和外部环境因素共同作用的结果。

仅仅提供疾病易感基因，就好像发现了预防疾病的大门，但还没有找到打开大门的钥匙。以目前的技术手段，改变基因还比较困难，但我们有能力通过改变影响基因表达的外部环境因子调节相关基因的表达，从而可以同样达到预防疾病的目的。根据这一理念，在疾病基因知识报告的基础上，收集基因与环境交互作用信息，构建环境-基因数据库，最终为基因组导向下健康管理并将基因组学技术有效转化成具体的预防医学实践奠定基础。

此外，21 世纪，人类已进入后基因组时代和生物技术（BT）时代，健康产业

的发展前景将不可估量。疾病数据库技术作为一门新兴的交叉学科和系统工程，其重要性不言而喻。对起步较晚的我们来说充满了机会和挑战，要呼吁引导包括广大的信息科学、数学、物理学、电子工程学等在内的各类人才加入到疾病数据库的研究，在结构合理的人员配置下充分发挥个体和集体的作用，构建各级疾病基因信息库和相关信息传输共享系统以及疾病信息数据质量的评估与检测系统和在线服务，远程专家互动系统；此外，还应大力推动我国生物信息标准化建设工作；成立各类生物信息标准化技术委员会，制定相关行业标准和规范，与国际接轨，降低数据共享门槛和成本。加强与科研单位和企业联系，联合共建以市场为导向，兼具科研价值的高质量疾病数据库，以市场推动科研，以科研引导市场，形成良性循环。

第二节　基因健康信息系统基础架构

基因组信息学在新药研制等方面已取得了相当大的进步，但总的说来，还有两个问题急需解决[2]。首先是如何更高效地利用互联网资源，即如何获取有用的信息，而不至于淹没于信息垃圾中。这需要跨学科进行合作，将传统的信息科学知识与 IT 技术、基因组信息学结合起来。其次，要规划出这类软件的发展战略，提高通用性，实现跨公司、跨研究机构的使用。这需要生物学家、数学家以及网络专家的共同合作。

一、基因健康信息系统的基础设施

基因健康信息系统基础设施包括卫星、有线电视网络、电话网络、移动通信网络和计算机网络等，是现代社会中个人、机构和国家开展信息活动的基础。基因健康信息学的产生和发展离不开信息基础设施的建设与完善。从信息技术的角度来看，当前信息基础设施的建设呈现出以下趋势[3]。

（1）利用有线和无线技术的宽带接入网的部署和扩展；光纤骨干网的部署和升级；

（2）各种网络的融合，可以通过共用平台提供一对一和一对多的多种通信；

（3）由于固定线路网络在发展中国家的覆盖受限制，无线网络的扩展对于发展中国家来说极为重要；

（4）互联网接入点的不断增多（例如，通过学校、电信中心、网吧等地的个人电脑）和范围更广的接入技术（固定、无线、卫星）。

新中国成立以来，在国家主导的体制下，我国信息基础设施的分布比较合理，其发展规划由国家掌控，体现了中央集权的优势。改革开放以来，将大量资源投入到电信基础设施建设中，为经济快速发展奠定了基础。图 3-1 显示了我国信息系统发展的三个时代。

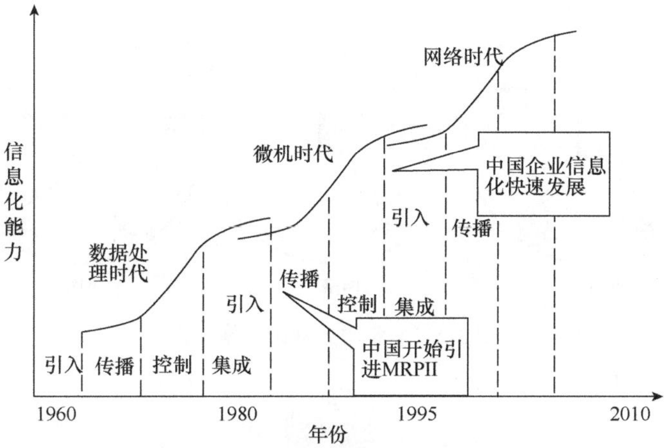

图 3-1　我国信息系统发展的三个时代

通常一个信息系统的基础设施如下分层。

（1）网络层：局域网、互联网、内联网、路由器、交换机、调制解调器；

（2）硬件层：手机、微机、笔记本、服务器、大型机、各种外设；

（3）系统软件层：Windows、Linux、UNIX、专用操作系统；

（4）数据管理层：数据库、数据仓库、数据集市、数据中心、数据备份；

（5）开发平台层：开发语言、开发平台、开发工具；

（6）应用系统层：办公自动化、ERP、CRM、BI、BPM 等。

二、基因健康信息系统的基本架构

通用的信息系统有如下几种类型的架构。

1）非集中式的基础设施架构

组织的业务单元相对独立，有一些自己的运营标准，以满足部门内特定的信息需求为目标。用户对 IT 有较高的控制权，甚至自行开发所需要的应用软件，并对自己开发的软件进行维护（图 3-2）。

2）集中式的基础设施架构

这种架构可实施高度集中化的控制，硬件、软件、程序和操作的标准化程度高，对信息的访问控制相对简单，对主机的处理能力要求比较高。实施此种架构的一般为大型企业，例如银行、电力、电信等行业。企业中多采用 Mainframe 计算机。高性能计算机具有强大的数据处理和数据传输能力，采用企业系统连接类通道、专用操作系统、专用磁盘控制器和通信控制器，可连接数百至数千个终端同时工作（图 3-3）。

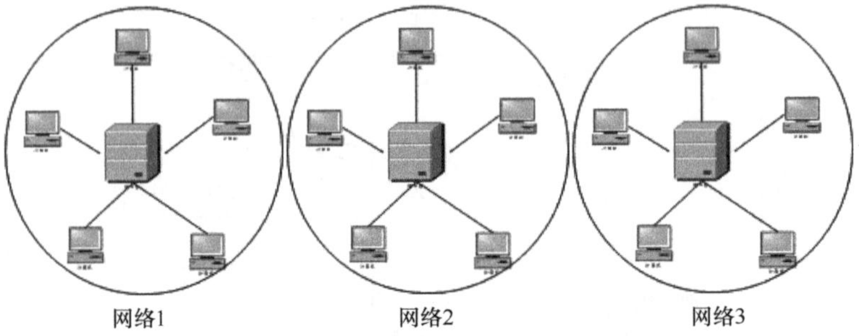

图 3-2　非集中式基础设施架构

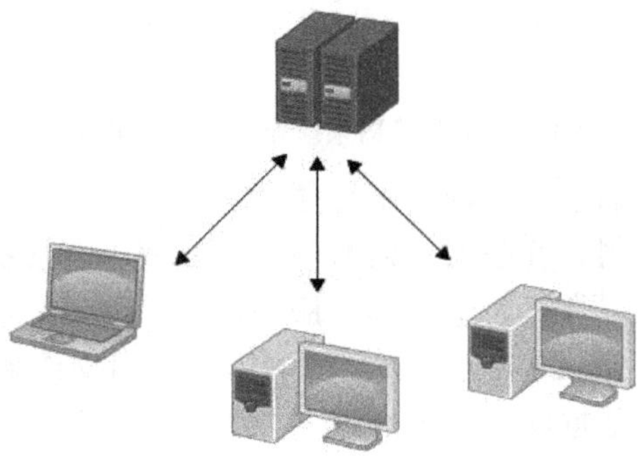

图 3-3　集中式基础设施架构

3）分布式的基础设施架构

分布式信息系统（distributed information system）是支持分布式处理的信息系统，是在由通信网络互联的多处理机体系结构上执行任务的系统。它包括分布式操作系统、分布式程序设计语言及其编译（解释）系统、分布式文件系统和分布式数据库系统等（图 3-4）。

分布式操作系统负责管理分布式处理系统资源和控制分布式程序运行。它和集中式操作系统的区别在于资源管理、进程通信和系统结构等方面。

分布式程序设计语言用于编写运行于分布式计算机系统上的分布式程序。一个分布式程序由若干个可以独立执行的程序模块组成，它们分布于一个分布式处理系统的多台计算机上被同时执行。它与集中式的程序设计语言相比有三个特点：分布性、通信性和稳健性。

分布式文件系统具有执行远程文件存取的能力，并以透明方式对分布在网络上的文件进行管理和存取。

分布式数据库系统由分布于多个计算机结点上的若干个数据库系统组成，它提供有效的存取手段来操纵这些结点上的子数据库。分布式数据库在使用上可视为一个完整的数据库，而实际上它分布在地理分散的各个结点上。当然，分布在各个结点上的子数据库在逻辑上是相关的。

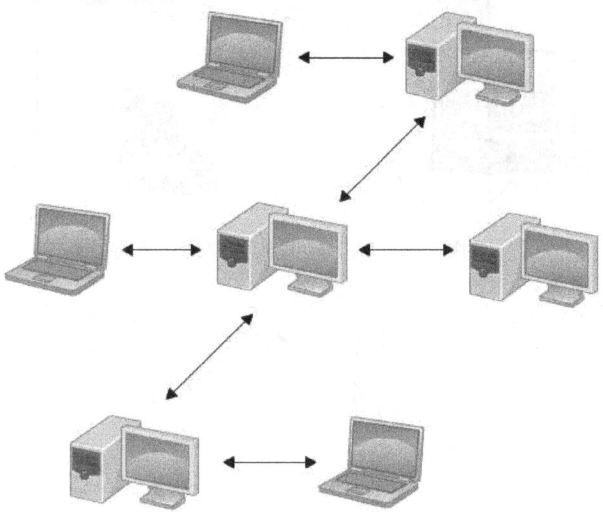

图 3-4　分布式基础设施架构

4）客户机/服务器（C/S）架构

随着微处理器能力的提高和价格下降，微机+服务器+局域网目前已经成为企业信息系统的主流。所谓 C/S 架构，指数据库和主要的应用软件存放在服务器中，而用户通过微机中的客户端软件进行操作。

企业经常需要的计算服务包括：应用服务、数据库服务、邮件服务、文件服务、Web 服务、多媒体服务和其他专用业务服务等。服务器从性能上可分为工作组级服务器、部门级服务器和企业级服务器。从外形上可分为塔式服务器、机架式服务器和刀片服务器。服务器性能的主要参数指标包括：CPU 个数、字长、主频；内存容量、速度；磁盘容量、IO 吞吐率等。

5）浏览器/服务器（B/S）架构

B/S 结构（Browser/Server，浏览器/服务器模式），是 WEB 兴起后的一种网络结构模式，WEB 浏览器是客户端最主要的应用软件。这种模式统一了客户端，将系统功能实现的核心部分集中到服务器上，简化了系统的开发、维护和使用。客户机上只要安装一个浏览器（Browser），如 Internet Explorer、搜狗浏览器等，服务器安装 Oracle、Sybase、Informix 或 SQL Server 等数据库。浏览器通过 Web Server 同数据库进行数据交互。这样就大大简化了客户端电脑载荷，减轻了系统维护与升级的成本和工作量，降低了用户的总体成本（TCO）。

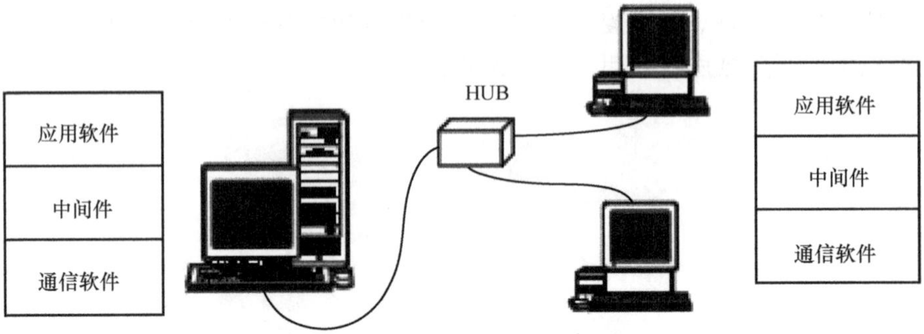

图 3-5 客户机/服务器架构

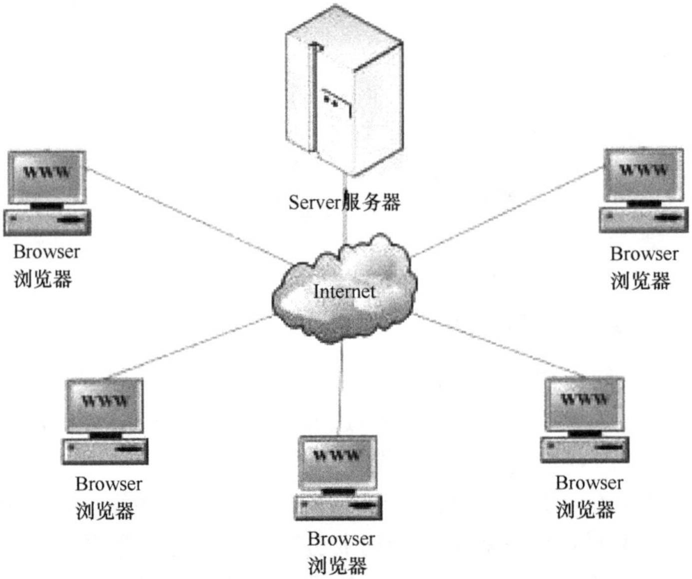

图 3-6 浏览器/服务器架构

6）云计算架构

云计算（cloud computing）是基于互联网的相关服务的增加、使用和交付模式，通常涉及通过互联网来提供动态易扩展且经常是虚拟化的资源。云是网络、互联网的一种比喻说法。过去在图中往往用云来表示电信网，后来也用来表示互联网和底层基础设施的抽象。用户通过电脑、笔记本、手机等方式接入数据中心，按自己的需求进行运算。

对云计算的定义有多种说法。对于到底什么是云计算，至少可以找到 100 种解释。目前广为接受的是美国国家标准与技术研究院（NIST）的定义：云计算是一种按使用量付费的模式，这种模式提供可用的、便捷的、按需的网络访问，进入可配置的计算资源共享池（资源包括网络、服务器、存储、应用软件和服务），这些资源能够被快速提供，只需投入很少的管理工作，或与服务供应商进行很少的交互。云计算平台可以划分为 3 类：以数据存储为主的存储型云平台，以数据处理为主的计算型云平台以及计算和数据存储处理兼顾的综合云计算平台。

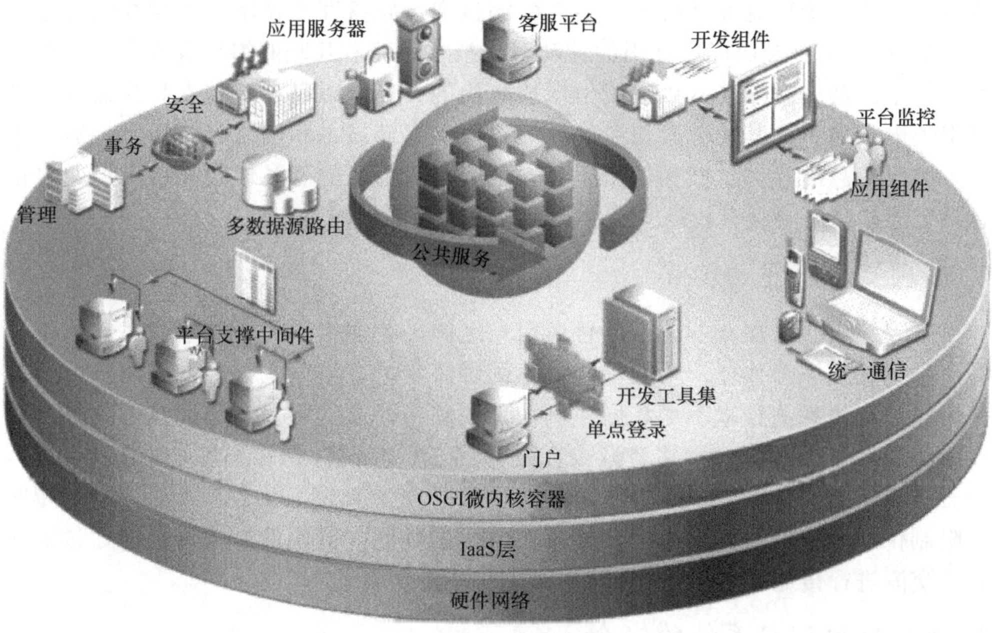

图 3-7　云计算架构

目前，信息化已成为社会发展的基本趋势。2014 年 2 月 27 日，中央网络安全和信息化领导小组宣告成立，揭开了中国信息化的新篇章。民生领域特别是健康医疗信息化应用即将占据我国信息化的主战场。目前，医疗信息化也已步入新阶段，后续还有来自多方面的挑战，如发展区域医疗信息化，构建满足需求的健康档案数据中心，实现电子健康档案全流程内容管理，构建健康云数据中心等。

随着基因组高通量测序技术的进步，基因信息数据的存储计算需求每 12～18 个月就会增长 10 倍，远高于 Moore 定律提供的参考数值。基因健康信息分析的使命就在于挖掘人类基因组和其他物种基因组测序所得的海量数据背后所隐藏的科学意义及应用价值。随着分析数据指数式的增长，越来越多的科研院所开始采用高性能计算技术（HIC）、分布式计算的优势，基于映射/化简框架的云计算平台是基因健康信息系统的理想架构。

三、基因健康信息系统的数据存储、传递和安全

1. 基因健康信息的存储

基因健康信息包括了大量字符串（文本）信息、图像信息、音频信息和视频信息。当前健康信息存储技术主要有微缩技术、磁盘存储技术、光盘存储技术、随着 USB 技术普及而广泛使用的移动存储技术和随着互联网络普及而产生的网络存储技术。其中微缩技术主要用于纸质病历的存储，磁盘存储技术和光盘存储技术用于电子病历和其他健康信息的存储。移动存储技术和网络存储技术一般用于个人健康信息的存储，例如，由于个人基因健康信息的隐私性较高，用户健康信息系统的存储需要具有较高安全性、稳定性和可靠性。

2. 基因健康信息的传递

基因健康信息在专业人士与普通用户之间、普通用户与普通用户之间的传递以信息基础设施为依托，不同国家、不同经济水平、不同文化层次的用户，获取和传递健康信息的技术不尽相同。例如，在城市，人们可以利用无线网络技术通过 Web2.0 时代的博客、网络资源聚合技术（RSS）、维基、网页书签（如 Delicious）、社会网络（如 Facebook、开心网）、分享网站（如豆瓣网、土豆网）等方式超越时空限制传递健康信息。而在经济极其欠发达的地区，健康信息或许只能通过面对面的交流进行传递。

3. 基因健康信息系统的安全

一方面，基因健康信息管理系统面临大量数字信息和多个用户的交互，在数据安全问题上会出现各种麻烦；另一方面，随着数据量的增加，人们对存储认识程度也日益加深，特别是企业对于存储过程中数据安全问题尤为关注。一个稳定、安全、可靠的存储基础架构对企业来说是必不可少的。

解决这个问题可以通过以下几方面途径。

（1）异地备份可以避免发生自然灾害时的数据损失；

（2）采用 RAID（独立磁盘冗余阵列）可以减少磁盘部件的损坏；

（3）采用镜像技术，可以减少存储设备损坏；

（4）快照可以迅速恢复遭破坏的数据，减少宕机损失。

而这些技术的采用可以很好地应对企业面临的自然灾害、网络、硬件、人员的操作失误这几方面引起的数据的安全问题。

其次，对系统不兼容的问题可以通过采用当下比较流行的方式解决。

再次，医院的计算机信息管理人才、计算机硬件设备、操作员的计算机应用

能力都为系统的运行过程提供了可靠保证。

最后，关于行业标准的不统一问题，需要国家卫生部门进行统一的管理和制定，这是一项利国利民的大计。

第三节　基因健康信息系统的数据仓库的设计

各种现存的并且不断壮大的基因健康信息数据库，是进行数据挖掘的基础也是挖掘对象。我们通常选择一种或几种数据库作为数据基础，但仅仅这样是不够的。决策支持需要将来自异种源的数据统一（如聚集和汇总），产生高质量的、纯净的和集成的数据，这就需要建立数据仓库（data warehouse）。数据仓库与其他数据存储系统（如关系数据库系统、事务处理系统和文件系统）存在一些差别，它的主要特点是面向主题的（subject-oriented）、集成的（integrated）、时变的（time-variant）、非易失的（nonvolatile）。

基因健康信息系统的最终目的并不只是对基因和健康数据的收集和管理，它是在对各种基因序列和健康数据进行整合管理的基础上，建立一个综合性的基因与健康的数据应用平台，通过各种数据挖掘、数据检索、计算机可视化等技术支撑，支持各类基因健康相关数据的有机融合、分析以及智能决策。包括基因、蛋白质等功能性数据和解剖型数据的融合，图像数据和生物电数据在内的各种数据的融合等。

一、基因健康信息系统的数据仓库结构

基因健康信息系统属于迄今为止世界上现存的分布式信息系统中最复杂的一类。这是由基因健康信息系统的目标、任务及性质决定的。国外在这一方面研究开发起步较早，已有一些工作和商业化的产品如英国的 SRS[4, 5]，德国癌症研究中心的 IDG[6]，以及其他的整合的数据库管理体系如美国 NCBI 的 Entrez[7, 8, 9]，耶鲁大学的 *E. coli* 遗传信息数据库体系 Genera[10]，瑞士的蛋白质知识库 ExPASy[11, 12, 13]，日本的基因组数据库网络体系 GenomeNet[14, 15, 16]，加拿大的人类基因组联邦数据库 GDB[17, 18, 19]等。但所有这些数据库体系在信息整合上采取的方法都是建立分散在不同的异构数据库中的数据之间的简单链接，数据库并没有有机地整合在一起，不能实现智能化的多重复合和交叉检索，更没有实现与高性能计算网络的无缝连接。

在实验中，生命科学家常常为了比较、推测或实验一组生物数据需要在许多数据源中进行查询。同时，这些数据库之间还存在一些差异性，要表现在以下几个方面[20, 21, 22]。

1）数据存储类别不同

根据数据源的大小和描述的领域不同存储不同的数据类别，如 DNA 序列信息

存储在 GenBank 中，蛋白质序列信息存储在 SWISS-PROT 里，还有各种不同的典型数据如基因表达和序列病毒特征分子结构微排列数据和蛋白质相互作用数据等。

2）不同数据源的数据模型不同

不同的数据源采用不同的数据模型，即使对于相同类型的信息也使用了不同的表达和操作。在不同的系统中大致的存储格式有文本文件如 GenBank，关系数据库文件如 SWISS-PROT，面向对象的数据库文件如 AceDB[23] XML 文件和 ASN.1 文件等。

3）数据表达不同

它包括结构上的不同和语义上的不同。结构上的不同是指数据模型和数据结构都不相同。而如果一个术语表达不同的意思或者不同的术语表达了相同的意思，称为语义异构。

4）数据源独立性

由于各个数据库的维护单位不同，每个数据源都是独立的，每一个条目所规定的标识也相对独立，并且可以不经过任何其他的数据源的同意，对自己的数据进行任意修改、删除、插入等操作。

5）数据查询方式不同

每个数据源都提供给用户一个特定的查询接口并且拥有自己独立的查询方式，用户只能根据所提供的接口针对有限的几个字段进行相应的查询。

这些特点决定了整个基因健康信息系统最好是一个分布式的结构。要在基因健康信息系统中，构建一个分布式数据库应用系统比开发简单的应用程序所涉及的东西要多得多。这意味着需要弄清数据库理想运行的条件；意味着了解所有系统组件的优缺点，在某种程度上，尝试将问题分布到这些系统，以便发挥最佳功能。像这类复杂的问题，传统的两层数据库程序模型已经跟不上信息日益繁重、功能日益强大的基因健康信息系统发展的需要。

为此，通常采用三层（有必要时可以采用多层）数据结构模型：客户层、中间层、数据库层，即在两层的基础上再加个中间层，让客户层通过中间层与数据库层进行通信。这样就使客户层尽可能的简单，从而减轻了客户层的压力，有效地提高了应用效率。

大数据仓库中数据的选择和提取，直接影响到数据挖掘的整体性能。全面的数据处理和数据分析基础设施将要围绕数据仓库而系统地建立，这包括存取、集成、合并、多个异种数据库的转换、ODBC/OLEDB 连接、Web 访问和服务工具以及报表和 OLAP 分析工具。典型的数据挖掘体系结构可以看作数据仓库服务器、数据挖掘引擎、用户操作界面三层结构，如图 3-8 所示。

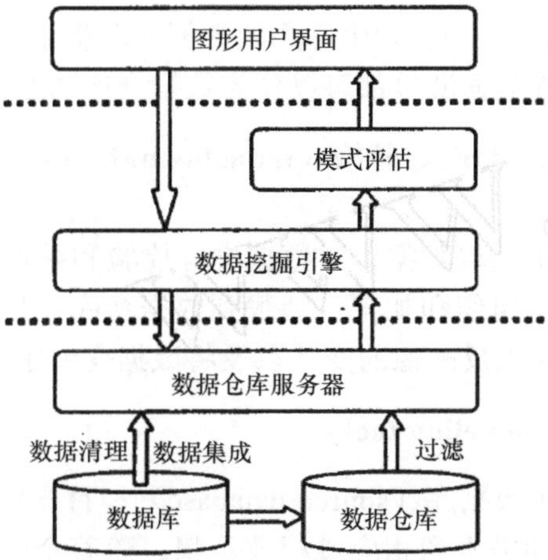

图 3-8　典型的数据挖掘体系结构

下面以一个常用的基因序列联配方法为例，扼要说明以上各层的功能（任务：序列联配；数据库：BioSino；方法：用 PAM 打分矩阵进行近缘序列的整体联配）。

（1）数据仓库服务器层：首先，用现成软件提取 BioSino 数据库的数据，并加以清理、集成，构建数据仓库。进而交给数据仓库服务器，对数据进行存储和管理，服务器负责向上提供数据。

（2）数据挖掘引擎层：是数据挖掘方法（算法）的实现层，此处包括以 PAM 打分矩阵方法为基础而设计的各种功能模块，执行对已知序列和数据仓库中的待定序列的比较打分任务。将打分的结果提交给模式评估模块，经评估后再将挖掘结果向上返回给用户。

（3）用户界面层：决策者根据需要提交相关操作命令，获取反馈回来的结果。这里只是简单的说明各层的主要功能，其实当中的模块比较复杂，包括针对基因序列的点变异而设计的“插入空位”方法，模式评估的手段和实现等。

二、基因健康信息数据仓库的主要内容和功能

正是由于数据仓库具有以上的优势和特点，使得无论是从数据的提取、整合还是数据的结构化查询都相应的变得易于处理。因此作为一种高效地解决数据使用的技术的出现，数据仓库技术迎合了基因健康信息学领域中针对海量数据的科学研究进一步发展的需求。我们认为，基因健康信息系统的数据仓库应包含如下内容和功能。

1）数据源（source data）

为数据仓库提供源数据，如各种生产系统数据库联机事务处理系统 OLTP 的操作型 operational 数据外部数据源等都可以作为数据仓库的数据源。

2）数据抽取（extraction）、转换（transformation）、装载（load）和刷新（refresh）工具

其功能是从数据源中抽取数据、对数据进行检验和整理，并根据数据仓库的设计要求对数据进行重新组织和加工，装载到数据仓库的目标数据库中，并且可以周期性地刷新数据仓库以反映源的变化以及将数据仓库中的数据作转储。

3）数据建模工具（modeling tool）

用于为数据仓库的源数据库（source database）和目标数据库建立信息模型以描述数据检验整理加工的需求和相应过程及步骤。随着企业的业务发展，数据仓库管理人员可以通过使用数据建模工具，根据企业决策和综合分析的需要，对数据的检验整理、加工和重新组织的过程进行调整和优化。

4）元数据仓储（metadata repository）

用于存储数据模型和元数据。其中元数据描述了数据仓库中源数据和目标数据本身的信息，定义了从源数据到目标数据的转换过程。

5）数据仓库监控（monitoring）和管理（administration）工具

为数据仓库的运行提供监控和管理手段，包括系统资源的使用情况、用户操作的合法性、安全管理、存储管理等多方面的内容。

6）数据仓库及数据集市的目标数据库（target database）

存储经检验整理、加工和重新组织后的数据。它可以是关系数据库 ROLAP 或多维数据库 MOLAP。

7）OLAP 服务器

功能强大的多用户的数据操作引擎，特别用来支持和操作多维数据结构。它为前端工具提供多维数据视图及服务。

8）前端数据访问和分析工具

供业务分析和决策人员访问目标数据库中的数据，并作进一步的深入分析。用数据访问和分析工具，不但要提供一般的数据访问功能，如查询、汇总、统计等，还要提供对数据的深入分析功能即数据挖掘（data mining）的功能，如数据的比较、趋势分析、模式识别等。而数据仓库的数据访问和分析要在一定程度上面向企业的业务需求。所提供的数据是在业务上有意义的信息而不只是通用的数据查询和操作功能。

三、基因健康信息系统中的主要数据库

根据基因健康信息系统相关数据库的特点和基本建设原则，基因健康信息系统的数据库应该围绕基因及基因组学、疾病遗传分析、用户健康信息等内容展开，涵盖以下内容。

1）疾病相关易感基因数据库

为基因检测和遗传分析打下基础。该数据库应包括疾病种类、疾病相关基因及变异位点选择、疾病相关基因名称、疾病相关基因变异位点、染色体定位、功能描述、低频等位基因及频率、风险等位基因及频率、基因型模型、基因型频率、OR/HR 值（OR/HR value）等。

Ⅰ. 疾病入选标准

（1）我们一般选取严重危害某个民族或地区的复杂重大疾病作为研究对象；

（2）根据复杂疾病的发病特点，其发病率一般需要＞1%；

（3）疾病的遗传度＞20%；

（4）要有早期干预和预防的措施等。

以糖尿病遗传分析数据库建设为例，该病作为一种危害严重的复杂重大疾病，其发病率和遗传度都高于以上标准并且我们已能够有针对性地对其控制。

Ⅱ. 疾病相关基因及变异位点选择

疾病相关基因及变异位点选择是建立在大样本研究证据基础之上的，首先应该满足以下三个条件。

（1）该基因及相关位点与疾病的关联性有统计学意义（通常 $P<0.05$）；

（2）该基因变异位点是独立的疾病关联因素，即已校正不良生活习惯和环境因素之后，变异位点仍与疾病有统计学意义的关联性；

（3）该基因变异位点的频率分布要符合 Hardy-Weinberg 平衡；此外，根据循证医学理念需要对选择位点进行分级，选择高等级的位点用于基因检测和遗传分析。下面以西安时代基因健康科技有限公司（以下简称时代基因）复杂疾病遗传分析相关基因及位点选择标准为例进行说明；

时代基因首先根据循证理念将复杂疾病相关基因进行如下分级：

（1）具有诊断意义的突变基因；本民族大样本（病例和对照组各 1000 例以上）全基因组关联分析得到阳性结果的基因，或虽无本民族结果，但功能试验在极高

水平杂志上（如 *Nature*、*Nature Genetics* 等）证实该位点或与此位点存在 100% LD 关系的其他多态性位点是引起本疾病的重要原因；

（2）包括本民族数据在内的元分析结果高度一致的阳性基因；

（3）多民族验证结果高度一致并有本民族大样本人群（病例和对照组各 500 例以上）研究结果阳性的基因；

（4）其他民族全基因组关联研究得到阳性结果的基因和多民族验证结果不一致但有本民族大样本研究（病例和对照组各 500 例以上）阳性数据并出自高质量文章的基因；

（5）多民族验证结果极不一致，本民族研究结果出自小样本人群；候选基因在其他民族中得到验证但无本民族研究结果的相关基因；

数据的等级越高，其可靠性和科学性越强，因此优先选择等级高的数据。一般我们优先选择 A、B、C 级的数据，个别情况可以增加 D 级数据，通常不选取 E 级数据。

Ⅲ. 疾病相关基因名称选择标准

构建数据库时涉及基因名称书写的问题，其严格按照人类基因命名委员会在该方面的最新规定。了解这些标准有利于数据库相关内容的书写和理解（读者可以通过 http: //imgt.cnusc 网站获得最新消息）。下面对基因命名规则做一简要阐述。

基因名称应使用美式英语的拼写方式，应简明、独特，并且能够表达基因的特征或功能，但不要试图进行详细的描述。要避免在基因名称中使用组织特异性和分子质量的描述，避免在名称中描述家庭成员关系。此外还应注意到以下几点。

（1）除使用人的名字来描述一种疾病或一种表型外，如：AHDS“Allan-Herndon- Dudley syndrome”，基因的名字应以小写字母开始；

（2）在对基因名称进行限定时，限定词应在名称的后面，并以逗号与主名称分开，如：ACO1“aconitase 1，soluble”；

（3）当使用替代名称作为基因名称的一部分时，替代名称应在括号内，如：IDS“iduronate 2-sulfatase（Hunter syndrome）”；

在大多数情况下，基因命名用基因符号来代替。基因符号应使用大写拉丁字母或大写字母与阿拉伯数字的组合来表示。基因符号的第一个字母应与基因名称一致，以便于按照字母顺序排列。符号应简短，最好不超过 6 个字母。应避免使用基因符号表示基因的全部信息，避免拼写成为单字或已知的缩写。在使用新的基因符号时，不能与已经存在、获得认可的符号重复。此外，以下几点规则也应遵循：

（1）符号应以字母开始，伴随以字母或阿拉伯数字。

（2）避免在符号中使用字母的上标或下标。

（3）避免在符号中使用罗马数字，曾经使用罗马数字的符号应改变为相应的阿拉伯数字。

（4）避免在符号中使用希腊字母，所有的希腊字母应改变为相应的拉丁字母。

（5）基因名称的希腊字母前缀应改变为相应的拉丁字母，并放在符号的后面，如 GLA“galactosidase，alpha”；GLB“galactosidase，beta”。

（6）除人类白细胞抗原（HLA）、免疫球蛋白（immunoglobulin）和 T 细胞受体（T cell receptor）外，不要在基因符号中使用标点符号。HLA 的基因符号应遵照世界卫生组织命名委员会关于对 HLA 系统的命名规则；免疫球蛋白和 T 细胞受体的符号应遵照国际免疫遗传学命名委员会的规则。

（7）应避免在基因符号中标明其组织特异性和分子质量。

（8）基因符号的前缀和后缀应保持与其特定的含义一致，如 BP 代表结合蛋白（binding protein）。

此外，基因家族的符号应有词根或词干，其家族成员的符号应在此基础上标以阿拉伯数字，在字母与数字之间不留空位，如 GPR1、GPR2、GPR3（G 蛋白结合受体，G protein-coupled receptor）。在有些历史遗留下来的基因符号中，基因家族中不同成员是以字母标记，而不是标以阿拉伯数字，如 LDHA、LDHB、LDHC（lactate dehydrogenase）。这种情况可以继续使用，但不能应用于命名新的基因家族符号。

当一系列基因具有序列的相似性，但是对其功能尚不了解时，可以使用临时符号 FAM#。在符号中应使用字母来表示其亚家族，并在最后以数字标明顺序，如 FAM7A1（family with sequence similarity 7，member A1）。值得指出的是，一旦对这些序列的生物学功能等获得进一步的信息，应及时给予新的基因符号，并撤销符号 FAM。

Ⅳ. 染色体定位及基因功能注释标准

以人类基因组标准序列为参考，要表明复杂疾病相关基因位点位于第几条染色体的哪个区（带）。基因功能解释详见后续基因-环境数据库相关内容。

Ⅴ. 疾病相关基因变异位点命名标准

数据库在构建过程中要进行文献变异位点的筛查及突变位点的详细信息的补充，这就涉及基因变异位点命名的标准，该内容遵循人类变异位点命名的标准规定，具体内容如下。

基因突变的种类包括：点突变——DNA 分子中一个碱基对被另一个不同的碱基对取代所引起的突变；移码突变——指 DNA 片段中某一位点插入或丢失一个或几个（非 3 或 3 的倍数）碱基对时，造成插入或丢失位点以后的一系列编码顺序发生错位的一种突变；缺失突变——基因内部缺失某个 DNA 小段；插入突变——基因内部增添某个小段 DNA。DNA 分子中有四种碱基，故可能出现 4 种转换和 8 种颠换（图 3-9）。在自然发生的突变中，转换多于颠换。

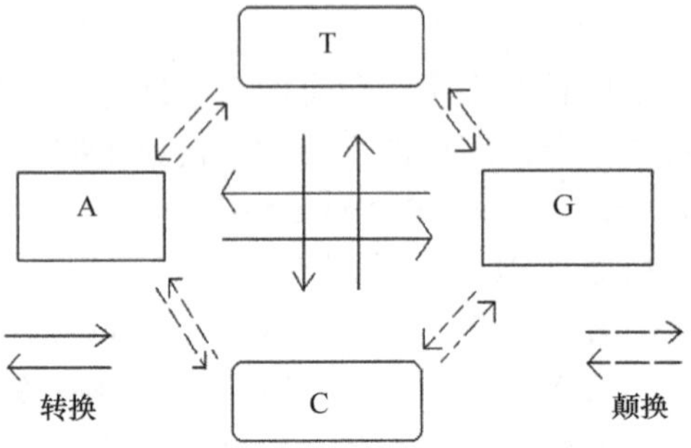

图 3-9　基因碱基置换示意图

A：点突变产生的效应

（1）同义突变。密码子改变前、后密码子所编码的氨基酸不变，不发生突变效应。例如，DNA 分子模板链中 GCG 的第三位 G 被 A 取代，变为 GCA，则 mRNA 中相应的密码子 CGC 就变为 CGU，由于 CGC 和 CGU 都是编码精氨酸的密码子，故突变前后的基因产物（蛋白质）完全相同。

（2）错义突变。碱基对的置换使 mRNA 的某一个密码子变成编码另一种氨基酸的密码子的突变。例如，人类正常血红蛋白 β 链的第六位是谷氨酸，其密码子为 GAA 或 GAG。如果第二个碱基 A 被 U 替代，就变成 GUA 或 GUG，谷氨酸则被缬氨酸所替代，形成异常血红蛋白 HbS，导致个体产生镰形细胞贫血，产生了突变效应。

（3）无义突变。某个编码氨基酸的密码突变为终止密码，多肽链合成提前终止，产生没有生物活性的多肽片段。例如，DNA 分子中的 ATG 中的 G 被 T 取代时，相应 mRNA 链上的密码子便从 UAC 变为 UAA，因而使翻译就此停止，造成肽链缩短。

（4）终止密码子突变。基因中一个终止密码突变为编码某个氨基酸的密码子的突变。由于肽链合成直到下一个终止密码出现才停止，因而合成了过长的多肽链。例如，人血红蛋白 α 链突变型 Hb Constant Spring 比正常人 α 珠蛋白链多了 31 个氨基酸。

B：突变命名

（1）置换突变：用“＞”代表替换

如：1997G＞T 序列的第 1997 位核苷酸 G 被 T 替换

（2）缺失突变：用“del”代表缺失

如：1997del T　1997 位胸腺嘧啶脱氧核苷酸缺失

1997-1999del TTC　1997-1999 连续三个核苷酸的缺失

短重复序列中　eg：AATGTGTGCC　1997-1998del TG 或 1997-1998del

（3）插入突变：用“ins”代表插入

如：1997-1998ins T　　1997 和 1998 位核苷酸间插入 T

短重复序列中　如：AATGTGTGCC　1997-1998insTG

1997 是 3′端 C 前的第一个 T，3′端核苷酸是随机的

（4）内含子突变：用“IVS”表示，当全基因组序列未知时，供体位点 GT 的 G 位用+1 表示，受体位点 AG 的 G 位开始用-1 表示（图 3-10）。

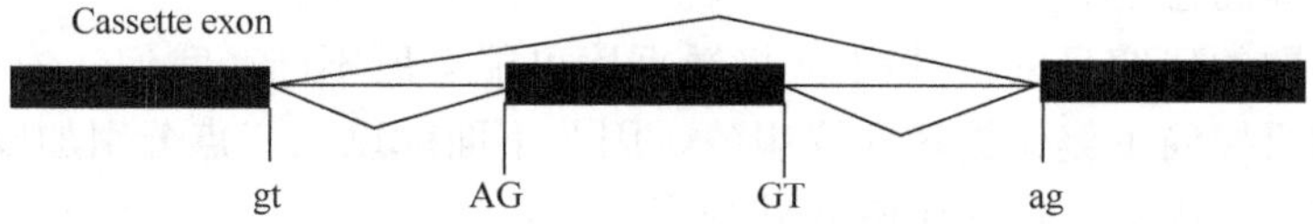

图 3-10　内含子结构示意图

如：IVS4+1G＞T　在第四个内含子的+1 核苷酸处 G 突变为 T IVS4-2A＞C 在第四个内含子的–2 核苷酸处 A 突变为 CcDNA 核苷酸的编号可以用来指示内含子附近的突变位点。如：c.1997+1G＞T　cDNA1997 位核苷酸下游+1 处 G 替换为 T。

（5）密码子的突变　如：Y97S　第 97 位酪氨酸密码子被丝氨酸的密码子代替。

（6）终止密码子：用“X”表示。如：R97X　第 97 位编码精氨酸的密码子突变为终止子。

（7）氨基酸密码子的缺失

如：T97del　第 97 位编码苏氨酸的密码子缺失。

（8）氨基酸密码子的插入

如：T97-98ins　编码苏氨酸的密码子插入 97、98 密码子中。

Ⅵ. 低频等位基因、风险等位基因及频率

疾病相关风险等位基因、低频等位基因的确定从原始研究文献中准确获得。因疾病相关变异位点大都在人类单体型计划数据库中存在。因此相对应的频率可以人类单体型计划数据库中种族特异性的频率为准。

Ⅶ. 基因型频率、基因型模型及其对应的 OR 值

疾病相关变异位点基因型大都在人类单体型计划数据库中存在。因此相对应的频率可以人类单体型计划数据库中种族特异性的频率为准。疾病相关基因型模型及对应的 OR 值的确定可以从原始研究文献中准确获得。

2）基因-环境数据库

为基因组导向下的健康管理建议打下基础，该数据库涵盖以下方面内容。

（1）基本信息。包括该基因的具体位置、长度以及编码氨基酸的个数等；

（2）功能信息。阐明该基因编码蛋白参与何种生物学功能，包括代谢途径、信号转导及调节；

（3）致病信息。阐述风险基因参与疾病发生、发展的分子机制，为个体化干

预指明方向；

（4）分子水平信息。从分子水平阐释基因-环境相互作用机理，为基因组导向下健康管理提供具体干预措施；

（5）基因的一个变异位点。可能与多种疾病相关，提示检测者对本次检测未涉及的疾病提高警惕。

根据不同的研究目的，基因-环境数据库可能有所不同。我们认为该数据库主要是为基因组导向下健康管理建议服务，因此下面就以上三点分别加以阐述。

（1）缺陷基因对疾病的影响及其分子机制。

首先介绍基因的名称、位置和基本结构。分别从基因、蛋白、代谢水平阐述缺陷基因对疾病的影响；然后阐述该基因与该疾病相关的功能信息。如参与物质代谢、参与信号调控和参与DNA修复等功能。并明确基因位点变异对蛋白质功能的影响（正性或负性），从而引起发病的机制；最后还要包括风险等位基因型的提示和患病高危人群的提示。

（2）从分子水平阐释基因-环境相互作用机制（基因组导向下健康管理建议）。

在当前的技术条件下，要想直接改变复杂疾病相关的缺陷基因并非易事。然而，基因的表达会受到外部环境的调节。更重要的是通过确定疾病与环境相关的代谢遗传缺陷基因，揭示疾病的诱发因素并在此基础上，综合阐释发病机制、环境危险因素的作用机制以及预防和干预措施的科学机制。根据这一基本原理，我们可以在了解影响缺陷基因表达的环境因素的基础上，通过校正环境因素（如改善营养、戒烟戒酒、坚持锻炼）来达到抑制缺陷基因表达（或起到代偿作用，弥补缺陷基因造成的损害），最终起到保持机体健康的作用。所以，这部分需要重点阐明能够调节缺陷基因表达，维持机体健康的各类环境因子。

（3）对本次检测未涉及的疾病提起警示。

如果调查显示同一基因可能与多种疾病的发病相关，还应该对其他与该基因相关的疾病做出提示。

以下我们就以西安时代基因健康科技有限公司构建的两个基因-环境数据库为例加以说明。

例如图3-11显示了糖尿病肾病的一个基因-环境数据库。

3）个人健康信息数据库

（1）基本信息（个人健康信息）。应包含个人的基本健康信息，例如健康卡号、身份证号、姓名、性别、出生年月和家庭病史等信息。该表的主要功能是对患者的个人基本信息进行统计，对患者的就医和医院的判断提供了便利信息。

（2）就诊信息。应包含就诊医生、症状、就诊时间、诊断地点和就诊结果等。该表格对患者的就医信息进行统计和记录，以便查询使用。如果第一次就诊不能

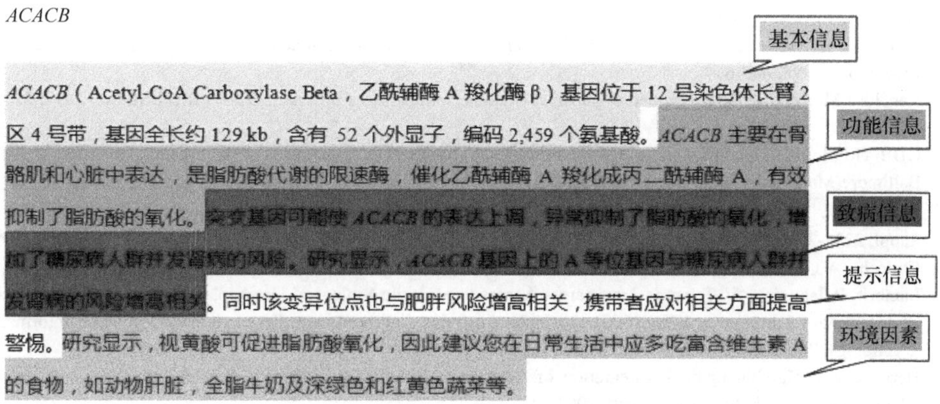

图 3-11　糖尿病肾病基因-环境数据库

够医治，则需要补充更多的就医信息，依此类推。

（3）药品信息。供患者对药品信息进行查询，主要统计药品的生产厂家、使用方法、价格、适用症状和不良反应等信息。

（4）检查信息。对患者进行身体检查时候的数据信息进行统计，供就诊医师进行查询。包括血液检查、尿液、脑髓液、精液、粪便、免疫学、X 射线、B 超等。

（5）用户的 DNA 信息。用户特有的基因、组学和蛋白质等信息。此项目信息比较多，有新的信息及时更新[24]。

参 考 文 献

[1] 杨进. 复杂复杂疾病的遗传分析. 北京：科学出版社, 2013.

[2] 伦盖威尔. 生物信息学. 从基因组到药物. 北京：化学工业出版社, 2006.

[3] 国务院. 2006—2020 年国家信息化发展战略, 2006.

[4] Davidson S, Overton C, Buneman P. Challenges in Integrating Biological Data Sources, Journal of Computational Biology, 1995, 2(4), 557-572.

[5] http: //srs.ebi.ac.uk/.

[6] http: //www.idg.fhg.de.

[7] Zdobnov E M, Lopez R, Apweiler R, et al. The EBI SRS server-recent developments, Bioinformatics, 2002, 18, 368-373.

[8] http: www.ncbi.nlm.nih.gov/Entrez/index.html.

[9] Wheeler D L, Church D M, Lash A E, et al. Database resources of the National Center for Biotechnology Information, Nucleic Acids Res, 2001, 29(1), 11-16.

[10] http: //cgsc.biology.yale.edu.

[11] Wheeler D L, Church D M, Lash A E, et al. Database resources of the National Center for Biotechnology Information: 2002 update., Nucleic Acids Res, 2002, 30(1), 13-16.

[12] http: //expasy.hcuge.ch.

[13] Hochstrasser D F, Appel R D, Golaz O, et al. Sharing of worldwide spread knowledge using hypermedia facilities & fast communication protocols(Mosaic and World Wide Web): the example of ExPASy., Methods Inf Med, 1995, 34(1-2): 75-78.

[14] Appel R D, Bairoch A, Hochstrasser D F. A new generation of information retrieval tools for biologists: the example of the ExPASy WWW server, Trends Biochem Sci, 1994, 19(6), 258-260.

[15] http: //www.genome.ad.jp/.
[16] Fujibuchi W, Goto S, Migimatsu H, et al. DBGET/LinkDB: an integrated database retrieval system.Pac Symp Biocomput, 1998, 683-694.
[17] Kanehisa M. Linking databases and organisms: GenomeNet resources in Japan, Trends Biochem Sci, 1997, 22(11), 442-444.
[18] GDB(TM)Human Genome Database[database online], Toronto(Ontario, Canda): The Hosptial for Sick Children, Baltimore(Maryland, USA): Johns Hopkins University, 1990-Updated daily, http: //www/gdb/org/.
[19] Pearson PL. The genome data base(GDB)—a human gene mapping repository.Nucleic Acids Res, 1991, 25; 19 Suppl, 2237-2239.
[20] Cuticchia A J. Future vision of the GDB human genome database, Hum Mutat, 2000, 15(2), 62-67.
[21] Lambrix P, Jakoniene V. Towards Transparent Access to Multiple Biological Databanks, In Proc. First Asia-Pacific Bioinformatics Conference(APBC2003), Adelaide, Australia, Conferences in Research and Practice int Information Technology, 2003, 19. Chenm Y.-P.P., Ed. ACS. 53-60.
[22] Hernandez T, Kambhampati S. Integration of Bioinformatic Sources: Current Approaches and Systems, http: // rakaposhi.eas.asu.edu/biosurvey03.pdf, 2003.
[23] Thierry-Mieg J, Thierry-Mieg D, Stein L. ACEDB: The ACE database manager, chapter22 in Letovsky S, ed., Bioinformatics-Databases and Systems, Kluwe Academic Publishers, 1999.
[24] 张文力. 高通量测序数据分析现状与挑战. 集成技术, 2012, 1(3): 9.

第四章　基因健康信息数据分析和挖掘技术

第一节　基因健康系统数据挖掘概述

基因健康信息学的研究对象是用户的基因、健康、环境等信息，从用户、基因、健康三个相互关联的维度进行探讨，包括从用户维度进行的基因遗传信息研究、健康信息的分类研究、用户健康信息需求研究、用户健康信息行为研究；从信息维度进行的用户健康信息的产生、传播、控制和效果研究；从健康维度进行的大众健康学、流行病分析学和疾病早期预防等研究。

实际上，从信息科学的角度来看，基因健康信息系统是一个典型的知识挖掘数据仓库，即 KDD（knowledge discovery in database）。首先进行数据库结构的设计，然后将各种类型的数据存放在数据库、数据仓库或者其他信息库中，接着在大量数据中挖掘出隐藏的有用信息（知识）和规律。KDD 的基本过程如图 4-1 所示。

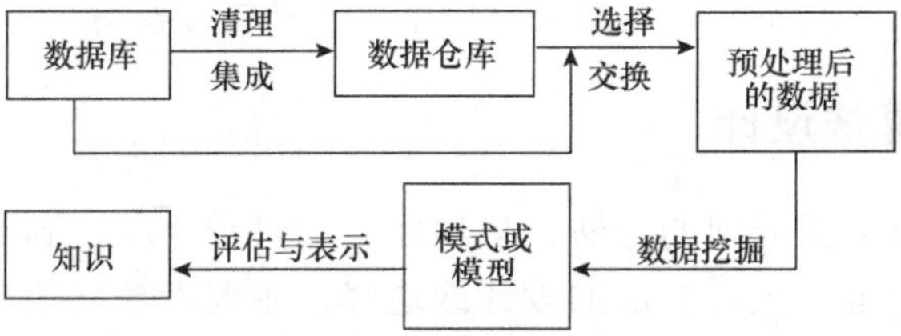

图 4-1　KDD 的基本过程

（1）数据预处理（包括数据清理、数据集成、数据变换、数据归纳，为数据挖掘做准备；

（2）数据挖掘（核心步骤，使用智能方法提取数据模式）；

（3）模式评估（根据某种度量，识别表示知识的真正模式）；

（4）知识表示（使用可视化知识表示技术，向用户提供挖掘的结果——知识）。

可以看出，数据挖掘算法是 KDD 的核心部分，是采用机器学习、运筹学、统计方法等进行知识发现的阶段。但是从广义上讲，数据挖掘的定义就是从海量数据中提取知识的过程，也就等同于 KDD，这个定义在各界普遍流行。数据挖掘的常见方法如下。

（1）统计类方法：包括显著性检验方法、多因素分析方法、相关性分析方法、回归分析等；

（2）决策分析方法：利用单变量分离原理，是从大型数据库中发现有用知识的最有效的方法，并使得模型易于为用户所理解；

（3）聚类和分类技术：如分类、聚类、支撑向量机等；

（4）逻辑推理方法：根据数据库中的特性相似的案例来对一新案例进行预测，包括相似性判别、案例比较和案例推理系统等。另外还有关系学习模型、图形化的概率属性模型、公式发现方法等。

在基因健康信息数据的整理加工和分析工作中，需要用到多种数据挖掘方法。针对每个具体的任务，我们根据需要设计数据库结构，根据不同数据，采用不同的挖掘方法，设计不同的挖掘算法和实现方式。下面简要说明针对基因健康信息系统的数据进行挖掘的主要过程[1]。

一、确定挖掘任务

首先，必须明确项目的最终目的，分析项目的可行性。基因健康信息学计算的核心是序列的比较，这包括同一个序列内不同片段的比较，以及两个或多个序列的比对。比较的内容，从序列的组分变化、寻找特殊的字段，到序列间字母的对应。比较的主要目的在于阐明序列之间的同源关系，以及从已知序列预测新序列的结构和功能。当然还有其他如蛋白质结构和功能预测等。

二、数据挖掘算法设计

基因健康信息数据处理的方法，从半经验的直观手段，到具备较深刻数学背景的复杂算法，跨度很大。算法的设计或选择，主要考虑它的功能和复杂度。基因健康信息数据量异常庞大，通常我们从数据库中得到这些数据之后，就算经过选择净化、转化和削减，还是非常惊人。我们在要求算法达到特定功能的同时，应尽量选择一个更加高效的算法。

三、数据仓库建立

我们已经在第三章详细介绍了基因健康信息系统的数据仓库设计技术，这里就不再赘述了。

第二节　显著性检验技术

DNA 微阵列基因表达数据分析，常用于检测基因表达水平的 DNA 微阵列实验，目的是比较两个条件下的基因表达差异，从中识别出与条件相关的特异性基因，例如，识别可用于肿瘤分型的特异基因等。为了提高实验的可靠性，对于同一样本，往往有两次或更多次的重复实验，但是，由于DNA微阵列的费用仍然很昂贵，不可能重复足够多的次数来满足实验数据分析的要求，因此需要采用统计方法来分析这些数据。对于这些表达数据的分析，目的就是要识别在两个条件下有显著表达差异的基因。

所谓显著表达差异是指一个基因在两个条件中表达水平的检测值在排除实验、检测等因素外，达到一定的差异，具有统计学意义，同时也具有生物学意义。常用的分析方法有三类：

第一类称之为倍数分析，计算每一个基因在两个条件下的Ratio值，若大于给定阈值，则为表达差异显著的基因；

第二类方法采用统计分析中的t检验和方差分析，计算表达差异的置信度，来分析差异是否具有统计显著性；

第三类是建模的方法，通过确定两个条件下的模型参数是否相同来判断表达差异的显著性，例如贝叶斯方法。

一、倍数分析

早期基于cDNA微阵列技术的比较实验，用倍数来分析基因表达水平差异，即计算基因在两个条件下表达水平的Ratio值。用x_{gi}表示基因g在条件i下的表达水平测量值，因此，Ratio值为$r_g=x_{g1}/x_{g2}$，可表示基因g在条件1和2下的表达水平差异。对于cDNA微阵列实验，是将两个条件下的样本混合后与cDNA微阵列进行杂交实验，得到的是成对数据，对每次实验得到的数据计算r_g，最后计算重复实验的平均。而对于寡核苷酸芯片，首先分别计算两个样本的重复实验的归一化表达水平的平均值，然后计算其Ratio值。当$r_g=1$时，基因g的表达水平没有改变，而$r_g<1$或$r_g>1$意味着基因g在两个条件下存在表达差异，特别是$r_g<1$表示基因在条件1是下调的，而$r_g>1$，表示在条件1是上调的。在具体应用中，如果一个基因的平均表达水平在两个条件下的变化超过一个常数，典型的常数是2，即$r_g>2$或$r_g<1/2$，则认为该基因的表达差异是显著的。然而，对表达数据仔细考察后可以发现，这样简单的2倍法并不能产生最优的结果，因为因子2在不同的表达水平上有相当不同的显著性。对于低表达水平的基因，其信噪比太低，用2倍法作为判断条件太宽松，而对于高表达基因，条件又太苛刻，往往小于2就具有生物学意义。在具体应用中，并没有明确的阈值，往往根据分析的具体要求由数据分析者自行确定。

二、t检验

对于两个条件下的多次重复实验，为了判断基因的表达差异是否具有显著性，在应用中较多的是采用假设检验，包括两个条件下的 t 检验和多个条件下的方差分析（ANOVA），这里仅仅介绍 t 检验，关于 ANOVA 我们在第 5 节进行说明。

零假设为 $H_0: u_{g1}=u_{g2}$，即假设两个条件下的平均表达水平是相等的，与之对应的备选假设是 $H_1: u_{g1}\neq u_{g2}$。t 统计量的计算公式如下：

$$t_g = \frac{\overline{x}_{g1} - \overline{x}_{g2}}{\sqrt{s_{g1^2}/n_1 + s_{g2^2}/n_2}} \tag{4-1}$$

其中 $\overline{x}_{gi} = \sum_{j=1}^{n_i} x_{gij}/n_i, s_{gi}{}^2 = \frac{1}{n_i - 1}\sum_{j=1}^{ni}(x_{gij} - \overline{x}_{gi})^2$，$n_i$ 为某一条件下的重复实验次数，x_{gij} 是基因 g 在第 i 个条件下第 j 次重复实验的表达水平测量值。根据统计量 t_g 值，可以得到 P 值，它表示在零假设成立的情况下，出现该数据的概率。如果 P 值小于给定的显著性水平，就拒绝零假设，即认为基因 g 在两个条件下的表达差异是显著的。因为在 t 检验中，两个总体平均值之间的距离被样本的标准差归一化，可以克服固定倍数阈值方法的一些缺点。然而，对于 DNA 微阵列数据的 t 检验的基本问题是，即使用当前的高通量检测技术，实验仍然花费很大或者实验过程很冗长，重复次数 n_i 经常较小，n_i=2、3 的小样本仍然非常普通。由于样本量小，导致总体方差被严重低估，得到的 t 值就较大，因此会导致较高的假发现率（FDR，False Discovery Rate），即通过 t 检验得到的结果中表达差异不显著的基因数目较多。这样，需要更好的分析方法来克服这些缺点。

在 t 假设检验中，经常使用的显著性水平是 P=0.01，其意思是在零假设正确的情况下，从总体中进行 100 次抽样，允许有 1 次不满足零假设。对于 DNA 微阵列实验，检测的基因数目巨大，如果微阵列上有 10 000 个基因，采用 P=0.01，将会有 100 个基因是由于偶然性而被错误认为是有表达差异显著的。这个数目已经可能对后续的生物学分析产生很大的干扰，从而导致 t 检验分析结果的不可靠或失去意义。

为了解决这个问题，可以对 t 检验进行改进，降低由于分母上方差小而带来的错误，因此对 t 检验的计算公式修改如下：

$$d_g = \frac{\overline{x}_{g1} - \overline{x}_{g2}}{s_g + s_0} \tag{4-2}$$

$$s_g = \sqrt{a\left\{\sum_{n1}\left[x_{g1i} - \overline{x}_{g1}\right]^2 + \sum_{n2}\left[x_{g2i} - \overline{x}_{g2}\right]^2\right\}}$$

$$a=(1/n_1+1/n_2)/(n_1+n_2-2)$$

假设 d_g 的分布是独立于基因表达水平的。因为较低的表达水平会使 s_g 的值较小，导致 d_g 值变化较大。为了保证 d_g 独立于基因表达水平，在分母上增加 S_0，增

加 S_0 后可以降低 d_g 的方差。通过对设计的一组对照样本的分析，可以确定阈值，d_g 大于阈值的基因被认为是表达差异显著的。

三、贝叶斯分析

由于 DNA 微阵列数据噪声大、波动大，而且在大量数据的背后还有很多相关变量不能被观察到，因此，贝叶斯方法可以用来分析微阵列表达数据。贝叶斯分析可以简单描述如下：

$$p(M \mid D) = p(D \mid M)p(M) / p(D) \tag{4-3}$$

其中，P（$M|D$）表示由观测数据集 D 得到参数化模型 $M = M(w)$ 为真的概率，称为后验概率；P（M）称为先验概率，表示在没有得到任何数据之前所估计的模型 M 为真的概率；P（$D|M$）是指似然度，表示从模型 M 得到一个观测数据集 D 的概率。贝叶斯推断是通过参数估计和模型选择来实现任务的，最常用的方法是最大后验概率（MAP）估计和最大似然（ML）估计。在用贝叶斯方法分析表达数据时，首先假设在给定条件下，一个基因的表达水平测量值是独立的，并满足正态分布。根据经验，这一假设是合理的，特别是表达水平的对数大致服从对数正态分布。对于重复实验，也可以引入伽马分布、高斯/伽马混合分布等。一个基因在一种条件下的表达测量值可以用一个正态分布 $N(x, \mu, \sigma^2)$ 来建模。对于每个基因在每一种条件下，都对应有一个双参数模型 $w = (\mu, \sigma^2)$，似然函数可以由下式给出：

$$\begin{aligned} p(D \mid \mu, \sigma^2) &= \prod_i N(x_i; \mu, \sigma^2) = c(\sigma^2)^{-n/2} e^{-(\sum_i (x_i-\mu)^2/2\sigma^2)} \\ &= c(\sigma^2)^{-n/2} e^{-[n(\bar{x}-\mu)^2+(n-1)s^2]/2\sigma^2} \end{aligned} \tag{4-4}$$

i 取遍所有的重复测量，重复测量次数为 n，c 表示归一化常数。似然度取决于充分统计量 n、$\bar{x}$ 和 s^2 分别表示重复次数、n 次重复实验的平均值和方差。先验概率分布 $p(\mu, \sigma^2)$的选择有几种，一般采用共扼先验分布。先验分布的四个超参数构成向量，$\alpha=(\mu_0, \lambda_0, \nu_0, \sigma_0^2)$则

$$p(\mu, \sigma^2 | \alpha) = c\sigma^{-1}(\sigma^2)^{-(\nu\alpha/2+1)_e -[\lambda\alpha(\mu\alpha-\mu)^2+\nu\alpha\sigma\alpha^2]/2\sigma^2} \tag{4-5}$$

超参数 u_0 和σ_0^2/λ_0 可以分别解释为μ的位置和数值范围，ν_0 和σ_0^2 分别解释为σ^2 的自由度和数值范围。对于 DNA 微阵列数据，采用一个μ和σ^2 互不独立的先验分布很有意义。经过一些代数运算，可以推导出后验分布具有与先验分布相同的函数形式：

$$p(\mu, \sigma^2 \mid D, \alpha) = N(\mu; \mu_n, \sigma^2 / \lambda_n)\Gamma(\sigma^2; \nu_n, {\sigma_n}^2) \tag{4-6}$$

其中

$$\mu_n = \frac{\lambda_0}{\lambda_0 + n}\mu_0 + \frac{n}{\lambda_0 + n}\overline{x}$$

$$\lambda_n = \lambda_0 + n$$

$$\nu_n = \nu_0 + n$$

$$\nu_n \sigma_n^2 = \nu_0 \sigma_0^2 + (n-1)s^2 + \frac{\lambda_0 n}{\lambda_0 + n}(\overline{x} - u_0)^2$$

后验分布的参数以一种合理的方式将先验分布的信息和数据信息结合了起来。后验分布是贝叶斯分析的基本对象，它包含了μ和σ^2所有可能取值的相关信息，可以通过多种方法估计μ和σ^2。

第三节　决策树和决策规则

作为一种常用的数据挖掘技术，决策树分类器已经被成功地运用到许多不同的领域。DNA 芯片和基因芯片可用于检测特定的基因或测定组织样本中的基因活动。由于微阵列实验产生了大量的数据，所以需要用数据挖掘方法寻找隐藏在这些数据中的重要信息和知识。决策树具有适合大训练集，效率高，除了训练数据外不需要其他信息（例如领域知识或数据/类的概率分布的预知信息），分类精确度好等优点，因此我们选用决策树作为分析医疗数据的手段。

ID3 算法是最典型的决策树学习系统，以信息熵作为选择分类属性的评价函数，采用自顶向下不可返回的策略，在决策树的叶子节点得到分类结论。其优点是 ID3 算法构造的决策树平均深度较小，分类速度较快。缺点是 ID3 算法趋向于选择属性值较多的属性，而属性值较多的属性却不一定是最优的属性。

一、决策树的生成

对 ID3 算法的基本策略描述如下[2]：

树代表训练样本的单个节点开始。如果样本在同一个类型中，则这个节点成为叶子节点，并进行类型的标记。否则，算法使用信息增益的熵度量作为启发信息，选择能够将样本进行最好分类的属性，使该属性成为这个节点的测试或判定属性（在这里，我们使用的属性都是离散化的）。对测试属性的每个已知的值创建一个分枝，并据此进行样本的划分。使用类似方法递归地形成在每个划分上的样本决策树。一旦一个属性出现在某一个节点上，该节点的后代将不再考虑这个属性。整个递归过程在下列条件之一成立时停止：

（1）给定节点的所有样本均属于同一类。

（2）没有剩余属性可以进一步划分样本，这时候将该节点作为叶子节点，并用剩余样本中出现次数最多的类型作为叶子节点的类型。

（3）一分枝没有样本，在这种情况下，以训练样本集中占多数的类创建一个叶子节点。

二、属性选择度量

ID3 算法是以信息熵的下降速度作为选取测试属性的决策树分类算法，根据属性集取值选择实例的类别。其基本原理如下：

在树的每个节点上都使用信息增益度量来选择测试属性。这种度量称作属性选择度量或分裂的优良性度量。选择具有最高信息增益（或最大熵压缩）的属性作为当前节点的测试属性。

这样做可以使得对结果划分中的样本分类所需的信息量最小，并反映出划分的最小随机性。这种信息论的方法可以使得对一个对象分类时所需的测试数最小，找到的树尽量简单。

设 $E = F_1 \times F_2 \times \ldots \times F_n$ 是 n 维有穷向量空间，其中 F_j 是有穷离散符号集，E 中的元素 $e = < V_1, V_2, \cdots, V_n >$ 称为例子。其中 $V_j \in F_j, j = 1, 2, \cdots n$。设 P_E 和 N_E 是两个例子集，分别叫正例集和反例集。假设向量空间 E 中的正例集 P_E 和反例集 N_E 的大小分别为 p、n，ID3 基于如下两种假设：

（1）在向量空间 E 上的一棵正确决策树对任意例子的分类概率同 E 中正反例的概率一致。

（2）一决策树对一例子做出正确类别判断所需的信息量为，

$$I(p,n) = -\frac{p}{p+n}\log_2\frac{p}{p+n} - \frac{n}{p+n}\log_2\frac{n}{p+n} \tag{4-7}$$

如果以属性 A 作决策树的根，A 具有 v 个值 $< V_1, V_2, \cdots, V_v >$，它将分成 v 个子集 $< E_1, E_2, \cdots, E_v >$，假设 E_i 中含有个 P_i 正例和 N_i 个反例，那么子集 E_i 所需的期望信息是 $I(P_i, N_i)$，以属性 A 为根所需的期望熵是

$$E(A) = \sum_{i}^{v} \frac{P_i + N_i}{P+N} I(P_i + N_i) \tag{4-8}$$

以属性 A 为根所需的信息增益是

$$\text{Gain}(A) = I(p,n) - E(A) \tag{4-9}$$

ID3 选择使 Gain（A）最大（即 E（A）最小）的属性 A^* 作为根节点，对 A^* 的不同取值对应的 E 的 v 个子集递归调用上述过程生成 A^* 的子节点 $B_1, B_2 \cdots, B_v$。

在每一个属性中都选取样本作为分类的依据，并将其数值作为预备分类阈值，计算以该样本分类后的熵值，若熵值小于以前的熵值，则将新熵值作为该属性的熵值，将其数据作为存为该属性在给定样本下的分类阈值，如此循环，便可以计算得出该属性的最小熵值和分类阈值。

三、决策树的修剪

随着决策树的生成，决策树对总体数据的代表性在不断降低。在根节点时，分枝准则的处理对象是训练样本集中的全体数据；当第 2 层分枝形成后，分枝准则处理的对象是训练样本集中的部分数据；当决策树的叶节点形成时，决策树在很大程度上失去了一般代表性。因此越深处的节点所体现出的数据特征就越具体，一般性就越差。所以，虽然一棵完整的决策树能够非常准确地反映训练样本集中数据的特征，但因失去了一般代表性而无法用于对新数据的分类或预测，这种现象被称为“过度拟和（overfitting）”。

解决这个问题的主要方法是对决策树进行必要的修剪。常用的修剪技术有预修剪（pre-pruning）和后修剪（post-pruning）两种。预修剪技术主要是限制决策树的充分生长，后修剪技术则是待决策树充分生长完毕后再进行剪枝。

第四节　非线性回归技术

基于非线性回归分析方法用于微阵列数据的多重假设检验方法，其基本原理是先对微阵列数据中各类别的样本分别进行非线性回归分析，得到各类别样本的基因表达回归曲线，然后计算待测样本中各基因表达值对于各样本回归曲线的距离，用这些距离作为统计量进行基因表达差异性的假设检验。

一、基于函数值的带参数有理样条

设在区间[a，b]上给定插值点及函数值(x_i, y_i)，i= 1，2，…，n，使得 a=x_1＜x_2＜…＜x_n=b 列成区间[a，b]上的一个剖分。记 h_i=x_{i+1}−x_i，对区间[a，b]上的任一点 x，令$K=(x-x_i)/h_i$。对任意y_i，构造在$[x_i, x_{i+1}]$，$i=1,2,\cdots,n-2$的一元有理插值为

$$p^*_i(x)=p^*_i(x)/q^*_i(x)\quad,\quad i=1,2,\cdots,n-2 \tag{4-10}$$

式（4-10）中$P^*_i(x)=(1-k)^3B_iy_i+k(1-k)^2V^*_i+k^2(1-k)W^*_i+k^3y_{i+1}$，$q^*_i(x)=(1-k)B_i+k$。并且，$V^*_i=(B_i+1)y_i+B_iy_{i+1}$，$W^*_i=(B_i+2)y_{i+1}-h_i\Delta^*_{i+1}$。这里，$B_i>0,\Delta^*_i=\ (y_{i+1}-y_i)/h_i$。

这种插值被称之为基于函数值的一元有理插值，它满足：$p^*_i(x_i)=y_i$，$p^*_i(x_{i+1})=y_{i+1}$，$P^*_i{}'(x_i)=\Delta^*_i$，$P^*_{i+1}{}'(x_{i+1})=\Delta^*_{i+1}$。

显然，插值函数 $p^*_i(x_i)$ 在 $[x_i,x_{i+1}]$ 上对插值数据 (x_i,y_i) ，i=1，2，…，n 和参数 B_i 是唯一的。

二、样条逼近算法

一般一元非线性回归模型为

$$y=U(x,H)+E \tag{4-11}$$

式（4-11）中，$H=(H_1,H_2,\cdots,H_r)$ 为未知参数向量，E 为随机误差变量，$E(E)=0$，$\mathrm{var}(E)=\sigma^2$。采用上述基于函数值的一元有理插值样条对 $U(x,H)$ 进行逼近，即寻求有理插值样条：$p^*_i(x)=U_i(x,H)$，i= 1，2，…，n–1，确定参数 B 的具体值，即可求得所需回归模型。具体算法如下。

（1）从已知样本数据 $a=x_1<x_2<$, $\cdots<x_n=b$ 中挑选适当的数据组成新的样本（x^*_1，x^*_2，…，x^*_m），一般令 $x^*_1=x_1$，$x^*_m=x_n$。计算 $h^*_i=x^*_{i+1}-x^*_i$，i= 1，2，…，m–1。为了使所得函数为区间[a，b]上的函数，故需加入新点 $x^*_{m+1}=x^*_m+h_{m-1}$，取（x^*_{m+1}，y^*_{m+1}），（x^*_m，y^*_m）进行线性插值得插值函数 $y=kx+c$，将 x^*_{m+1} 代入得 y^*_{m+1}，由此得到新的样本点（x^*_{m+1}，y^*_{m+1}）。

（2）对新的样本数据 $x^*_1<x^*_2<\cdots<x^*_m<x^*_{m+1}<x^*_{m+1}$ 采用上述的一元有埋插值样条方法进行插值。令 $K=(x-x^*_i)/h^*_i$，对每一段 $[x^*_i,x^*_{i+1}]$，i= 1, 2，…，$m-1$ 构造插值函数：$p^*_i(x)=\dfrac{p^*_i(x)}{q^*_i(x)}$，$i$= 1，2，…，$m-1$ 。

（3）取适当的 $B_i>0$，$i=1$，2，…，$m-1$ 得到 $[x^*_i,x^*_{i+1}]$，$i=1$，2，…，$m-1$ 上的确定函数 $p^{**}_i(x)=p^*_i(x,B_i)$ 即为 $[a,b]$ 上的插值函数，即观测数据 (x_i,y_i)，$i=1$，2，…，n 的非线性回归方程。

三、构造新的统计量

先对两类样本的各基因表达值进行非线性回归分析，得到两类样本的表达曲线 L1，L2。则新的检验统计量 Dj = dL1，L2，其中，dL1，L2 表示第 j 个基因的回归曲线 L1 到 L2 的位移。由于该假设检验统计量计算的是各基因表达值到不同的样本中心（非线性回归曲线）的距离，因而各基因的统计量之间没有相关性，并且有效地减弱了数据噪声带来的假阳性结果，从而提高了多重假设检验的功效。

四、多重假设检验

假设 $H0$ 表示两组样本之间无显著差异，观察 p 值表示样本总体大于随机变量观测值的几率。在多重假设检验中，通常我们无法使用原始观察 p 值作为拒绝零假设的标准。为此，需要采用合适的方法调整 p 值。Benjamini 和 Hochberg 于 1995 年首先提出 FDR 概念及其控制程序[3]。FDR 概念如下：同时对 m 个假设进行检验，其中 m_0 个是正确的，R 表示检验结果为阳性的假设个数，V 表示拒绝假设 $H0$ 的个数，$FDR = E(V/R)$，$R>0$，$R=0$，FDR 为拒绝 $H0$ 的结果中错误者所占比例之期望，即阳性结果错误率 0。

FDR 控制：同时检验 m 个假设：$H0_1$，$H0_2$，…，$H0_m$，相应原始 p 值为：p_1，p_2，…，p_m，令单个检验水平 A=0.05。BH 法步骤：

（1）把原始 p 值按从小到大的顺序排列 $p_{(1)} \leqslant p_{(2)} \leqslant p_{(3)} \leqslant \cdots i \leqslant p_{(m)}$（1），相应零假设为 $H0_{(1)}, H0_{(2)}, \cdots, H0_{(m)}$。

（2）从 $p_{(m)}$ 开始，估计 $kc = \max\{k : p(k) \leqslant \frac{k}{m} A\}$。

（3）若存在 kc，则拒绝 k 之前的假设 $H0_{(1)}, H0_{(2)}, \cdots, H0_{(k)}$，反之接受所有原假设。

第五节　聚 类 技 术

一、聚类技术类型

通过一次基因芯片表达实验所获得的细胞是在某一特定条件（样本）下的全基因组表达数据，包含成千上万基因在细胞中的相对或绝对丰度。通过在不同条件下（如细胞周期的不同阶段、药物作用的不同时间、不同肿瘤类型和不同病人等）的多次实验所得到的基因表达数据可以构成一个 $n \times m$ 的矩阵 X，其中 n 代表基因的数目，m 代表样本的个数。矩阵 X 的每一个元素 x_{ij} 表示第 i 个基因在样本 j 中的表达水平值。

聚类是数据挖掘的一种基本手段，其目的是提取数据中隐含的类结构。具体地，就是将矩阵 X 分组，由于组不是预先定义的，需根据实际数据的数学特征按照数据之间的相似性来定义[4]。聚类中的组也称簇（cluster），有时也称类。聚类产生簇集的原则是：较高的簇内相似性，较低的簇间相似性。根据处理对象与特征的不同，可以把聚类分为基于基因的聚类、基于样本的聚类和双聚类这三种形式。

基于基因的聚类以基因为对象，把样本看成描述对象的特征。这项分析隐含的意义是尽管有一些意外情况存在，但大体上簇内是表达谱相似的基因（即共表达的基因），它们一般可能具有相似的功能，特别是那些被共同的转录因子调控的基因，或者其产物构成蛋白质复合体，或者其参与了相同的调控路径。基于样本的聚类以样本为对象，把基因作为特征，通过样本聚类，可以发现样本的显性结构，自动对病理特征或实验条件进行区分。双聚类是指同时对基因和样本进行的聚类。因为在基因表达数据中，只有某些基因参与待考察的生物学过程，只有在某些条件下才会发生待考察的生物学过程；所以有必要找出在某些条件下参与调控的基因簇以及与某些基因相关联的条件，从而更精确、更细致地探索基因和样本间的相互关系[5]。具体地，双聚类寻找的是局部相似性，即从矩阵 X 中寻找行、列都有较高一致性的子矩阵（bic luster）。

二、算法分类与特点

即使对同一数据，选择不同算法、不同配置也将产生不同的聚类结果，所以了解各类算法的特点及适用场合是选择合适算法、保证合理分析的前提。聚类算法根据不同的标准有不同的分类方式。下面仅说明与基因表达聚类技术有关的一些情况。

根据要产生嵌套的簇集还是分离的簇集，聚类通常可以分为层次（hierarchical）和划分（partitioning）算法[4]。层次算法是指产生一个嵌套的簇集。按产生簇的过程是自底向上还是自顶向下又可细分为凝聚（agglomerative）和分裂（divisive）算法。两个对象的相似程度常采用距离或相似度度量。在计算距离时有图论中著名的单连接、全连接、平均连接技术。划分算法是指利用算法构造一个簇集，其中簇的数目由用户指定或系统指定[4]。另外还需要准则函数来度量解的优劣。根据采用最优划分方法的不同又派生出多种方法，例如，K-均值（K-means）、围绕中心点划分（PAM）、基于人工神经网络的（artificial neural network-based）和基于图论的（graph theory-based）聚类等。自组织映射（SOM）、自组织树（SOTA）等就是基于人工神经网络的聚类算法，它们的优势是能很好地对大数据集进行处理。

根据是否假定内在概率框架，聚类可分为基于模型（model-based）的和基于距离（distance-based）的聚类。基于距离的聚类或基于相似度（similarity-based）的聚类，采用距离/相似度度量来定义相似性，其起点是聚类对象的一个两两距离/相似度矩阵。常见的层次、K-均值和 SOM 就是基于距离的聚类。距离度量有欧氏、曼哈顿、余弦、最长、城区、海明距离；相似度度量有皮尔逊相关系数、余弦相似度、斯皮尔曼等级相关、肯德尔相似度等。准确地定义相似性非常关键，这会在很大程度上影响聚类的输出。基于模型的聚类是假设数据符合内在的概率模型框架。概率模型的参数通过每个簇的样本（此为概率论中的样本概念）来估计，这样观测数据就可以根据模型的不同参数来划分到不同的簇。

目前应用的模型有多元混合高斯模型、隐马尔可夫模型、von Mises-Fisher 模型、贝叶斯概率模型等[6]。它们克服了一些划分算法由于初始空间没有清晰簇定义导致的簇的数目难以确定的缺点。由于基因芯片表达数据噪声大、波动大，而且在大量数据背后还有很多相关变量不能被观测到，因此用概率方法来处理将更为有效。

根据产生非重叠簇还是重叠簇，聚类可以分为非模糊与模糊聚类（fuzzy clustering）。由于很多蛋白质在细胞中有多种功能，它们通过与不同的蛋白质合作来完成各自的功能，所以一个基因可能会与多个不同簇的基因共表达，即各个簇之间有重叠现象。

一般的非模糊聚类算法无法识别这样的涉及多个调控程序与生物过程的基因。而模糊聚类根据研究对象本身的属性来构造模糊矩阵，在此基础上按一定的隶属度确定其分组关系。它能够把一个基因分配（模糊分配）到多个簇中[5]。模糊聚类有模糊 C-均值（FCM）、模糊 J-均值（FJM）、模糊自组织映射（FuzzySOM）等。

三、*K* 均值聚类

K-均值聚类是一种很受欢迎的实时聚类算法，其目标是在最小化误差函数的基础上将数据划分为预定的 K 个簇。ParaKMeans 软件工具（2008 年）[7]是为实验室人员使用多台计算机提供的 *K*-均值聚类的并行版本，可实现 200 个芯片的 10 000 个基因的聚类，突破了单个计算机聚类对象数目不能太多的瓶颈。其过程如下。

（1）基于完整数据集，确定 *K* 个初始质心（软件提供了三种方案）；

（2）如果参与计算的节点数为 *M*，则把整个数据集划分为 *M* 个子集；

（3）将每个子集、簇数目 *K*、初始质心向量送到各节点；

（4）在每个节点上，子集中各对象被分配到离自身距离最近的质心（此为基于完整数据集的质心）所在的簇中；

（5）在各子集上计算局部充分统计量（由三项组成）；

（6）把各子集上计算出的局部充分统计量送回主节点，计算出新的 *K* 个全局质心；

（7）度量簇质量的性能函数采用均方误差函数，用各局部充分统计量计算出各节点的局部性能函数，其和即为全局性能函数；

（8）把新的 K 个全局质心送回每个节点并替换上次的迭代质心。然后算法重复执行上述第（4）步到第（7）步。当性能函数达到最小值或迭代后簇质心不再发生变化时，算法停止。

该算法的局限是最优簇数目选择缺少科学依据、发现的仅是形状为凸的簇，也不能很好地处理异常点。

四、基于 Dirichlet 过程混合模型的聚类

2007 年 Qin 等[8]推出的 CRCView 在线 Web 服务，实现的是作者于 2006 年提出的基于 Dirichlet 过程混合模型的聚类算法，即 CRC 聚类算法（Dirichlet process mixture model-based clustering algorithm CRC，or Chinese restaurant cluster）。基于有限混合模型聚类的基本思路是：采用若干个概率分布的混合模型去拟合数据，每一个簇中的特点都用其中每一个分布进行描述，簇数目的确定视为统计模型的选择问题，可借助一些选择准则来确定，从而实现聚类。

CRC 算法的目的是[9]：以多个芯片表达实验得到的表达谱为特征，对基因进行聚类从而推断出基因功能关系。n 个基因的 m 个芯片的基因表达数据可以用一个 $n \times m$ 的矩阵 X 来表示，用 $E(i)=(E(1),\cdots,E(n))$ 表示簇指示器变量，$E(i)=k$，$1 \leqslant k \leqslant K$ 表示第 i 个基因被分配到第 k 个簇，K 即为簇的数目（未知）。假设 E 的先验分布是一个 Dirichlet 过程，采用贝叶斯方法，根据参数的后验分布可以获得最优混合模型。算法过程如下：

（1）初始时，假设簇数目为一个任意值 K（$0<K<n$），把所有基因随机分配到这些簇中。

（2）对于每一个基因 i 执行下列再分配：

（a）把基因 i 从它当前所在的簇中移去。在所有其他基因的当前分配条件下，计算这个基因加入每一个存在的簇以及单独成簇的概率（即 Chinese restaurant seating scheme，中餐座位分配方案），$Q_k = p(E(i)=k \mid E(-i), X), k=0,\cdots,K$。$k$=0 表示该基因单独成簇，$k$>0 表示它属于某个簇。

（b）按照条件后验概率 Q_k 把基因 i 分配到可能的 K+1 个簇中的一个，基于这个分配更新 $E(i)$；若基因 i 开始了一个新簇或单独成簇，也更新整体簇数目 K。

（c）为每一个基因重复上述两个小步骤，并且重复进行大循环直到收敛。迭代中监测边缘似然，仅在最后报告与最大似然相关的结果。CRC 算法的突出优点是：不仅能将共表达基因划分到簇中而且还能将非共表达的（时间平移或反转后相关的模式）分配到相应簇中；提供正确的簇数目估计；聚类期间自动处理缺失数据；提供聚类产生的簇结果的紧致性与稳定性度量。

五、隶属度局部近似模糊聚类

以前的研究揭示，基因表达数据有很多不同的结构，已有的一些算法不能正确地识别。GEDAS 软件工具（2007 年）[10]实现的隶属度局部近似模糊聚类（Fuzzy clustering by Local Approximation of Membership，FLAME）是为分析基因表达数据而设计的一个新的模糊聚类算法。它主要用于基于基因的聚类，过程如下：

第 1 步：局部结构信息提取和簇支持对象（CSO）识别。对于每一个对象（基因）

（1）找到它的 k 个最近邻并计算这些近邻与它的接近度（表达谱的距离/相似度）；

（2）用这些接近度度量计算对象的密度；

（3）用密度定义对象的类型，在近邻中具有最高密度的对象即与其他许多对象行为相似的对象识别为 CSO，具有很低密度的对象即行为独特的对象识别为异常点，介于 CSO 与异常点之间的为普通对象。

第 2 步：由局部近似指派模糊隶属度。

（1）指派初始模糊隶属度。簇的初始数目由 CSO 的数目 M 来定义。即将以 CSO 为簇原型创建簇，异常点归为一组。每个对象 x 与一个隶属度向量 p（x）相联系，它有 M+1 个元素，前 M 个元素 pi（x）标志 x 在簇 i 中的隶属度，最后一个元素代表是否为异常点。把每一个普通对象分配到所有簇中，它们的初始模糊隶属度被赋予介于 0 到 1 之间一个相等的值。CSO 与异常点的模糊隶属度是固定的，分别完全属于自身所在的簇和异常点组。

（2）模糊隶属度的局部近似。每一个普通对象的模糊隶属度通过它最近邻对象的隶属度的线性组合不断迭代更新来逼近，直至收敛。

第 3 步：由模糊隶属度创建簇。有两种方案，

（1）一对一方案：把普通对象分配到它的最高隶属度元素值相应的簇。

（2）一对多方案：以它的隶属度元素值大于某域值为条件，把普通对象分配到相应的多个簇。

FLAME 能够捕捉非线性关系，反映非球形簇、重叠簇、自动定义簇数目、识别异常点（即对象不被分配到任何簇），揭示基因表达数据的特异结构。

第六节　分 类 技 术

分类是从训练数据中找出一组能够描述数据集合典型特征的模型（或函数），以便能够分类识别未知数据的归属或类别，即将未知事例映射到某种离散类别之一。分类算法一直是数据挖掘和模式识别领域关注的焦点。对基于表达数据的肿

瘤分类，就是根据已知肿瘤类型的样本数据来构建分类器，然后利用它对新的表达数据进行分类分析，确定肿瘤的类型。基于基因表达数据的肿瘤分型诊断的数据分析主要包括以下过程。

一、肿瘤分型特异基因的选择

在DNA微阵列实验中，基因数目成千上万，但实际上影响样本分类的，往往只是很少一部分的关键基因，其他的基因往往是不相关的，是冗余的或显著性较小的。过多的基因会导致噪声的增加，影响到分类效果。因此，需要选择对肿瘤分型有效的一组基因，这组基因的表达行为对于诊断肿瘤是特异性的，这组基因也称为信息基因（informative gene）。要确定信息基因并非是件容易的事，常用的方法如前面所述的显著性分析，从不同肿瘤类型的样本中分析基因表达差异的显著性，挑选出显著性高的基因作为信息基因。但由于基因调控的复杂性和实验控制等因素的影响，这些基因并不能很好地实现分类的目的。此外还有一些方法，例如，采用信息增益来评价基因在分类中的显著性，或采用遗传算法和分类相结合的方法来选择信息基因。

二、构建分类器

利用已知类别的数据训练来构建决策规则。方法很多，下面将对常用的方法进行具体介绍[11]。

1. 朴素贝叶斯分类法

这是用于分类的基本方法之一，其基本思想是假设已知各类别的先验概率和似然概率，根据贝叶斯理论，可以计算该样本属于各类别的后验概率，具有最大后验概率的类别就是该样本所属的类别。朴素贝叶斯分类法的关键是要确定先验概率和似然概率，这可以从训练样本中获取。

假设要研究的分类问题有c个类别，每个类别分别用模型M_i来表示，i=1，2，…，c。待分类样本用向量x=（$x_1, x_2, \cdots, x_n$）表示，代表了每一个信息基因的表达值。分类问题是计算后验概率p（$M_i|x$），如果$p(M_i|x) = \max\limits_{j=1,2,\cdots c} p(M_j|x)$，则样本$x$属于类别$i$。根据贝叶斯公式，$P(M_i|x) = P(M_i)P(x|M_i)/P(x)$，在这里，后验概率的计算主要决定于似然概率$P(M_i|x)$，即在模型$M_i$中存在样本$x$的概率，这样，决策准则由求最大后验概率转化为求最大似然概率。对于基因表达数据，在使用贝叶斯分类时，还需要假设样本向量的每一个值之间是相互独立的，这样可以进一步

简化决策函数的计算公式：$\text{class}(x)=\arg\max_i(\sum_{j=1}^{n}\log P(x_j|M_i))$ 对于微阵列的基因表达数据，假设每一个基因的表达数据满足高斯分布，则模型 M_i 是一组高斯分布的组合，每一个高斯分布可以从训练数据中计算得到。假设

$M_i=\{M_i^1,M_i^2,\cdots M_i^g,\cdots,M_i^n\}$，表示模型 i 的第 g 个基因的高斯分布模型，

$M_i^g\sim(u_i^g,\sigma_i^g)$。这样可以修改决策函数为：

$$\text{class}(x)=\arg\max_i(\sum_{j=1}^{n}\log P(x_j|M_i^j))=\arg\max_i(\sum_{j=1}^{n}[-\log(\sigma_i^j)-0.5((x_j-u_i^j)/\sigma_i^j)^2])$$

虽然该方法作了很多假设，但是在具体应用中具有较好的效果。

2. K-近邻法

1）基本原理

最近邻方法（k-nearest neighbor，kNN）是一种简洁而有效的非参数分类方法，是最简单的机器学习算法之一。该算法最初由 Cover 和 Hart 提出的，用于解决文本的分类问题。

K 近邻算法是最近邻算法的一个推广。该规则将是一个测试数据点 x 分类为与它最接近的 K 个近邻中出现最多的那个类别。K 近邻算法从测试样本点 x 开始生长，不断地扩大区域，直到包含进 K 个训练样本点为止，并且把测试样本点 x 归为这最近的 K 个训练样本点中出现频率最多的类别。其中测试样本与训练样本的相似度一般使用欧式距离测量。如果 K 值固定，并且允许训练样本个数趋向于无穷大，那么，所有的这 K 个近邻都将收敛于 x。如同最近邻规则一样，K 个近邻的标记都是随机变量，概率 $P(W_i|x),i=1,2,\cdots,k$ 都是相互独立的。假设 $P(W_m|x)$ 是较大的那个后验概率，那么根据贝叶斯分类规则，则选取类别 W_m。而最近邻规则以概率 $P(W_m|x)$ 选取类别。而根据 K 近邻规则，只有当 K 个最近邻中的大多数的标记记为 W_m，才判定为类别 W_m。做出这样断定的概率为：

$$\sum_{i=(\mathrm{K}+1)/2}^{\mathrm{K}}\binom{\mathrm{K}}{i}p(\omega_i|\mathrm{x})^i[1-P(\omega_m|\mathrm{x})]^{\mathrm{K}-i}$$

通常 K 值越大，选择类别 W_m 概率也越大。

2）K 值的选择

K 近邻规则可以被看作是另一种从样本中估计后验概率 $P(W_i|x)$ 的方法。为了得到更高的估计必须是使 K 值越大越好。另一方面，又希望 x 的 K 个近邻 x_i 距离

x 越近越好，因为这样才能保证 $P(W_i \mid x_i)$ 尽可能逼近 $P(W_i \mid x)$。所以在选取 K 值的时候，就不得不做出某种折衷。只有当 n 趋近于无穷大时，才能保证 K 近邻规则几乎是最优的分类规则。K 值的选择原则是：如果 K 值过低，预测目标容易产生变动性，如果 K 值过高，预测目标有过平滑现象。所以推定 K 值的有益途径是通过有效参数的数目这个概念。有效参数的数目是和 K 值相关的，大致等于 n/k，其中，n 是这个训练数据集中实例的数目。确定 K 的值：通过实验确定。进行若干次实验，取分类误差率最小的 K 值。

3）算法步骤

（1）依公式计算 Item 与 D_1、D_2、…、D_j之相似度。得到 Sim（Item，D_1）、Sim（Item，D_2）、…、Sim（Item，D_j）。

（2）将 Sim（Item，D_1）、Sim（Item，D_2）、…、Sim（Item，D_j）排序，若是超过相似度门槛 t 则放入邻居案例集合 NN。

（3）自邻居案例集合 NN 中取出前 k 名，依多数决，得到 Item 可能类别。

3. 其他分类法

分类方法是机器学习中的常规方法，除贝叶斯和 k 近邻之外，还有很多比较成熟的算法，例如人工神经网络、支撑向量机等。对于多种分类器得到的分类结果，可以采用投票分类法，或者选择集成方法整合多种分类结果给出最终分类。

三、检验分类预测的有效性

在对肿瘤分型表达谱数据进行分类分析时，可以通过敏感性和特异性来分析分类结果的好坏。如果用 TP 表示阳性率，FP 表示假阳性率，TN 表示阴性率，FN 表示假阴性率。则敏感性的定义为 TP/TP+FN，而特异性定义为 TP/TP+FP。作为好的分类方法，要求有高的敏感性和特异性，但这往往是一对矛盾。

此外，对于肿瘤分类问题，还要考虑由于错分带来的风险，需要寻求某种折中。在对肿瘤样本分类结果进行评价时，通常采用的方法是留一法和独立检验法。留一法是指每次去除 1 个样本，构建新的分类器，然后对所去除的样本进行分类，统计错误分类的次数。独立检验法将样本分为测试集和训练集。随机将数据分为 k 个子集合，依次取出一个子集作为测试集，而其余的 k-1 个子集合作为训练集，利用分类器，对测试集的样本分别进行分类，计算错误分类的次数，此过程循环 k 次。

第七节 多因素分析和变量选择技术

DNA 微阵列基因表达数据分析中常常会有多种因素，因此多因素分析技术非常重要。因素或者特征提取将产生反映原始变量一定结构信息的新特征。特征提取方法主要分为两大类：无监督方法和有监督降维方法。无监督方法最著名的是主成分分析（PCA）、有监督方法有线性判别分析（LDA）、偏最小二乘法（PLS）、基于类间分析（BGA）等。下面对各种方法逐一介绍。

一、变量选择

变量选择方法输出一组原始的变量的子集作为新的特征空间，这组变量不经过变换，是原始变量的子集。按照每次评估变量的个数，分为单变量选择和多变量选择。

单变量选择的方法有 t 检验、χ^2 检验和 Wilcoxon 统计量等。我们在第二节已经介绍。多变量方法相比于单变量方法具有更强的判别能力，它们大多考虑的是一个变量子集的选择过程。这些方法的难点是，可能的子集个数随选择变量的个数成指数增长。这使得穷举法是不可行的，因为如果挑选 q 个变量那么该策略将产生 $2q-1$ 种可能的子集。因此启发式搜索策略是必要的。

其经典方法有前向选择和后向选择。前者始于空变量集 S，选择最大化一个预定义得分函数的变量进入 S；而后继续从剩余的集合里挑选最大限度地提高评分结果；这一过程将持续到达到一个预定义的标准，例如直到 S 的评分停止提高。后者沿相反方向，它一开始就取整个变量集，并在每一步中删除变量，使删除变量后得分最高的集合作为剩余子集。这两种方法都是贪婪搜索策略，不能保证达到最优结果。作为一个补救的方法，浮动策略[12]允许向前（向后）选择删除（添加）先前选择（淘汰）的变量。另外，随机搜索方法可以克服贪婪方法容易陷入局部最优的缺陷。其中模拟生物行为的几个搜索方法，如遗传算法[13]蚁群优化[14]和粒子群优化算法应用于生物标志物的检测中取得不错的效果。

最近发展的几种变量加权的方法直接建立稀疏回归或者分类模型，使得变量选择嵌入到模型的建立过程中。这几种方法均是在估计线性模型的同时，极小化 L1 范数或 $\|B\|_1=\sum_{j=1}^{p}|B_j|$（即权值的绝对值之和）。Lasso 方法[15]为极小化 Lasso 准则其中入是一个非负数。最初该问题用二次规划求解，随后 Efron 等[16]证明了 Lasso 估计是一个关于 A 的分段线性函数，并提出 LARS 算法。Lasso 连续的将系数收缩为 0，因此最终的估计通过折中方差偏差确定。取足够大的 A 会导致一些

系数收缩为零，从而去掉了相应的特征，这就是 Lasso 实现变量选择的本质。

根据变量选择与构建分类器的协作关系，变量选择的方法可以分为过滤法（filter）、包装法（wrapper）和嵌入法（embedded）。关于在基因表达数据分析中的变量选择我们引用[17]的研究结果，并添加一些最近发展的方法做一个总结，具体见表 4-1。

表 4-1　基因表达数据分析中的主要变量选择方法

过滤法			包装法	嵌入法
单变量法		多变量法		
参数法	非参数法			
t 检验[38][39][52]	Wilcoxon 检验[53]	双变量[54]	序贯搜索[55][56]	随机森林[57][58]
方差分析[52]	BSS/WSS[31]	CFS[59][60]	遗传算法[61][62][63]	加权 SVM[64]
贝叶斯方法[65][66]	排序积[67]	MRMR[68]	分布估计[69]	加权 Logistic 回归[70]
回归方法[53]	随机排列[71][72][73][74]	USC[75]		Lasso[76]
伽马分布[77]	TNoM[78]	Markov[79][80][81]		SMLR[82]

二、主成分分析法

主成分分析（principal component analysis，PCA）是一种掌握事物主要矛盾的统计分析方法，它可以从多元事物中解析出主要影响因素，揭示事物的本质，简化复杂的问题。计算主成分的目的是将高维数据投影到较低维空间。给定 n 个变量的 m 个观察值，形成一个 n′ m 的数据矩阵，n 通常比较大。对于一个由多个变量描述的复杂事物，人们难以认识，那么是否可以抓住事物主要方面进行重点分析呢？如果事物的主要方面刚好体现在几个主要变量上，我们只需要将这几个变量分离出来，进行详细分析。但是，在一般情况下，并不能直接找出这样的关键变量。这时我们可以用原有变量的线性组合来表示事物的主要方面，PCA 就是这样一种分析方法。

在进行基因表达数据分析时，一个重要问题是确定每个实验数据是否是独立的，如果每次实验数据之间不是独立的，则会影响基因表达数据分析结果的准确性。对于利用基因芯片所检测到的基因表达数据，如果用 PCA 方法进行分析，可以将各个基因作为变量，也可以将实验条件作为变量。当将基因作为变量时，通过分析确定一组“主要基因元素”，它们能够很好地说明基因的特征，解释实验现象；当将实验条件作为变量时，通过分析确定一组“主要实验因素”，它们能够很好地刻画实验条件的特征，解释基因的行为。下面着重考虑以实验条件作为变量的 PCA 分析方法。假设将数据的维数从 R N 降到 R 3，具体的 PCA 分析步骤如下。

（1）第一步计算矩阵 X 的样本的协方差矩阵 S：

（2）第二步计算协方差矩阵 S 的本征向量 e1，e2，…，eN 的本征值，i=1，2，…，N。本征值按大到小排序：

（3）第三步投影数据到本征矢张成的空间之中，这些本征矢相应的本征值为 $\lambda_1, \lambda_2, \lambda_3 \cdots$现在数据可以在三维空间中展示为云状的点集。

对于 PCA，确定新变量的个数 r 是一个两难的问题。我们的目标是减小 r，如果 r 小，则数据的维数低，便于分析，同时也降低了噪声，但可能丢失一些有用的信息。究竟如何确定 r 呢？这需要进一步分析每个主元素对信息的贡献。

令代表第 i 个特征值，定义第 i 个主元素的贡献率和前 r 个主成分的累计贡献率。贡献率表示所定义的主成分在整个数据分析中承担的主要意义占多大的比重，当取前 r 个主成分来代替原来全部变量时，累计贡献率的大小反映了这种取代的可靠性，累计贡献率越大，可靠性越大；反之，则可靠性越小。一般要求累计贡献率达到 70%以上。

经过 PCA 分析，一个多变量的复杂问题被简化为低维空间的简单问题。可以利用这种简化方法进行作图，形象地表示和分析复杂问题。在分析基因表达数据时，可以针对基因作图，也可以针对实验条件作图。前者称为 Q 分析，后者称为 R 分析。

PCA 着重在于如何转换原始变量使之成为一些互相独立的线性组合变量，而且由线性组合得到的主成分仍保有原变量最多的信息。PCA 的主要目的在于概述变量间的关系，它可将原始变量转换成新的不相关的变量，可用来简化多变量数据的维度，即降低变量个数，但亦会丧失部分信息，可解决回归分析里共线性问题。

三、线性判别分析法

近年来，多种判别分析和变量选择的方法用于基因表达数据的分析。生物标志物的检测就是从成千上万的基因当中检测出那些与肿瘤的起因、发展紧密相关的关键基因。一个有效的生物标志物检测应该使癌症的诊断更准确而且更容易解释。

LDA 是基于特征类间和类内差异的要求而提出的一种方法，广泛应用于模式分类各种问题，它是基于样本的类别进行降维的方法。在统计理论中，LDA 是在假定每一类的密度都是服从多元高斯分布，且各类的协方差相同的条件下得出的分类方法。在此假设下，类与类之间的边界表示变得非常简单，可以用一个超平面来表示。

BGA 是基于类间距离，可以保持特征空间类间距离不变[37]，从而保持数据的可分性。偏最小二乘法是一种新型的多元统计数据分析方法，可以同时实现回归建模（多元线性回归）、数据结构简化（主成分分析）以及两组变量之间的相关性分析。它能有效地解决主成分分析中出现的问题，利用大量的连续预测变量来恰当地预测一个或多个响应。偏最小二乘采用对预测变量 X 和响应变量 y 都进行分解的方法，从变量 X 和 y 中同时提取成分（通常称为因子），再将因子按照它们之间的相关性从大到小排列。从数据矩阵 X 中提取的第 k 个投影向量为：

第八节 相关性分析技术

在过去的 20 年中，基于 DNA 的分子标记技术已经在植物和动物中得到广泛应用。其中之一就是用于构建全基因组的分子图谱以及对单一性状和复杂性状进行遗传分析。此类研究都是在构建作图群体的基础上来进行的连锁分析（linkage analysis），利用的数据有分子标记数据（marker data）和性状数据（trait data），在整个 genome 上系统的收索数量性状位点（quantitative trait loci，QTL）。最经典 Lander 和 Botstein（1989）提出的 interval mapping 和 Zeng（1993）改进的 composite interval mapping。用 2 个 marker 数据推断介于其之间某（检验）位点的基因型（genotype），再用统计模型建立起 genotype 和 trait data 之间的关系。他们所用的统计模型是含缺失数据的 linear model，用极大似然比来检验给定位点上是否有 QTL。近十几年来，一直是统计遗传的一个热门方向，很多新的统计方法都被应用于 QTL mapping，包括参数、半参数和非参数，lm、glm 和 nlm 等。

上面的方法不适合于研究复杂性状的基因。由此产生了另外一些方法，其中具有代表性的就是基于连锁不平衡的关联分析方法（association analysis）。在人类的疾病基因研究中，一般有两种方法：一是条件对照法（case-control，CC）；二是传递连锁不平衡法（transmission disequilibrium test，TDT）（Spielman et al.，1993）。

1）单基因遗传病研究

主要用于已知遗传方式、基因频率和外显率的单基因性状的基因定位，很适用于单基因以孟德尔传递方式遗传疾病的分析。如 Lod（log odds score）法，该法计算过程虽较复杂，但由于计算机的协助，得到了较为广泛的应用，在与遗传有关的人类疾病易感基因定位研究中发挥了重要作用。常用的计算机分析软件有 LINKAGE 等。

2）多基因遗传病的研究

目前主要有两种方法：基于家系的连锁分析和基于群体的连锁不平衡分析。

其中，患病同胞对法（affected sib-pair，ASP）、关联分析、核心家系的关联分析以及连锁不平衡分析等是常用的方法。这些方法都是从单基因遗传病的研究延伸出的方法。

基于家系的连锁分析

连锁分析（linkage analysis）是研究遗传性疾病时最常用和最有效的基因定位方法。连锁分析是基于两基因之间的重组率来计算基因之间的染色体图距，通过分析在染色体上已知位点的基因（标记基因）和某易感基因（目的基因）的连锁关系，从而将该易感基因在染色体上予以定位的分析方法。因为基因在染色体上是呈线性排列的，某易感基因与某标记基因的连锁关系可用统计方法予以度量。

连锁分析得益于 Fisher 提出的似然性（likelihood）概念。所谓似然性可被认为重组分数传递过程中的表型概率。似然性在方法上常采用对数概率，这样可将概率密度的相乘转化为对数密度的相加，在此基础上，Morton 等[18]于 1965 年提出了优势对数法（log odds score），简称 Lod 法。该法是检测在两个基因以某一重组率（θ）相连锁时出现这种连锁情况的概率（似然性）有多大。基本公式为 $Z(\theta)=\log[L(\theta)/L(1/2)]$。

Lod 法的优点：

（1）可用于两代小家系资料的分析；

（2）不同家系的计算结果可以相加，无时间限制，直至能作出判断时停止；

（3）结果判断较容易，Lod＞1 支持连锁；Lod＞3 肯定连锁；Lod＜–2 否定连锁；

（4）不但能确定基因之间的连锁与否，而且能估计两基因之间的染色体图距。

Lod 法的缺点：

（1）只适用于遗传模式明确的单基因遗传病，对遗传模式不明确的多基因疾病不能简单地套用；

（2）不适合三代或三代以上的大家系连锁分析，且亲代基因型必须已知；

（3）有可能出现假阳性及假阴性结果。

为了弥补 Lod 法的不足，Elston 等[21]又提出了家系资料分析的通用模式。该模式可对两代以上的家系进行分析，且可对数量性状进行分析。为了分析多基因疾病，Kruglyak 等[22]又发展了利用高度多态性遗传标志进行多位点连锁分析的方法。由于多基因疾病没有固定的遗传模式，且发生率很高，使基因突变的几率大大提高，影响目的基因的确立。另外，多基因遗传病不同家系之间甚至在同一个大家系内都存在异质性。在使用连锁分析时，不能简单地将不同家系所得的分析资料累加，否则将产生假阳性结论。解决方法之一是需对家系材料进行认真细致的研究，根据疾病某特殊表型或可靠病理生理指标进行性状分割，然后再对特定亚型进行连锁分析，这样将有助于对主效基因的定位。

等位基因共享（allele sharing）分析法

该方法无需知道疾病的遗传模式、外显率及基因频率等参数，即可对同胞对中某一遗传标志是否同易感基因连锁作出判断。因此，解决了家系资源不足的问题。

患病同胞对（affected sib-pair，ASP）分析法

此分析方法于 1935 年由 Penrose 提出[23]，当时主要用于单基因病中同胞对之间观察值与期望值分布的比较，借此确定被标记位点与疾病之间的连锁关系。ASP 法经过以后的不断改进，现已广泛应用于多基因遗传病的基因定位中。ASP 法涉及的一个基本概念是 IBD（identical by descent）即血缘同一，它指同胞对中共有的某一等位基因或 DNA 区域来源于一个共同祖先。假如亲代基因型已知，在零假设情况下，同胞对在任何位点共享 0、1、2 个 IBD 的概率将分别为 0.25、0.50、0.25。显然，同胞对的 IBD 几率明显高于其他亲属及随机人群。如某个遗传标志的 IBD 超过随机同胞对的 5%（$P<0.05$），即可判断该标志与某个易感基因之间存在连锁关系。IBD 法虽然在计算时不需父母的基因型信息，但要求父母均活着，以便核证子代同胞的基因型资料。像连锁分析一样，IBD 也要求排除双系遗传即父母均为患者的家系。

ASP 法的不足之处在于为了排除遗传异质性的影响，①常需收集几百个受累同胞对，这对一两个实验室来说常很困难。因此，有必要进行国际大合作；②另一个不足是不能得到遗传标志与易感基因之间的距离。

用 ASP 法检出疾病易感位点的能力依赖于该位点产生某个性状的遗传变异的作用大小（genetic contribution），而这种作用大小可通过测量一个 ASP 的患病风险与群体患病风险之比来实现，这一比值称为λs。它是 ASP 法检出易感基因和遗传标志间连锁关系的重要参数，也是某一疾病所有易感位点的总效应的综合量度。

受累家系成员法（affected pedigree member，APM）

为了解决 ASP 分析时家系资料不足的问题，Week[20]将 ASP 法加以发展，将分析对象扩展到整个家系的所有受累成员，称为受累家系成员法，简称 APM 法。该方法分析家系中状态同一（identical by state，IBS）的个体，即只考虑家系成员的遗传标志或等位基因的相似性，而不管其是否源于一个共同祖先。

基于群体的相关研究（associated population studies）

是基于群体中无亲缘关系的病例组及表型正常的对照组在某个遗传标志位点上出现的频率不同而设计的，由此可推测该标志同疾病易感位点之间是否存在连锁不平衡（linkage disequilibrium）。例如，在研究某疾病时，如果发现某一个或两个 DNA 标志在患病组出现的频率明显高于正常对照组，那么我们可初步推测该标志附近可能存在疾病的易感位点。连锁不平衡的出现是由于不同标志位点的等位基因的单倍型组合在病例组出现的频率明显高于对照群体。原因可能包括遗传选择、群体混杂、基因漂变（gene drift）及新的基因突变等。这种由混杂、选择或漂变所致的非连锁位点间的不平衡将随时间推移很快消失，而紧密连锁位点间的不平衡随时间推移消失很慢。

相关研究的一个显著优点是取材较易，因而得到了广泛应用。但由于人群混杂等原因，常产生假阳性结果。

可应用以下措施避免：

（1）尽量选择隔离群体（isolated population）；

（2）选择家系内对照，以保证病例组和对照组来自遗传背景完全相同的群体，同时消除群体分层（stratification）所致的假阳性结果（5%左右）。

（3）发现可疑正相关时，用 TDT（transmission/disequilibrium test）加以验证。

条件-对照分析（case-controls study）

最简单的关联分析的做法是进行条件-对照分析。条件对照已被广泛应用于疾病易感位点的关联分析中。此法的优点是易于获得大量群体样本，能有效地进行基因分型，能直接比较两组中遗传标记的等位基因频率和基因型频率，若通过统计分析得到了显著的差异，则认为此位点同疾病相关联。虽然此法易于操作，但还是需要对其结果进行认真分析。这种方法倾向于坚定 DNA 突变体，由于群体的亚结构，这种 DNA 突变体可能是与疾病之间假关联的。因此，选择一个适当的对照组很重要。在条件-对照研究中出现阳性结果时，产生关联可以有 3 种原因：

（1）这个位点就是致病位点；

（2）这个位点与疾病位点存在连锁不平衡（LD）；

（3）这种关联性是由于混杂因素（Confounder）造成的虚假联系。所谓的混杂因素指的是这一因素与疾病和检测位点均有关联。

TDT（transmission/disequilibrium test）方法

Spielman（1993）提出的 TDT 传递不平衡检验方法，至今很受大家推崇。传递不平衡检验（TDT）的优点是：它是一个对连锁的检验，而不仅仅是连锁不平衡。在连锁存在的情况下，此法能有效地应用于关联分析。TDT 考虑了等位基因从杂合子双亲传递到受累后代的概率，而且这些概率偏离 0.5 的情况只发生在当标记和疾病位点连锁的时候（假设群体中标记位点总体上不存在对孟德尔分离的偏离）。总的来说，TDT 在所有情形下都是一个有效的连锁不平衡检验，但对连锁不平衡的敏感程度依赖于样本中独立的祖先疾病等位基因的数目。由于大多数用于 TDT 分析的样本会包含许多单独的家系，TDT 可以被认为是对连锁的检验，而随着连锁不平衡程度的增加其效能也跟着增加。我们需要注意的是由于关联分析和连锁分析的研究方法和侧重点不同，在研究中可能会得到不同的结果。两个位点相关联并不一定连锁，因为这种关联可能是由于随机漂变、人群层化引起的连锁不平衡所致；同样连锁也不一定关联，即使两个位点同处于一条染色体上，且之间的距离很接近，但是它们并不一定处于连锁不平衡中，也就不能在关联分析中表现出阳性。

TDT 的前提条件是对一个相关等位基因 A 和无关等位基因 B 的杂合子父母而言，把 A 传递给受累子代的可能性要大于 B。设 C 为父母传递 A 的例数，D 为父母传递 B 的例数，则χ^2=（c–d）/（c+d），检验的零假设为 0=1/2。若拒绝以上假设可认为两位点连锁。TDT 法还常应用于基因的精细定位。它的不足之处在于其只能应用于疾病基因大致被定位之后，且要求双亲均为杂合子。

连锁不平衡（linkage disequilibrium，LD）

连锁不平衡又称等位基因关联（allelic association），该方法常用于对易感基因在染色体上的精确定位及确定与疾病相关的特定等位基因等。人类基因组中连锁不平衡的程度和分布情况在基因定位中极其重要，无论是作为复杂疾病精细定位时的工具，还是作为未来全基因组关联分析的基础。另外，连锁不平衡的知识还有助于有关人类的历史和起源，染色体重组等的研究。

其原理其实很简单。假定两个紧密连锁的位点 1，2，各有两个等位基因$(A,a;B,b)$，那么在同一条染色体上将有四种可能的组合方式：$A-B$、$A-b$、$a-B$和$a-b$。假定等位基因 A 的频率为pa，B 的频率为pb，那么如果不存在连锁不平衡（如组成单倍型的等位基因间相互独立，随机组合）单倍型$A-B$的频率就应为$papb$。而如果 A 与 B 是相关联的，单倍型$A-B$的频率则应为$papb+\delta$，δ是表示两位点间 LD 程度的值。如果位点 2 上的等位基因 B 与疾病易患性有关，那么将会观察到等位基因 A 的频率在病人群体中高于对照群体。换句话说，等位基因 A 与该疾病性状相关。事实上，可以检测遍布基因组中的大量遗传标记位点，或者候选基因附近的遗传标记来寻找到因为与致病位点距离足够近而表现出与疾病相关的位点，这就是等位基因关联分析或连锁不平衡定位基因的基本思想。

产生和破坏连锁不平衡的因素。基因组中紧密连锁的基因位点在随机交配的群体中经过许多世代的重复交换而被随机化，出现了连锁平衡。概括地说，连锁不平衡可能有如下三个原因。

（1）被考察的群体来源于等位基因频率不同的群体，而且两个群体混合的时间不足以产生完全的随机化；

（2）两个基因位点之间的距离非常接近，以至于尚未经历足够的世代就被重组分开；

（3）某些连锁基因位点的等位基因的组合（单倍型）通过自然选择保持较高的频率。当由于以上原因群体开始偏离连锁平衡时，达到新的平衡所需的时间取决于基因位点间连锁的紧密程度：连锁越紧密，达到平衡的时间就越长。

多基因遗传病研究对象：人类作为多基因遗传病研究对象有着不可克服的弊端。首先，由于人类世代较长，三代或三代以上的大家系很少。其次，由于人类遵循随机婚配的原则，近亲结婚受法律约束，这就影响了来自不同家系资料的累加分析，加上环境因素对基因表达的影响，使多基因遗传病的病因学研究更加复杂。因此，建立良好的疾病动物模型，设法寻找动物与人类相近的病理生理变化及控制这些变化的遗传学基础是多基因疾病研究的好方法。

动物实验可根据不同需要，选择纯种动物进行一次或多次实验性杂交或回交（experimental back-crosses），遗传背景清晰、均质（homogeneity）消除了以人类作为研究材料时遗传异质性对分析结果的影响。同时可控制环境因素，必要时可行基因敲除（gene knock out）以观察这些基因的生理功能，有助于基因定位。动物模型用于基因定位时常采用数量性状位点法。当然，动物模型用于人类多基因疾病研究时亦有其局限性，如对于精神分裂症等人类特有的而在动物身上又难以模拟的某些性状的研究时，动物模型研究意义不大。

第九节　Meta 分析及系统评估技术

一、发展背景

近年来，随着基因研究的深入，基因与疾病的关联研究也逐渐步入正轨，其研究及快速发展也为个性化健康管理提供了科学依据和技术保障。而现在面临的问题：针对同一个基因和位点的检测、研究会产生海量的结果，与多种疾病相关；针对同一种疾病的研究会得到大量多个基因的结果；针对同一个课题或临床问题的实验研究，不同的研究人员进行实验会产生大量的实验结果。如何对这些数据进行合理地处理，并高效地从其中挖掘出有用的信息，得到更为科学可靠的结论是问题的核心。系统评价和 Meta 分析可以定性和定量地综合分析多个研究结果，得出更为科学可靠的结论，因而是循证获取、评价和应用最佳证据的科学手段，也可作为医疗服务及卫生管理评价的重要手段，是解决上述问题的有效途径。

二、系统评价

1. 系统评价的概念

系统评价（systematic review）是以某一具体问题为基础，全面、系统地收集全世界所有的相关研究结果，采用一定方法对文献内容及质量进行严格的评价和分析，筛选出符合条件的文献后再进行定性或定量综合，加以说明，分析偏差，进一步得出综合可靠的结论。最终能得到的结论可以是定性的或是定量的。

系统评价是针对同一问题查寻收集所有试验结果，进行评价分析和总结，从大量数据中有条理地进行处理、筛选和总结。既能保证数据处理的高效，又为忙碌的研究学者提供高质量的证据，使其能在短时间内提取出科学可靠的信息。

2. 系统评价的基本步骤

1）确立研究问题

目的是做任何事情之前都需要考虑的，根据目的来进行针对地研究。所以研究问题的确立是做好一篇系统评价的先决条件。构建一个研究的问题，需要通过阅读大量文献，了解将要讨论的方向和内容，根据选好的方向和内容进行延伸和思考，建立一个可行的研究问题。注意要确保确立的问题有评价的意义，主题明确、目的清晰，并注意避开已经被评价过的问题。

2）文献的收集

文献的收集包括计算机收集和人工收集。计算机收集即在互联网上通过各种数据库查找收集文献。此方法方便快捷、效率很高，是主要的文献收集方法。人工收集即通过人工手动查找书籍、资料等收集文献。此方法主要是收集年代较早，可能未被纳入现有数据库中的文章。

在搜索文章输入关键词时，可以选择主题词、自由词以及主题词和自由词相结合（图 4-2），利用逻辑关系如 OR、AND 等来确保搜索过程中不会有文章遗漏。如《甘露聚糖肽对反复呼吸道感染的临床疗效和免疫功能影响的系统评价》（endnote）[24]中，在 PubMed 的检索策略（图 4-2）。

#1 Mannatide*

#2 respiratory tractinfections

#3 randomized

#4 blinding

#5 #1 AND #2 AND #3 AND #4

图 4-2　文献检索策略

通过这种方法，尽可能地避免有文章没有检索到等人为问题。

3）文献的筛选

如何筛选到想要的文献，在此之前需要制定一个纳入和排出的标准。纳入标准如：研究主题、研究对象、研究类型、文种限制等。排出标准如：系统评价和综述类文章、经验总结、新闻报道、书信、讲座、通知、评论等形式的文章不予纳入[25]。

初次筛选之后还需进行两到三次的复筛，目的是为了排除机器检索不能实现的筛查，如重复发表的文章、无数据或综述类文章等（图 4-3）。

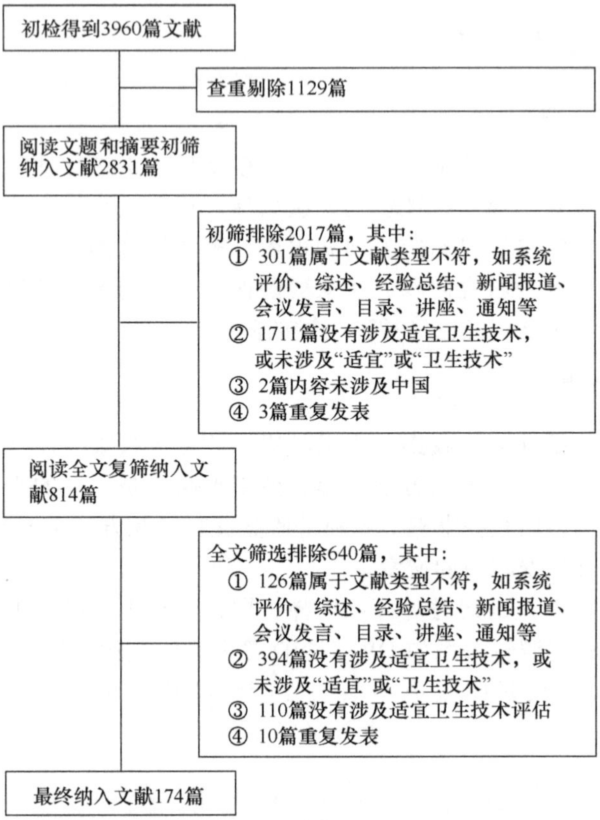

图 4-3　文献筛选流程及结果

为了保证文献收集的客观性，可以由两位评价员按照纳入与排除标准独立筛选文献、提取资料和评价纳入研究的方法学质量。如遇分歧则可讨论解决或由第三方协助裁定。

4）收集数据及质量评价

系统评价得到的结果分为定性数据和定量数据。定性数据即对问题进行性质和特点的描述，定量数据即对问题进行数量性质的描述。系统评价属于二次研究，受原始研究质量的影响，若纳入研究的原始研究质量较差，则会影响系统评价的价值，所以需要对纳入的研究进行质量评价，主要有三种类型：条目、一览表或清单、量表。文献筛选之后需对其数据进行合并和统计学分析，最终汇总为自己的数据。

5）解释数据

对所得数据进行统计学及误差分析，首先分析其是否具有合并意义，合并之后会出现的误差值等，并需对此进行描述以及分析误差来源。其中定量分析即可使用 meta 分析。

6）得出最后结论

对于收集合并的数据的结果进行评价，得到可以解释问题的结论，对其进行定性或定量地描述，总结之前过程中存在的问题及不足，为下一次收集数据和进行系统评价提供宝贵经验。系统评价完成后，还要在实际工作中不断完善，随着发展及时修改和重新评价。

三、Meta 分析

1. Meta 分析的概念

Meta 分析中文译为“荟萃分析”。广义的 Meta 分析指全面收集所有相关研究并逐个进行严格评价和分析，再用定量合成的方法对资料进行统计学处理得出综合结论的整个过程，是系统评价中一个可选择的部分。Meta 分析是否有价值，取决于其纳入标准。

狭义的 Meta 分析是对以往的研究发现进行系统定量的综合分析的一种统计学方法。

Meta 分析的主要类型有：常规的 Meta 分析、诊断性 Meta 分析、间接比较的 Meta 分析、累计 Meta 分析、Meta 回归分析、单个率的 Meta 分析、个体数据的 Mcta 分析及其他类型 Meta 分析。

Meta 分析最大的优点就是可以将庞大复杂的数据进行系统地整合和处理，最终实现数据的合理利用。基因健康信息学信息数据的采集，整理和处理均需要利用统计学来进行，同时，大量的信息并非人力所能完成，计算机的利用和统计学的结合，这对于基因健康信息学无疑是一个有效的研究手段。除此之外，Meta 分析其他优点如下（endnote）：

（1）对同一课题的多项研究结果的一致性进行评价；

（2）对同一课题的多项研究结果作系统性评价和总结；

（3）提出一些新的研究问题，为进一步研究指明方向；

（4）当受制于某些条件时，如时间或研究对象的限制，Meta 分析不失为一种选择；

（5）从方法学的角度，对现阶段某课题的研究设计进行评价；

（6）发现某些单个研究未阐明的问题；

（7）对小样本的临床实验研究，Meta 分析可以统计效能和效应值估计的精确度。因此，设计合理，严密的 Meta 分析文章能对证据进行更客观的评价（与传统的描述性的综述相比），对效应指标进行更准确、客观地评估，并能解释不同研究结果之间的异质性。Meta 分析符合人们对客观规律的认识过程，是与循证医学的思想完全一致的，是一个巨大的进步。

进行 Meta 分析的条件：①两个以上的研究；②各研究之间的特性没有可影响它们结果的差异；③各研究的结果采用相似的方法进行测量；④各研究的资料都可用（当有的资料仅部分可用时应多加小心）。

2. 系统评价与 Meta 分析的区别与联系

系统评价和 Meta 分析在循证医学上的应用是最广泛的，循证医学的需要让系统评价和 Meta 分析有了更好的发展；同时，传统的文献综述还存在很多缺陷，如定性描述可能存在偏倚、文献的筛选和评价不够客观等。进行系统评价和 Meta 分析，可对多个同类的独立研究结果进行汇总合并，这样不仅增加了样本容量，也使结果更客观可靠。

系统评价和 Meta 分析是两个不同的概念，但其在进行数据统计和处理时可以相辅相成，其关系可以用图 4-4 表示。不是所有的系统评价都需要对纳入的研究进行统计学合并即 Meta 分析；同样，Meta 分析本身就是一种统计学方法，并非一定要做系统评价；对于具有同质性的多个研究进行 Meta 分析的系统评价可称为定量系统评价；若纳入的研究不具有同质性，则不能进行 Meta 分析，仅进行描述性的系统评价，可称为定性系统评价。不能做 Meta 分析的情况：研究间的异质性无法合理地解释；多个研究的合并结果无意义；无足够的相关研究结果。

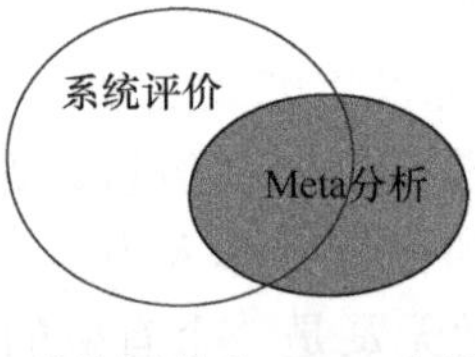

图 4-4　系统评价和 Meta 分析的关系

3. Meta 分析的一般步骤

Meta 分析文献的收集和检索过程与系统评价类似。最开始均需提出问题，制定研究的计划及确定文献检索的纳入和排出标准，之前在系统评价中已介绍，在此不再赘述。文献收集之后需对其进行资料的提取及处理，此步骤以后需进行统计学分析及质量评价，将在下面介绍。

1）资料的提取及质量评价

根据设定好的文献纳入和排出标准检索出相关文献后提取基本信息，包括实验方式、研究对象等，对其进行质量评价。

质量评价是评估单个研究在设计、实施和结果分析整个过程中可能出现的各种偏倚的程度，对偏倚的认识是质量评价的核心。偏倚又称系统误差，但并不等同于误差。偏倚是指研究的结果或推论偏离真实值或导致这种偏离的过程；偏倚也可能在资料收集、分析、解释或发表过程中。偏倚包括选择偏倚、实施偏倚、损耗偏倚、测量偏倚、引用偏倚、发表偏倚及其他偏倚。质量评价工具则是依据这些可能出现的偏倚的各个方面设计的。主要有三种类型：条目、一览表或清单、量表。

2）统计学分析

统计学分析是 Meta 分析最重要的步骤之一，主要包括：异质性检验、计算合并效应量、合并效应量的检验（置信区间、Z 检验）。

（1）异质性检验及合并效应量

Meta 分析的核心计算是合并效应量，按照统计学原理，只有同质的资料才能进行统计学分析，所以异质性的检验是尤为必要的。异质性分为临床异质性、方法学异质性和统计学异质性。异质性检验的原理是用假设检验的方法检验多个独立研究的异质性具有统计学意义。

通过 P 值和 I^2 评价异质性大小：若 $P>0.10$，$I^2\leqslant 50\%$则无统计学异质性；若 $P\leqslant 0.10$，$I^2>50\%$则无统计学异质性。通过 Meta 分析相关软件（如 Meta-DiSc1.4）进行异质性检验，包括阈值效应和非阈值效应引起的异质性及异质性来源。通过 SROC 曲线平面图检验，若呈“肩臂状”分布则存在阈值效应；反之则提示不存在阈值效应。

异质性检验结果：若无异质性，则采用固定效应模型进行 Meta 分析；若存在由非阈值效应引起的异质性，则可以采用在同质的亚组内合并分析；若存在由阈值效应引起的异质性，则合并数据最好的方法是拟合 SROC 曲线和计算曲线下面积 AUC，或应用其他统计量如 Q 指数；若通过专业知识、统计学只是及前述的异质性检验方法仍无法解释产生异质性的原因，则可采用随机效应模型进行 Meta 分析，但随机效应模型并不能解释研究间的异质性，也不能矫正偏倚或控制混杂。Meta 分析的图示结果常用森林图来表示（图 4-5）。

森林图中间的竖线为无效竖线，无统计学意义；竖线的左边表示试验组＜对照组，右边表示试验组＞对照组；方框表示研究结果点估计值，其大小表示该研究在 Meta 分析中的权重；横线表示研究结果，线宽表示其 95%置信区间。

不能进入同一个 Meta 分析的情况：不同的实验设计方案具有方法学异质性，所以多个试验设计方案不同时，不能进入同一个 Meta 分析，而应按试验设计类型分类，分为多个 Meta 分析分别完成；不同试验的研究对象不同（如年龄、种族等），不能进入同一个 Meta 分析，需要分为多个亚组分别完成或用 Meta 回归进行分析；

若多个试验研究的干预措施或对照措施不同，也不能进入同一个 Meta 分析。

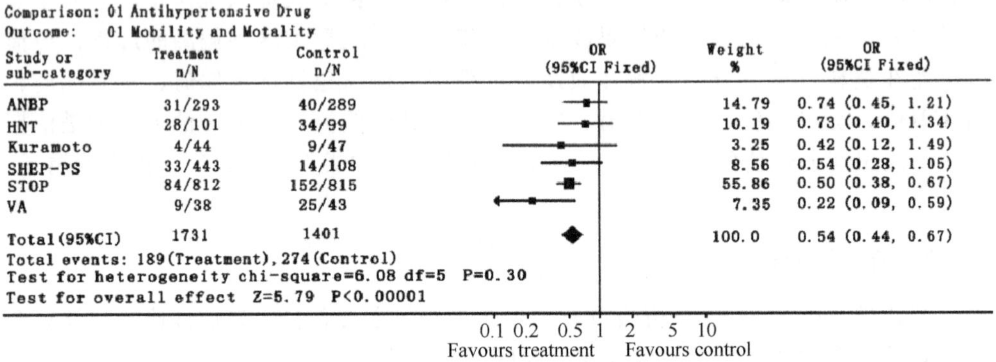

图 4-5　合并结果的森林图表示[61]

（2）合并效应量的检验

合并效应量检验的两种方法：*u* 检验，卡方检验。检验原理是用假设的方法检验多个独立研究的总效应量是否具有统计学意义，与常规的假设检验完全相同。根据 *z* 或 *u* 值或卡方值得到的统计量概率值：若 $P \leq 0.05$，多个研究的合并效应量有统计学意义；若 $P > 0.05$，多个研究的合并效应量没有统计学意义。在 Meta 分析中，常用置信区间进行假设检验，95%的置信区间与 $\alpha=0.05$ 的假设检验等价，99%的置信区间与 $\alpha=0.01$ 的假设检验等价。

为保证结论的稳健性，可进行敏感性分析。敏感性分析是检查一定假设条件下结果稳定性的方法。通过敏感性分析，可以发现影响 Meta 分析研究结果的主要因素，解决不同研究结果间的矛盾性，发现产生不同结论的原因。主要内容：选用不同模型时，效应合并值点估计和区间估计的差异，检查结论有无变化；按研究质量分析标准对纳入 Meta 分析的文献中剔除得分低的文献，重新进行 Meta 分析，检查结论有无变化；根据样本量的大小对纳入 Meta 分析的文献作分层 Meta 分析，检查结论有无变化。

偏倚程度的检查通常可以通过漏斗图分析实现；失安全数也是评估发表偏倚的一个有用的指标。漏斗图是以每个研究的处理效应值为横轴，样本含量的大小为纵轴做散点图。根据图形的对称程度判断偏倚程度。若资料存在偏倚，则会出现不对称的漏斗图，不对称越明显，则偏倚程度越大，反之亦然。漏斗图的不对称性主要与发表偏倚有关，但也可能存在其他原因。如图 4-6 显示漏斗图对称性较好，说明研究结果受发表偏倚的可能性较小。

4. Meta 分析的软件

RevMan、SAS for windows、SPSS for windows、S-PLUS、Stata、Excel、

Meta-Disc1.4 等。

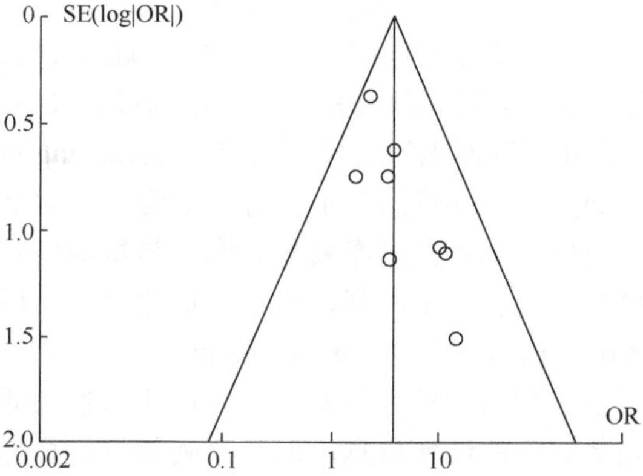

图 4-6　漏斗图（endnote）[62]

四、小结

系统评价和 Meta 分析解决了传统综述文章的缺陷，利用统计学更为客观和科学地处理和汇总数据，提高了信息处理的效率，在短时间内即可获取大量数据，是循证医学主要的研究方法，也为基因健康信息的大量数据处理提供了可行的办法，可作为健康管理评价的有效手段。但系统评价本身并不能提高原始研究质量。目前 Meta 分析的统计学方法也不够完善，仍存在解决不了的问题。对此，我们在利用系统评价和 Meta 分析的同时应认清其并不是全能的，不能过分肯定，也不能过分否定。用严谨的态度正确对待，科学研究。

第十节　基因健康信息检索技术

基因健康信息检索技术包括手工检索技术、智能化检索技术、可视化检索技术、一站式检索技术、个性化检索技术和多语种（跨语种）检索技术等新兴技术。其中可视化检索、个性化检索和多语种检索技术又备受关注。以多语种检索技术为例，由于健康是个世界性的问题，来自世界各地、以不同语言为母语的人都会通过互联网寻找健康相关的信息。尽管各种语种健康信息数量在不断增加，但目前互联网上占比例最高的仍是英语信息，多语种（跨语种）检索技术对于用户健康信息的传播而言意义重大，来自美国、法国的学者陆续开发了一系列多语种检索方法[26]。

一、基因信息检索关键技术

生物学数据库的应用可以分为两个主要方面，即数据库查询（database query）

和数据库搜索（database search）。数据库查询和数据库搜索是生物信息学中两个常用术语。数据库查询是指对序列、结构以及各种二次数据库中的注释信息进行关键词匹配查找。例如，对蛋白质序列数据库 Swiss-Prot 输入关键词 insulin（胰岛素），即可找出该数据库所有胰岛素或与胰岛素有关的序列条目（entry）。数据库查询有时也称数据库检索，它和互联网上通过搜索引擎（search engine）查找需要的信息是一个概念。数据库搜索在生物信息学中则有特定含义，它是指通过特定的序列相似性比对算法，找出核酸或蛋白质序列数据库中与检测序列具有一定程度相似性的序列。例如，给定一个胰岛素序列，通过数据库搜索，可以在蛋白质序列数据库 Swiss-Prot 中找出与该检测序列（query sequence）具有一定相似性的序列。因此，在生物信息学中，数据库搜索是专门针对核酸和蛋白质序列数据库而言，其搜索的对象，不是数据库的注释信息，而是序列信息。显然，数据库查询和数据库搜索在生物信息学中是两个完全不同的概念，它们所要解决的问题、所采用的方法和得到的结果均不相同。对于新测定的碱基序列或由此翻译得到的氨基酸序列，往往需要通过数据库搜索，找出具有一定相似性的同源序列，以推测该未知序列可能属于哪个基因家族，具有哪些生物学功能。对于氨基酸序列来说，有可能找到已知三维结构的同源蛋白质而推测其可能的空间结构。因此，数据库搜索与数据库查询一样，是生物信息学研究中的一个重要工具。

检索服务器可以对有目标的检索记录，但它主要的缺陷在于一次只能从一个数据库中检索到记录；想对一批数据库进行检索的用户必须为每一个目标数据库分别发出一次申请。很明显，这些大量的公用数据库之间存在着逻辑联系。例如，MEDLINE 中的一篇论文可能描述一个基因的序列，该基因又在 GenBank 中出现。其核苷酸序列所编码的蛋白质序列又存放在蛋白质数据库中。这种蛋白质的三维结构可能又是已知的，结构的数据可能出现在结构数据库中。最后，基因可能定位在某条染色体的某个区域，这类信息存放在图谱数据库中。

信息检索系统的作用就是对数据系统进行有效管理和利用。目前，最为著名的信息检索系统是美国 NCBI 开发的 Entrez 数据检索系统和 EBI 开发的 SRS 数据检索系统，两者在我国的 BioSino 和 CBI 都有镜像数据库。

此外，在进行数据查询或是搜索之前，应该阅读数据库使用指南或有关文件说明。

二、集成信息检索系统

例如，GenBank 就是为了适应人类基因组工程等科学研究产生的大量序列数据的信息爆炸。总的来说，GenBank 是带有注释的公用 DNA，蛋白质序列的集合。GenBank 中有 160 万条链的纪录，含超过 10 亿个核苷酸碱基。向 GenBank 存入新的序列有两种方法：通过 Sequin 和 BankIt 等工具直接提交，或通过国际核苷酸序列数据库的组成部分 GenBank、EMBL 和 DDBJ 等相互之间传递数据的共享协议。

检索服务器通过简单的关键字搜索来查询记录。一次可以检索一个可用的数据库，可以是简单的（只含有一个关键字）或复合的（含有由逻辑算符组合的多个关键字）。

在这些生物学上的联系的基础上开发了一种方法，可以通过它查询所有与某一特殊的生物学实体有关的所有信息，而不必按次序查询分立的数据库。这就是一个名为 Entrez 的分子检索系统。它由 NCBI 开发和维护，Entrez 在所有的主要的数据库计算机平台上均可使用，允许对 PubMed（MEDINE）的记录、核苷酸和蛋白质的序列数据、三维结构信息和图谱信息进行集成的访问，全部信息只需经过一次查询。Entrez 能够通过数据库之间的两种类型联系：相近性和硬连接来提供集成的信息检索。

1. NCBI：ENTREZ 系统

这是美国国家生物技术信息中心 NCBI 所提供的集成检索软件，它是 NCBI 的核心检索系统，网址为 http：//www.ncbi.nlm.nih.gov/Entrez。Entrez 用于对文献摘要、序列、结构和基因组等数据库进行关键词查询，找出相关的一个或几个数据库条目。根据用户的询问，在 5 组数据库之间进行交叉检索：

（1）PubMed 文献库，如 MEDLINE；

（2）核酸序列数据库，如 GenBank；

（3）蛋白质序列数据库；

（4）结构数据库，如 MMDB 和 PDB；

（5）在 Genomes 总名称下面的各种基因图谱库。

在网络条件不佳的情况下，可以通过 Query 电子邮件取得信息检索服务，电子邮件的使用方法和格式从网址 http：//www.ncbi.nlm.nih.gov/Web/ Search/query.txt 找到说明，电子邮件地址为 query@ncbi.nlm.nih.gov。

Entrez 是面向生物学家的数据库查询系统，其特点之一是使用十分方便。它把序列、结构、文献、基因组、系统分类等不同类型的数据库有机地结合在一起，通过超文本链接，用户可以从一个数据库直接转入另一个数据库。它的另一个特点是把数据库和应用程序结合在一起。例如，通过“Related sequence”工具，可以直接找到与查询所得蛋白质序列同源的其他蛋白质。查询得到的蛋白质三维结构，可以通过在用户计算机上安装的 Cn3D 软件直接显示分子图形。Entrez 系统的开发基于特殊的数据模型 ASN.1（Abstract Syntax Notation 1，NCBI 开发的程序内部格式），在对于文献摘要中的关键词查询时，不仅考虑了查询对象和数据库中单词的实际匹配，而且考虑了意义相近的匹配。在查询文献数据库摘要得到结果后，可以通过点击“Related Articles”继续查找相关文献。

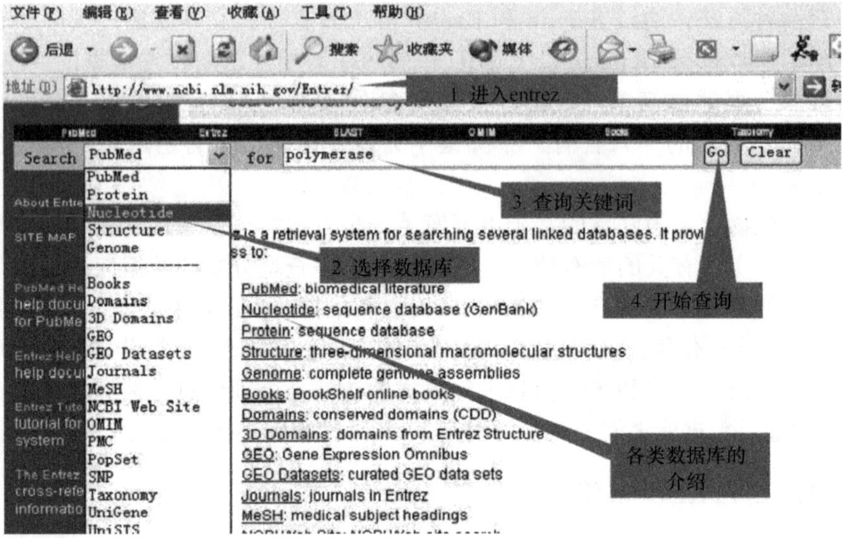

图 4-7 Entrez 检索工具网页

1）相近性

相近性联系着一个给定的数据库之内的记录。使用者在查看 MEDLINE 中某条记录时可以要求 Entrez“找出所有类似的论文”，类似的，使用者在查看一个序列的同时可以要求 Entrez“找出所有与这个序列类似的序列”。一个数据库之内的相近性关系是建立在对相似性的统计计算上的。

2）局部对比搜索

BLAST 序列数据可以用基本局部对比搜索工具（basic local alignment search tool，BLAST）相互比较。这个算法试图找到“高度匹配的片段对”（high-scoring segment pairs，HSP），即能够无缺口的对齐且达到一定的分数的成对的序列。第七章详细地讨论了 BLAST 算法系列及它们的应用。

VAST（vector alignment search tool）几套坐标数据之间的比较采用一种名为 VAST 的基于向量的算法，VAST 的比较有三个步骤：

首先，在坐标数据的基础上，标出所有的构成蛋白质的核心部分的α螺旋和β片层。然后根据这些二级结构单位的位置计算向量。以下的步骤使用这些向量来做对比而不是整个一套坐标。

然后，算法试图最佳的匹配这些向量，寻找类型和相对方位相同的成对的结构单位，并且在这些单位之间还要有同样的连接方式。其目标在于识别高度相似的“核心结构”，这些成对结构的匹配性要比随机的选择蛋白质相互比较得到的高得多。

最后，在每个残基位置上使用蒙特卡洛方法对结构的排列进行优化。

使用这个方法有可能找到一些序列相似性不明显的蛋白质之间的结构上的关系（可能在功能上也有关系）。最后的对齐结果不一定是全局的，可能在不同的蛋白质的单独的结构域之间配对。

需要重点注意的是 VAST 不是确定结构相似性的最好办法，因为还可以利用三维坐标文件中的其他信息来做更进一步的修正，如考虑侧链的位置及侧链之间的相互作用的热力学特点。而把结构压缩成一列矢量必然会导致信息的丢失。然而，考虑到这个问题的数量级（需要做的成对比较的次数）及采用更高级的方法所需要的计算能力和时间，VAST 至少为结构相似性问题提供了一个简单和快速的答案。

3）加权的关键词

序列数据对比问题与 MEDLINE 记录的对比相比较还是容易一点，MEDLINE 的记录是自由书写的文本，语法上不固定。Entrez 使用了名为“相关配对模式检索”的方法来做这种对比，该方法依靠的基础是加权关键词（Wilbur and Caffee，1994；Wilbur and Yang，1996），这个概念用具体的例子来描述比较合适。考虑具有下面两个标题的两篇文稿：

这两个标题含有公共词 BRCAI、Breast 和 Cancer，这些公共词的存在显示这些文稿的主题可能是相似的。同时也考虑单词之间的距离，对两条记录中的公共词距离较近的给予较高的分数，分开较远的给予较低的分数。在这个例子中，对词 Breast 和 Cancer 将给予较高的分数，因为这两个词是相邻的，比它们之中的任何一个与 BRCAI 之间的距离短。标题中找到的公共词比摘要中的公共词得分高，因为一般认为标题的词比摘要中的词“更重要”。一个词的总的权重取决于它在 MEDLINE 中的所有记录中出现的频率，在数据库中总的来说出现较少的词得到较高的权重。

如果不算相近关系所基于的那些方法，实际确定和利用这些关系的能力是基于所有这些分支数据库的数据的底层格式。这种格式称为抽象语法形式（abstract syntax notation，ASNI），所有类似的域（如引用书目）可以以完全一样的方式在这种格式中结构化，而不管这条记录是在蛋白质数据库，核酸数据库或其他数据库之中。NCBI 的这种数据模式将在第六章中深入的讨论。

4）硬连接

硬连接的概念比相近性的概念更容易接受。硬连接用于联系不同的数据库中的记录，只要这些记录之间存在逻辑联系，就存在硬连接。举例来说，如果一条 MEDLINE 记录是关于装配型质粒的，那么在这条记录和对应的核酸记录之间就建立一条硬连接。如果这个装配型质粒上的一个开放阅读框架编码某种已知的蛋白质，那么在核酸记录和蛋白质记录之间就建立一条硬连接。如果这种蛋白质恰好已经有实验测出了它的结构，那么在这条蛋白质记录和结构记录之间也会建立一条硬连接。

相近性和硬连接的关系可以用图 4-8 来解释。每个分支数据库（MEDLINE、蛋白质、核酸、结构及基因）用一个五角形表示。从每个五角形引出又回到自身的曲线表示相近性关系，根据相近性关系可以在同一数据库内寻找相关的记录。图的中心从五角形到五角形的直线连接代表硬连接关系。根据硬连接关系可以在几个数据库之间寻找相关记录。使用者通过合理的使用这两种类型的关系可以只进行一次查询就可以获取多得不可思议的信息，比对单个的数据库分别进行查询所花的时间少得多。

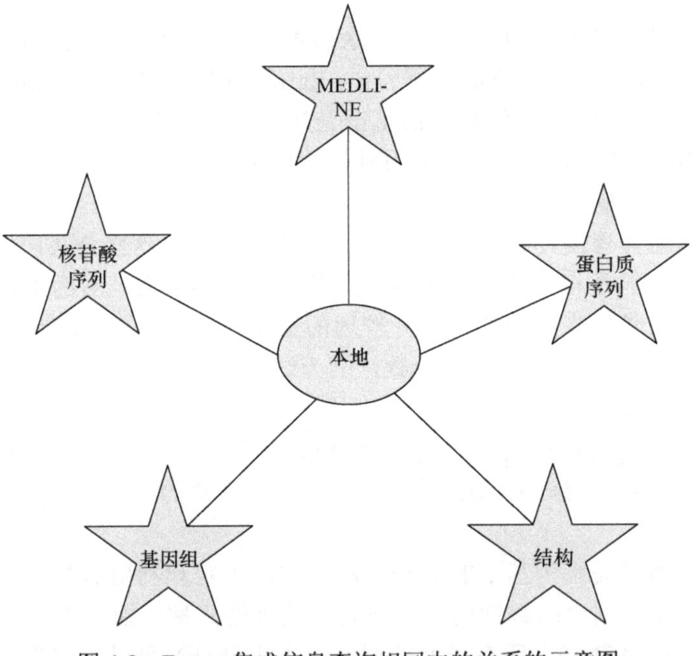

图 4-8　Entrez 集成信息查询相同中的关系的示意图

每个五角形表示一个数据库，每个五角形上指向自身的曲线代表相近性关系，图的中心的直线表示硬连接。

5）搜索的入口点

如图 4-7 所指出的，基本上可以从任何地方开始使用 Entrz 系统搜索——使用者不必考虑从何处进入信息的空间。然而，选取不同的数据库作为搜索的起点就会有不同的域可以用于搜索。这显然是由于不同类型的数据库中的记录必须有不同的组织方式，以反映了它们所编目的实体的生物学特点。

DOPT 语句中的 fn 表示与检索条件确定的蛋白质记录有关的核酸记录（n）要用 FASTA 格式（f）显示。DOPT 语句的多种功能使得 Query 可以输出由别的程序（如序列对比编辑器或预测工具）处理的信息，尤其是 FASTA 格式的结果，这使得 Query 非常有用。

最后，Query 用户还可以用以下三个附加的标志选项。HTML 可以使得返回的结果为 HTML 格式，可以用网页浏览器来看；DISPMAX 可以控制返回的最大记录数：如果不使用 DISPMAX，则该缺省值为 200，另外还有电子邮件的行数限制为 10 万行；最后，PATH 使返回的查询结果送到另外一个电子邮件地址而不是发出检索请求的地址。

6）NCBI 上的序列数据库

从上面的论述看起来，NCBI 似乎是序列数据领域的中心，但世界上还有其他的一些专门的数据库也在科学交流中发挥特殊的作用。这些数据库通常提供一些辅助的信息，如性状、实验条件、杂交，以及图谱特征。这些数据对于科学交流的某些领域来说很重要，因为它们有助于合理的实验设计。然而这些数据不完全符合 NCBI 的数据模式的限制，因此建立了这些专门的数据库，它们将被用来作为 GenBank 的附件而不是作为它的一部分。

7）医学数据库

前面的重点在于序列，但对于生物学家来说，除了分类和组织序列信息的数据库之外，还有别的类型的数据库也很有用。例如不基于序列的信息源 Online Mendelian Inheritance in Man（OMIM），它是由约翰霍普金斯大学的 Victor McKusick 编辑的关于人类基因和基因异常的目录的电子版。OMIM 提供了来源于出版物的简明扼要的文本方式的信息，内容是关于大多数有遗传学基础的人的正常条件，附有图片解释这些条件和异常情况，配有完备的引用信息。OMIM 的在线版位于 NCBI，每条记录引用的参考资料都有到 Entrez 系统的连接。

OMIM 提供了一个编号系统对每条记录有一个唯一的编号，与登录代号相似，但数字的某些位表示了与基因异常本身有关的信息。例如，如下数位表示不同的遗传模式：1 表示显性遗传，2 表示隐性遗传，3 表示 X 连锁的座位或性状，4 表示 Y 连锁的基因或性状，5 表示线粒体，6 表示常染色体的基因或性状（1 或 2 与 6 的区别是：在 1994 年 5 月之前的记录赋予 1 或 2，以后的记录则不论显性或隐性都赋予 6）。数字之前的星号表示这个座位上的基因引起的性状不受其他地方的基因的影响：然而异常本身可能是由于多处变异引起的。未确定遗传模式的异常不带星号。最后，# 号表示性状由两处或两处以上的基因异常引起的。

OMIM 的查询很容易进行。检索引擎根据输入到检索窗口的一个或几个词执行简单的查询，返回含有该词的文档的列表，用户可以在列表中选择一个或更多的异常查看其 OMIM 记录的全文。记录含有各种信息，如基因符号、病变的名称、对病变的描述（包括临床的、生物化学的、细胞遗传学的特征）、遗传模式上的细节（包括图谱信息）、临床的说明，还有参考文献。由于篇幅的限制不能在此显示一条完全的记录，建议读者可以试用检索词 Alzheimer 作输入进行检索，可以得到一条包含 OMIM 提供的大多数特性的记录。

三、EBI：SRS

这是欧洲分子生物学网 EMBnet 的主要检索工具，打开 EMBL 的主页，点击主页右上角“SRS”标志，即可进入 SRS 界面。北京大学生物信息中心有镜像数据库。SRS 是一个开放的数据库查询系统，即不同的 SRS 查询系统可以根据需要安装不同的数据库，目前共有 300 多个数据库安装在世界各地的 SRS 服务器上。读者可以直接从 LION 公司的网页上查到这些数据库的名称（http：//www.lionbio.co.uk/publicsrs.html）。目前，SRS 已经发展成商业软件，由英国剑桥的 LION Bioscience 公司继续开发，学术单位在签订协议后可以免费获得该软件的使用权，而非学术单位则需要购买使用权。

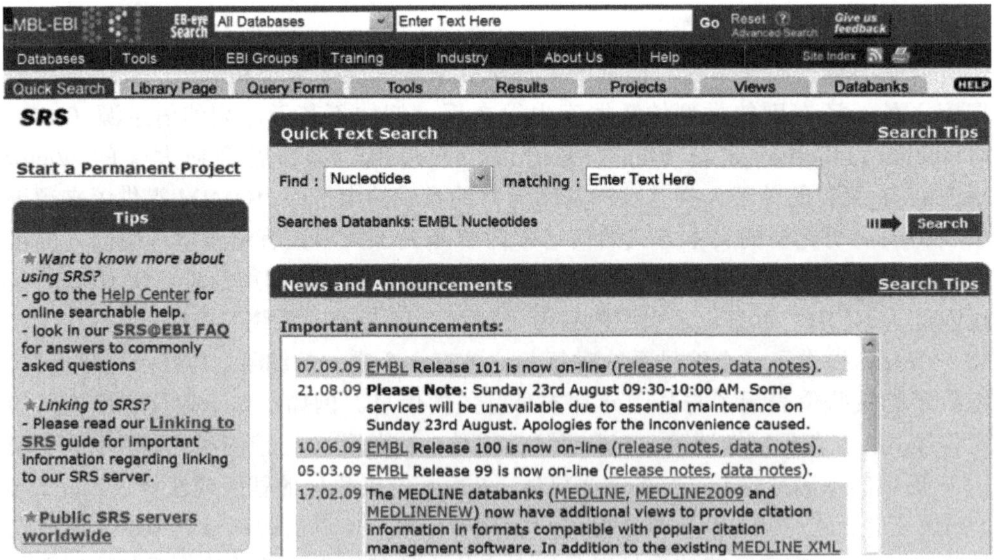

图 4-9　从 EMBL 主页进入 SRS 系统（右上角有“SRS 标志”）

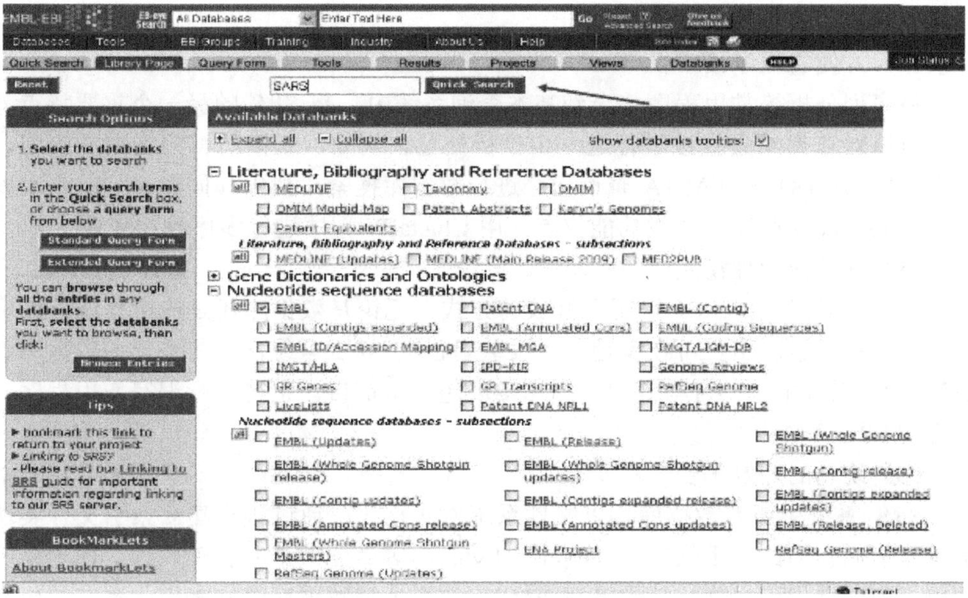

图 4-10　SRS 检索系统的“数据库选择”界面

SRS 系统是一个功能强大的数据库，该软件具有以下几个方面的特点：

（1）统一的用户界面

SRS 具有为统一的 Web 用户界面，用户只需安装 Netscape 等网络浏览器即可通过 Internet 查询世界各地 SRS 服务器上的 300 多个数据库。SRS 支持以文本文件形式存放的各种数据库，包括序列数据库 EMBL、Swiss-Prot，结构数据库 PDB，资料数据库 AAIndex、Biocat、dbcat，文献数据库 MedLine 等。

（2）高效的查询功能

生物信息数据库种类繁多、结构各异。如何快速、高效地对各种数据库进行查询，是数据库查询系统必须解决的问题。SRS 系统采用了建立数据库索引文件的手段，较好地解决了这一问题。即使是含几百万个序列的 EMBL 数据库，只需几分钟即可实现整库查询，得到所需结果。此外，SRS 系统具有查询结果相关处理功能，每次查询结果可作为进一步查询的子数据库，并对查询结果进行组合或筛选。

（3）灵活的指针链接

通过超文本指针链接实现信息资源的有机联系，是目前 Internet 信息服务的主要趋势。许多生物信息数据库均包含与其他相关数据库的代码，如 Swiss-Prot 数据库中的蛋白质序列包含了该序列在 EMBL、PDB、Prosite、Medline 等其他数据库的代码。利用超文本链接，可将这些相关数据库联系在一起。SRS 采用实时方式，根据查询结果产生链接指针，而不是在原始数据库中增加超文本标记，既节省了存储空间，也便于数据库管理。

（4）方便的程序接口

将序列分析等常用程序整合到基本查询系统中，是 SRS 的另一个重要特点。用户可以对查询结果直接进行进一步分析处理。例如，查询所得的蛋白质序列，可立即用 BLAST 和 FASTA 查询程序进行数据库搜索，找出其同源序列；也可以用 PrositeSearch 程序，寻找功能位点；用 ClustalW 程序进行多序列比较。

（5）开放的管理模式

在管理模式上，SRS 采用了开放的方式。无论是数据库还是应用程序，均可进行扩充和更新。用户可在本地机上安装自己的 SRS 系统，并将自己的数据库添加到 SRS 系统中，并可与其他数据库实现超文本链接。也可自行编写应用程序，整合到 SRS 系统中。

（6）统一的开发平台

SRS 系统中所有数据库均以文件系统方式存放，通过预先建立索引文件实现数据库查询。因此它不依赖于 Oracle、Sybase 等商业数据库管理软件，便于推广使用。为建立索引文件，特别是对 EMBL 这样大型数据库建立索引，系统的内存和 CPU 资源需要满足一定的要求。

四、ExPASy

ExPASy 是 Expert Protein Analysis System 的缩写，从字面理解即为专业蛋白质分析系统，从取名就可以看出网站背后的牛人们的气势和专业精神。ExPASy 由瑞士生物信息学研究所维护（Swiss Institute of Bioinformatics），提供从序列（Swiss-Prot）到结构（Swiss-Model），以及 2-D Page 等蛋白质操作相关的全套服务。我们强烈的推荐 ExPASy 作为您分析序列的第一站。

（1）ExPASy 各国或地区的镜像站

瑞士：http：//www.expasy.org/ at Swiss Institute of Bioinformatics，Geneva

澳大利亚：http：//au.expasy.org/ at Australian Proteome Analysis Facility，Sydney

巴西：http：//br.expasy.org/ at Laboratório Nacional de Computa Cao Científica，Petrópolis

加拿大：http：//ca.expasy.org/ at Canadian Bioinformatics Resource，Halifax

中国：http：//cn.expasy.org/ at Peking University

韩国：http：//kr.expasy.org/ at Yonsei Proteome Research Center，Seoul

中国台湾：http：//tw.expasy.org/ at National Health Research Institutes，Taipei

ExPASy Proteomics tools

这是一个 ExPASy 汇总的蛋白质组学在线实用分析工具包，涉及蛋白质分类、翻译、结构预测、相似检索、序列比对等等，如果您要做相关的分析，这里一定不会让您失望。这个工具包一直都在更新，其中有一小部分工具是 ExPASy 自己开发和维护的。共分成了 12 大类，以下是分类列表：

[Protein identification and characterization]

[DNA-＞Protein]

[Similarity searches]

[Pattern and profile searches]

[Post-translational modification prediction]

[Topology prediction]

[Primary structure analysis]

[Secondary structure prediction]

[Tertiary structure]

[Sequence alignment]

[Phylogenetic analysis]

[Biological text analysis]

（2）Prosite database

Prosite 是个老牌数据库了，在 20 世纪 90 年代初期开始构建第一个蛋白质序列二次数据库，现由瑞士生物信息学研究所 SIB 维护。目前是 Release 19.24，of 04-Apr-2006（contains 1410 documentation entries that describe 1332 patterns，4 rules and 605 profiles/matrices）。

从网上找了一些较好的介绍放在这里：Protsite 数据库是基于对蛋白质家族中同源序列多重序列比对得到的保守性区域，这样的区域通常与生物学功能有关，例如酶的活性位点、配体或金属结合位点等。因此，Prosite 数据库实际上是蛋白质序列功能位点数据库。通过对 Prosite 数据库的搜索，可判断该序列包含什么样的功能位点，从而推测其可能属于哪一个蛋白质家族。Prosite 数据库实际上包括两个数据库文件，一个为数据文件即 Prosite，该文件给出了能进行匹配的序列及序列的详细信息。另一个为说明文件 PrositeDoc，PrositeDoc 说明文件中给出该序列模式的生物学功能及其文献资料来源。Prosite 数据库使用正则表达式来表示序列模式，例如，[GSK]-F-x（2）-[LIVMF]-x（4）-[RKEQA]-x（2）-[RST]-x-[GA]-x-[KN]- P-x-T。这里，方括号中为可选残基，如第一个方括号[GSK]中 3 个残基中甘氨酸 G、丝氨酸 S 和赖氨酸 L 中的任意一个均可出现。x（2）表示可以有两个任意残基。因此，序列片段 GFxxLxxxxRxxRxGxKPxT 是其中一种可能的模式。

Prosite 数据库基于多序列比较得到的单一保守序列片段，或称序列模体。除 Prosite 外，蛋白质序列二次数据库还有蛋白质序列指纹图谱数据库 Prints、蛋白质序列模块数据库 Blocks、蛋白质序列家族数据库 Pfam、蛋白质序列谱数据库

Profile、蛋白质序列识别数据库 Identify 等[链接 1.2.5.2]。这些数据库的共同特点是基于多序列比对，它们的不同之处是处理比对结果的原则和方法。Prints 和 Blocks 利用了序列中的多重保守片段，Profiles 着眼于构建序列概貌库，而 Pfam 采用了隐马氏模型，Identify 则利用模糊正则表达式的概念。应该说，这些方法各有一定的特色。以下是一些介绍：

http：//www.37c.com.cn/topic/004/netguide/netguide01.asp？filename=prosite.htm

http：//www.cbi.pku.edu.cn/chinese/documents/bioinfor/overview/web5/5.html。

（3）SWISS-2DPAGE

SWISS-2DPAGE 数据库是由日内瓦大学附属医院临床化学中心实验室与瑞士生物信息协会合作创办的人类两维凝胶蛋白数据库。为在 2D 凝胶上预测蛋白质迁移提供了许多标化的凝胶图像和工具。

比较已知细胞类型或组织的凝胶和 SWISS-2DPAGE 的图像集可以帮助识别关键标志物，但是实际上详细的比对低到中等丰度的蛋白质有困难，除非凝胶在同一实验室中在严格控制的条件下跑胶。其难度是由于蛋白质样品本身的变化性、样品制备的不可重复性以及任何凝胶系统不能完全分辨样品中的所有蛋白质。MS 有希望帮助排除凝胶对凝胶方式比对的需要。

（4）SWISS-MODEL

SWISS-MODEl 库收录蛋白质注释三维比较结构模型，这些模型在 SWISS-MODEL 全自动同源造模过程下生成。现该库包含大约 30 万个采自 Swiss-Prot 和 TrEMBL 数据库的三维定序模型。其内容定期更新，以收录新的扉序及新的可用模板。它反映了当今基本造模运算法则的进展。数据库条目下有一个或更多的三维蛋白质模型，叠合的模板结构和相应建模队列，还包括建模过程的一些总结摘要及建立在力场基础上的质量评估。SWISS-MODEL 库在其主页上可以和大家互动沟通。与其他数据库如 Swiss-Prot 可以实现无缝链接。

（5）Swiss-Prot

Swiss-Prot 是一个注释蛋白质序列的数据库，在世界几大蛋白质数据库中绝对是重量级和元老级的。它由欧洲生物学实验室（The European Molecular Biology Laboratory，EMBL）和日内瓦大学（瑞士）医学生物化学系合作建立于 1986 年，也就是说今年是 Swiss-Port 29 岁生日。Swiss-Prot 力图提供高质量的数据注释信息，包括对蛋白质功能、结构域、翻译后修饰、突变体等的描述，并保证序列数据的非冗余性。

二十年中 Swiss-Prot 也几经变迁，1994 年 EMBL 的 Swiss-Port 研究组迁往英国的欧洲生物信息学中心（EBI），于是 EBI 和日内瓦大学（瑞士）医学生物化学系开始共同打理 Swiss-Prot。1998 年 4 月，瑞士生物信息学研究所（Swiss Institute of Bioinomatics，SIB，著名的 ExPASy 的“总管”）成立，日内瓦大学的 Swiss-Port

研究组又被并入 SIB，这样一来，SIB 和 EBI 强强联手成了 Swiss-Prot 的共同管家。2002 年由 SIB、EBI、PIR 共同发起组建了蛋白质数据库的国际纵队 UniProt 诞生，Swiss-Prot 携她的姐妹 TrEMBL，连同 PIR 的 PIR-PSD 共同加入。今天通过 UniProt 您就可以访问到 Swiss-Prot 的蛋白质数据了。

第十一节　基因健康信息可视化技术

为了有效面对个人基因组时代产生的数据洪流的挑战，对个人基因组进行管理、可视化具有重要意义。如何有效的对这些海量的异构基因组数据进行统一管理，以及从这些海量数据当中挖掘有用的信息，对人们探索生命的起源、本质有着十分重大的意义。另一方面，为了将生物学家们从枯燥乏味的生物数据中解放出来，提高人工分析的效率，有必要实现基因组数据的可视化，它能够帮助研究者捕获由测序所带来的碱基错误，验证生物学假说的正确性以及有帮助改进基因预测识别、DNA 拼接等基因组注释算法，这对于生物学科的进步发展也具有很大的帮助。

可视化技术融会了近十年来的研究成果，包括动态绘图、矩阵式、交互式呈现技巧、着色与关联等技术。目前，针对不同数据的特点，已出现了谱系图与彩色盒图结合的热图、表示随条件变化的表达趋势的点线图、多维数据在二维平面上表示的平行坐标图，以及波形图、网络图、剪影图和动态靶样图等。针对个人基因组的可视化，国内外开发了一系列的基因组可视化工具，根据其可视化内容可分为三种，分别是基因组比对可视化工具、基因组注释可视化工具以及比较基因组可视化工具。

一、个人基因组信息可视化技术

国内外较具代表性的个人基因组信息管理系统主要有深圳华大基因研究院所开发的管理第一个中国人基因组“炎黄一号”的 YH Database 系统[27]，美国贝勒医学院开发的管理 DNA 之父 James Watson 基因组的 James Watson Genotype Viewer 系统，J.Craig Venter 研究所开发的管理第一个人类基因组 Venter 基因组的 HuRef 系统[28]，以及韩国生物信息中心开发的管理第一个韩国人 SJK 基因组的 Gevab 系统[29]。这些系统除了管理序列比对信息、基因组变异信息，还通过外部数据源如 NCBI 的 Entrez 基因、EBI 的 Ensembl 注释[30]、dbSNP[31]的单核苷酸多态性位点以及 OMIM[32]的疾病关联信息等对个人基因组进行注释。

但是，这些系统仅仅针对单个个体基因组数据和注释进行管理，不能对多个个体的基因组进行管理。针对多个人的基因组信息管理系统主要有韩国首尔国立大学的 TIARA 系统[33]以及 1000 Genome Browser。TIARA 整合了基因组序列和阵列数据，数据库内容包括基因组的遗传变异以及比较基因组杂交微阵列（CGH），但是 TIARA 只有系统管理员有权限更新个人基因组，这样用户不能自动的发布和更新自己的基因组数据，无法实现数据的实时交流和共享。千人基因组浏览器虽然整合了多个人的基因组对其进行管理，但是没有很好地将每个人的基因组有机分隔开来，只是将数据集中在一起进行浏览。用户看不到每个人的基因组具体情况，无法对其进行比较。

二、个人基因组信息可视化技术

针对个人基因组的可视化，国内外开发了一系列的基因组可视化工具，根据其可视化内容可分为三种，分别是基因组比对可视化工具、基因组注释可视化工具，以及比较基因组可视化工具。

1. 比对可视化技术

比对可视化工具主要是查看 Velet、MAQ、SOAP2[34]、ALLPATH、Euler-SR、SSAKE 等序列比对和拼接软件的注释结果。比对可视化工具的任务包括显示 NGS 数据的全基因组比对结果，测序得到的短序列的碱基质量，以及基因组拼接过程中的参考信息如配对数据（mate pair）以及序列相似性。较为著名的比对浏览器有华盛顿大学开发的 Consend[35]系统、多伦多大学的 Savant[36]系统以及 Sanger 研究所开发的 Lookseq[37]等。这些比对可视化工具功能丰富，支持不同分辨率下拼接结果的语义转换以及基因组区域的左右移动和微调功能。

2. 注释可视化技术

新一代测序技术还促进对基因组结构，生物代谢过程以及遗传多态性的分析。科学家可以通过全基因组重测序、定向基因组重测序、配对末端测序、转录组测序、染色体免疫沉淀测序等来发现基因组变异以及大规模结构变异，基因表达数据以及可变剪接位点等。著名的基因组浏览器 UCSC Genome Browser[38, 39]收录了人、猫、鸡等脊椎动物以及后口动物，昆虫等共计 63 个物种的基因组序列和注释信息。人们可以在 UCSC 上查看基因、遗传变异、调控元件、种间同线性等多样化数据。另一个综合性基因组浏览器 Ensembl 产生并维护与后生动物基因组相关的 SNP、gene、重复序列、疾病和细胞等注释信息。近期，人们还研究了一种能同时浏览基因组注释信息和临床医学信息的可视化工具如 UCSC Genome and Cancer Genomics browser 和 IGV 系统等。

3. 比较可视化技术

基因组可视化就是指以用户友好的方式，用各种图形元素表示基因组序列和注释数据。基因组的可视化能够直观的识别基因组的差异以及潜在的数据模式。

通过两物种之间的基因组比对，从而发现种间的同线性和基因组差异，有助于分析两物种的进化关系。比较基因组可视化工具主要显示基因组的多重比对结果，发现同源基因，以及描述基因组的保守性区域和基因组注释数据的保守性以及同线性关系，这有助于分析物种之间的进化关系。PipMaker、VISTA、Circos tools、UCSC Genome Browser 等比较基因组浏览器被设计用来可视化两物种的基因组比较结果。这三类基因组可视化工具发展迅速、种类众多。许多人对此进行了总结归纳。其中属 Nielsen[40]归纳的最为详尽，表 4-2 给出 Nielsen 对三种用途迥异的基因组可视化工具的部分概括总结结果，本文在此基础上就各个可视化工具的特色展示方式进行说明。

表 4-2　基因组可视化工具一览表[40]

基因组可视化工具	用途
ABySS-Explorer	可交互的基因组拼接结构可视化工具
Consend	可兼容新一代测序数据，用于拼接结束阶段
EagleView	能可视化混合数据拼接结果，可兼容单末端 NGS 数据
Gap	用于拼接结束阶段，Gap5 能兼容 NGS 数据
Hawkeye	桑格测序拼接浏览器
Sequencher	用于拼接结束阶段的填补空位和纠错
SAMTool tview	简易快速文本比对查看工具，兼容 NGS 数据
LookSeq	用 AJAX 技术的比对浏览器，兼容 NGS 数据
BamView	用于查看 SAM 二进制比对文件 BAM 的工具
MagicView	针对 NGS 开发的基因组比对浏览器
WebACT	基因组比对浏览器，用于发现种间的同线性信息
NCBI Assembly ArchiveView	NCBI 比对数据的图形接口
Argo	支持全基因组人工注释和编辑
CGView	环形的基因组可视化工具
Gaggle	基因组注释浏览器，可分析，兼容微阵列数据
IGV	基因组注释浏览器，可整合临床信息，使用热图描述临床医学信息
AnnoJ	针对 NGS 数据的基因组浏览器，使用 AJAX 技术，通过 html 进行配置
Cancer Molecular AnalysisPortal	基于 TCGA 项目设计，整合医学临床信息
Ensembl	综合性的基因组注释数据库和浏览器
JBrowse	GMOD 组件，使用 AJAX 技术，用户自己配置基因组数据
UTGB	用于定制个人基因组浏览器的工具包使用 AJAX 技术

续表

基因组可视化工具	用途
KBrowse	多人基因组注释浏览器
WebGBrowse	基于 GBrowse 自动配置的简单浏览器
GBrowse	GMOD 组件，使用 AJAX 技术，被多个研究机构用来定制个人基因组浏览器
UCSC Cancer Genomeics Browser	整合临床数据，提供代谢通路视图，TCGA 数据接口
X：map	查看外显子芯片的可视化工具
NCBI Map Viewer	整合 NCBI 资源和分析工具的综合性基因组浏览器
MultiPipMaker	多重比对浏览器
MEDEA	比较基因组可视化浏览器

4. 展望

基因芯片技术的日益成熟和完善，使得从基因表达水平层面来探讨肿瘤的发生和发展机制成为可能，为肿瘤诊断和个性化治疗提供了新思路。随着基因表达数据和相关知识的大量积累，基于计算机的数据分析方法已逐渐成为一种主流的方法。然而，在对基因表达数据进行分析后，为了进一步了解疾病在基因水平的发生、发展机制，以及对人体代谢进程的影响，需要对这些数据进一步的深入分析。选择何种方法，采取何种手段，按照怎样的流程进行分析，是科学家们有待于进一步研究的问题。

参 考 文 献

[1] 胡永钢. 2004. 数据挖掘在生物信息学中的应用. 生物信息学, 2004, 3: 6.
[2] 项婧, 任劼. 决策树分类器在分析基因微阵列数据中的应用. 计算机工程与设计, 2006, 27(15): 2905-2908.
[3] Zhang S. An improved nonparametric approach for detecting differentially expressed genes with replicated microarray data. Statistical applications in genetics and molecular biology, 2006, 5(1).
[4] 吴佳楠. 基因表达数据分析方法及其应用研究. 2013, 吉林大学.
[5] Hamosh A, Scott A F, Amberger J S, et al. Online Mendelian Inheritance in Man(OMIM), a knowledgebase of human genes and genetic disorders. Nucleic acids research, 2005, 33(suppl 1): D514-D517.
[6] Black M A, Doerge R. Calculation of the minimum number of replicate spots required for detection of significant gene expression fold change in microarray experiments. Bioinformatics, 2002, 18(12): 1609-1616.
[7] Nueda M J, Conesa A, Westerhuis J A, et al. Discovering gene expression patterns in time course microarray experiments by anova-sca. Bioinformatics, 2007, 23(14): 1792-1800.
[8] Azuaje F. Clustering-based approaches to discovering and visualising microarray data patterns. Briefings in Bioinformatics, 2003, 4(1): 31-42.
[9] 欧阳玉梅. 基因表达数据聚类分析技术及其软件工具. 生物信息学, 2010, 8(2): 104-109.
[10] Steinley D. Profiling local optima in＜em＞K＜/em＞-means clustering: Developing a diagnostic technique. Psychological methods, 2006, 11(2): 178.
[11] 青岚. 三种基因表达数据的分类分析方法. http: //www.bio1000.com/experiment/fenzi/371876.html.
[12] Levine A J. p53, the cellular gatekeeper for growth and division. Cell, 1997, 88(3): 323-331.

[13] Fraga M F, Esteller M. DNA methylation: a profile of methods and applications. Biotechniques, 2002, 33(3): 632-649.

[14] Frühwald M C, Plass C. Global and gene-specific methylation patterns in cancer: aspects of tumor biology and clinical potential. Molecular genetics and metabolism, 2002, 75(1): 1-16.

[15] 张俊杰, 张立坚, 刘春安, 等. 组织中全基因组 DNA 甲基化的液相色谱-串联质谱分析. 质谱学报, 2010, 31(6): 326-330

[16] 张华, 府伟灵, 黄庆, 等. 重亚硫酸盐修饰直接测序技术检测 p16 基因甲基化的研究. 重庆医学, 2006, 35(3): 222-223

[17] Tycko B. Epigenetic gene silencing in cancer. Journal of Clinical Investigation, 2000, 105(4): 401.

[18] 侯琳, 钱敏平, 朱云平. 转录因子结合位点生物信息学研究进展. 遗传, 2009, 31(4): 365-373.

[19] 李婷婷, 蒋博, 汪小我. 转录因子结合位点的计算分析方法. ACTA BIOPHYSICA SINICA, 2008, 24(5).

[20] 李松倍. 生物分子网络的相似子网搜索算法研究及应用. 上海大学, 2009.

[21] 刘天婵, 余应年. 生物信息学在基因转录调控研究中的应用. 中国病理生理杂志, 2004, 20(4): 668-672.

[22] 李霞, 姜伟, 张帆, 等. 复杂疾病靶基因识别与网络重建的计算系统生物研究. 生物物理学报, 2007, 23(4): 296-306.

[23] Gunewardena S, Zhang Z. A hybrid model for robust detection of transcription factor binding sites. Bioinformatics, 2008, 24(4): 484-491.

[24] 苏巧俐, 刘峰, 王多宁, 等. 甘露聚糖肽对反复呼吸道感染的临床疗效和免疫功能影响的系统评价. 中国循证医学杂志, 2014, 14(6): 759-764.

[25] 刘关键, 吴泰相. Meta-分析的森林图及临床意义. 中国循证医学杂志, 2004, 4(3): 198-201.

[26] Kruglyak L. Power tools for human genetics. Nat Genet, 2005, 37(12): 1299-1300.

[27] Azuaje F. Clustering-based approaches to discovering and visualising microarray data patterns. Briefings in Bioinformatics, 2003, 4(1): 31-42.

[28] Steinley D. Profiling local optima in< em> K</em>-means clustering: Developing a diagnostic technique. Psychological methods, 2006, 11(2): 178.

[29] Levenstien M A, Yang Y, Ott J. Statistical significance for hierarchical clustering in genetic association and microarray expression studies. BMC bioinformatics, 2003, 4(1): 62.

[30] Wang L, Zhu J, Zou H. Hybrid huberized support vector machines for microarray classification and gene selection. Bioinformatics, 2008, 24(3): 412-419.

[31] Podgorelec V, Kokol P, Stiglic B, et al. Decision trees: an overview and their use in medicine. Journal of medical systems, 2002, 26(5): 445-463.

[32] Kim S, Imoto S, Miyano S. Dynamic Bayesian network and nonparametric regression for nonlinear modeling of gene networks from time series gene expression data. Biosystems, 2004, 75(1): 57-65.

[33] Orlando V, Strutt H, Paro R. Analysis of Chromatin Structure by<i> in vivo</i>Formaldehyde Cross-Linking. Methods, 1997, 11(2): 205-214.

[34] Barash Y, Elidan G, Friedman N, et al. Modeling dependencies in protein-DNA binding sites. in Proceedings of the seventh annual international conference on Research in computational molecular biology. 2003: ACM.

[35] Zhou Q, Liu J S. Modeling within-motif dependence for transcription factor binding site predictions. Bioinformatics, 2004, 20(6): 909-916.

[36] Gunewardena S, Zhang Z. A hybrid model for robust detection of transcription factor binding sites. Bioinformatics, 2008, 24(4): 484-491.

[37] Sharon E, Lubliner S, Segal E. A feature-based approach to modeling protein–DNA interactions. PLoS computational biology, 2008, 4(8): e1000154.

[38] Scherm B, Gerlach G F, Runge M. Analysis of heat shock protein 60 encoding genesof mycoplasmas and investigations concerning their role in immunity and infection. Vet Microbiol , 2002 , 89: 1412150.

[39] Himmelreich R, Plagens H, Hilbert H, et al. Comparative analysis of the genomes of the bacteria Mycoplasma pneumoniae and Mycoplasma genitalium. Nucleic Acids Res, 1997, 25: 7012712.

[40] Spivakov M, Fisher A G. Epigenetic signatures of stem-cell identity. Nature Reviews Genetics, 2007, 8(4): 263-271.

第五章　基因和组学数据的产生、表示和分析

随着大规模 EST 和 cDNA 序列信息的获取，那些基于表达序列同源范围的程序，在基因组注释中的作用日益显著。即使在稀少基因或组织特异性表达的基因中，基因组序列的相关性信息也颇具参考价值。所以利用基因组序列的比对来扩充基因的信息是不可或缺的。特别是在对人类基因组做注释时，与那些相对完整的脊椎动物基因组，如小鼠和鱼类的基因组比较是必不可少的步骤。许多基因组测序计划正在进行之中，尽管仍存在急需解决的问题，比较基因组学方法（comparative genome approach）被认为是最有应用前景的方法。该方法不仅在基因预测中举足轻重，而且在鉴定调控基因、探索垃圾基因（junk gene）等方面的作用也不容忽视。基因预测软件的用户应该认识到，软件预测结果的可靠性和置信水平都有较大程度的提升。但这些毕竟是预测的结果，分子生物学家总是试图证明真实存在的蛋白质，及其功能和在组织中的表达状态。

当前，已有超过 60 种真核基因组测序计划在进程之中。然而生物学方面的相关注释还远不能匹配如此汹涌而至的原始序列数据。当务之急是，研发出更多的准确而快速的分析工具，特别是在寻找基因、确定其准确功能等应用方面。许多基因预测程序都可以免费共享，http：//linkage.rockefeller.edu/wli/gene/列出了很多相关参考。

第一节　基因表达与疾病信息分析技术

随着人类基因组草图的完成，人类基因组计划的重点工作由结构基因组学转向功能基因组学，基因组功能研究成为后基因时代的主要研究内容。研究基因组功能的根本目的是为了揭示疾病的发病机理，因此，疾病基因组的研究将是后基因时代的主旋律。迄今为止，根据 OMIM、LocusLink 的数据统计[1, 2]，人类疾病有 17 000 多种，其中相当部分的疾病都是基因疾病，或者在某种环境下与基因相关。发现疾病的致病基因是理解疾病致病原因、协助临床判断及预防诊治的基础，也是目前和未来许多年医学生物研究的重点和焦点之一。发现疾病基因并检测到致病突变，可以为疾病的早期诊断、确定病因、预计后果等提供重要帮助。例如，在一个家族的某些发病个体中发现了致病突变，那么对尚未表现出症状的家族成员就可以进行早期检测和诊断。对于也存在致病突变的个体进行早期预防和控制，

通过对生活方式进行控制以防止疾病的发生，或禁止某些高危遗传病人结婚生子等。显然，预先发现疾病相关基因具有很大的经济效益，同时对于推动生物医学产业的发展进程意义重大。

到目前为止，已有许多个孟德尔式遗传模式的致病基因被确认，如高胆固醇血症、囊性纤维性变病、亨廷顿病、脆性 X 综合征等单基因疾病，科学家明确阐述了这些疾病的具体发病机理，为提早预防和干预提供理论基础。然而在最近的几十年间，随着城市化和工业化速度逐渐加快，人们生活节奏过快且精神压力过大，致使慢性疾病的发展急剧上升。诸如癌症、心血管疾病等复杂疾病一般与多种遗传或外在环境因素，以及它们之间的互作效应有关。与单基因缺陷性遗传病的不同之处在于其发病机理不是通过一个基因的突变、单一的基因产物和通路，或单一层次上的某些变化行为能解释的。它们不完全符合甚至不符合孟德尔定律，而是一个复杂的生物学问题，是本世纪生物医学最大的挑战。基于此，我们需要综合考虑疾病发生的环境因素和遗传因素，并分析发病不同时期的基因表达，才能全面、系统、动态、正确地阐明发病机制，揭示疾病的本质，寻找到正确的诊断和防治方法。

1. 基因表达调控

基因表达（gene expression）是指细胞在生命过程中，把储存在 DNA 中的遗传信息经过转录和翻译，转变成具有生物活性的蛋白质分子的过程。生物体内的各种功能蛋白质和酶都是相应的结构基因编码的。生物体的遗传信息全部编写在 DNA 上（低等生物在 RNA 上）。在进行基因表达的时候，首先基因信息被转录到 mRNA 上，然后再翻译成蛋白质。这种转录和翻译是忠实的，从而保证了生物的遗传特性。但是基因表达的程序、时间和位置又是受不同层次的调控信息所控制，这种调控机制不仅决定了基因产物的数量，而且也决定了基因表达的时空秩序性。生物的正常生长、发育和分化都是基因受控表达的结果。一旦这种调控机制由于种种原因出现了差错，就会导致各种各样的病变。基因是遗传信息的携带者，而全部生物功能的执行者却是蛋白质，它有自身的活动规律，因而仅仅从基因的角度来研究是远远不够的，必须研究由基因转录和翻译出蛋白质的过程，亦即基因表达的过程，才能真正揭示生命的活动规律。

2. 基因表达数据的获取及表示

基因微阵列的迅速发展使得同时测定成千上万基因的表达量成为可能，为基因功能研究提供了一种强有力的工具，尤其对肿瘤诊断与病理学研究有非常重要的实际意义。通过对基因微阵列实验测定的基因表达数据进行分析，可以定量地识别肿瘤类型，为病情诊断提供了一种新的手段。在获取基因表达数据时，分别用绿色荧光素和红色荧光素来标记训练样本与测试样本的cDNA，在同样的实验条件下按照1∶1的比例进行混合，再与cDNA微阵列杂交，用不同波长的激光扫描这些杂交后的微阵列，获取荧光强度后映射成图像。如果图像显示为黄色则表明来自两个样本的基因表达水平是相同的；相反，如果图像显示为红色或者绿色，则表明基因表达水平是有差异的。从上述的实验过程中能够得到训练样本与测试样本之间荧光信号强度的比率，也反映了基因的相对表达水平。

通过上面的实验过程已得到了基因表达数据的图像，但要想获得基因表达数据，还需要对图像进行转换。由于通过图像转换的数据通常用矩阵形式表示，因此也被称作“基因表达矩阵”，通常情况下基因表达数据分析都是基于基因表达矩阵的。基因表达矩阵中代表基因的是行，列则代表各样本及条件，特定的基因在特定的样本中的表达水平由行列综合数据表示。如表5-1所示[3]。其中每一列代表一个组织样本，每一行代表一个基因在这些不同组织样本中表达量。表中每一列可以看作一个向量 X_i（x_{i1}，x_{i2}，…，x_{in}，y_i），其中 x_{ij} 是基因 j 在样本 X_i 中的表达量，$y_i \in \{1, 2, \cdots L\}$ 是样本所属的类别标签。基因表达分类的目标就是对一组样本 $X \in R^n$ 构造一个分类器，每个测试样本 X_i 作为分类器的一个输入，由分类器输出样本的类别标签。

表5-1　基因表达矩阵

基因	样本			
	X_1	X_2	…	X_n
M12759_at	–214	–139	…	–135
U46006_s_at	–58	–73	…	–186
…	…	…	…	…
D86976_at	191	76	…	790

3. 基因表达数据的特点

由于基因表达数据实验的特性及现有技术的限制，在分析过程中存在很多挑战性的问题，这与它本身所拥有的特点是分不开的。

1）小样本

由于获取基因表达数据的实验成本较高，因此在绝大多数情况下，相关基因表达数据的样本数比较少。大部分肿瘤基因表达数据的样本数只有几十或上百个。

2）分布不平衡

很多基因表达数据中都存在数据分布不均衡的问题。通常的数据挖掘方法在数据分布均衡的时候能够取得较好的结果，然而当数据分布不均衡时会遇到各种麻烦，甚至产生严重的错误。不均衡的数据分布对方法提出了苛刻的要求，否则很容易出现误分的情况，有可能导致严重的后果。

3）高维性

每一个物种的基因组，都是由编码蛋白质和非编码蛋白质的核苷酸序列所组成。在人类基因组中的基因数大约在 3 万～4 万。这么高的数据维数，不仅给实验分析带来了巨大困难，同时也影响了计算的高效性。

4）高噪声

在获取基因微阵列表达数据的过程中，提交的大量基因数据无法保证一定的精确性。实验仪器的不精确性，实验员操作的偏差性，样本制备过程中的污染也会给实验结果带来噪声。因此，在基因数据分析中，去除基因芯片数据中的噪声，最大程度地还原真实信号是不可缺少的一步。

十年前，研究人员开始预测人类基因的数目，这个数目在很长时间没有明显改变。几年前，最多的预测是 100 000；当人类基因组完成测序时，这个数目降至 30 000；现在又降至 20 000 左右。研究人员相信：充分考虑人类的基因组序列和其他生物的基因组序列，可以做出近似的估计。Affymetrix 的计算科学家 David Kulp 称：“很难对基因数目的诸多估算，做出正误的判别。”分子生物学家正在寻找比预期设想的基因更小的基因。在某种情况下，就一段编码的序列，很难确定是一个基因或是两个基因的重叠。学术界仍不能完全肯定地归类那些编码多种蛋白质的基因，或是仅编码 RNA 的类似基因的序列。

早在 20 世纪 30 年代，George Beadle 和 Tatum 认为每个基因仅仅编码一个蛋白质。几十年来这个说法仍旧沿袭，现在则认为这样的理论过于简单。一个基因可以编译成多种蛋白质，甚至可以转录成 RNA。人类基因组中编码蛋白质的区域，称为外显子，仅约占总体 DNA 的 2%。一些简单的基因仅含有一个外显子。有些基因没有功能，称为假基因（pseudogene），它是与已知基因在不同部位有密切相似性的基因，但由于结构上有加入或缺失，而阻止了正常的转录或翻译，以致使它们无功能。这样就会增加基因预测的数量，造成许多假阳性的结果。英国剑桥的 EBI（European Bioinformatics Institute）的基因预测专家 Ewan Birney 指出：“目前预测的人类 24 500 个基因中，有将近 3000 个基因可能为假基因”。华盛顿大学的计算科学家 Michael Brent 称：“如果在基因预测中准确地考虑到假基因的存在，那么预测的结果会更为精确。”

目前广泛应用的基因预测方法是“ab initio”方法，即通过探索 DNA 序列中特异的区域，如基因的起始区域和终止区域，来进行基因预测。另一种方法是比较基因组学的方法，即根据与已知的蛋白质或基因之间的相似性来发现新的基因。

ab initio 程序对于那些类似于基因的序列也给予归类，所以总的预测数量要高出实际值；而比较的方法不考虑无相似关系的基因，所以估计的基因数目偏低。大多数人所熟知的一个 ab initio 程序叫做 Gene Modeler，它是 1990 年新墨西哥州大学的 Chris Fields 和 Cari Soderlund 研发的。当时是被应用在线虫 *Caenorhabditis elegans* 的基因探寻过程中。那时出现的其他软件都稍逊于 Gene Modeler。例如，BLAST、FASTA 能将 DNA 序列翻译成蛋白质序列，并与已有的蛋白质数据进行比较。

这个领域进展迅速，涌现出许多具有专业软件编写技能的预测人员，包括采用 Gene Modeler 的方法创建 GeneID 来寻找人类基因的 Guigo。以及编写 GeneParser 软件的 Eric Snyder。GeneParser 采用了一个称为动力学程序的技术，将外显子与不编码蛋白质的内含子区分开来。Rockville 的 TIGR（The Institute for Genomic Research）的 Steven Salzberg 自 1994 年，利用 ab initio 的方法来改进寻找人类基因的程序。随后的几年里，他们又研发出几个新的程序。其中的一个是与更为详尽的背景信息相整合，进行基因预测。它可以更加清楚地预测外显子和内含子的大小。另一个程序是同时作用于两个完整的基因组，由计算机完成两者的比较。许多研究人员更倾向于后种方法，原因是相似的物种，更为倾向于拥有相似的基因序列。National Human Genome Research Institute 的遗传学家 Eric Green 说，他和他的同事已经从 13 个物种中进行了 DNA 比较，包括狗、牛、鸡以及河豚。2003 年 8 月 14 日的 *Nature* 上发表了他们对基因以及调控区域的比较结果。

GENSCAN 就是一个经典的基因预测软件。1996 年由 MIT 的 Chris Burge 开始编写这个软件程序。当时，Burge 的许多同事主张采用比较的方法，他们随机选取一个最新测序基因组中基因的 DNA 序列，与数据库中已存在的基因进行联配。但是 Chris Burge 认为："利用人类基因组所获知的信息，可能不能发现某些新的基因。"他还积极吸取了加州大学计算机科学家 David Haussler 的经验。很多年前，Haussler 就意识到基因预测的问题与语言学家们所遇到的问题相类似。语言学家总是试图寻找语言中的句法、语法以及其他某些特征。Haussler 和其他人都建议从语言学中借助一种叫做 Hidden Markov Model，HMM 隐马尔科夫模型的统计工具。在序列分析中，HMM 通常是多重序列对位排列的概率模型，但也可用于单一序列的周期性模式的模型，比如代表发现基因外显子的模式。在一个多重序列对位排列的模型中，用被称作状态的符号的概率分布代表排列中的每一列字母，插入和缺失用其他状态表示。然后在模型内沿特定的路径从一个状态进入另一个状态，试图匹配一条给定的序列。从每一状态选出下一个匹配符号，记录其概率（频率）和从前一状态进入特定状态的概率（过渡态概率）。状态与过渡态的概率相乘就得到给定序列的概率。一般来说，HMM 是一个对给定字符的统计模型，类似随机状态机器，从每一个状态过渡到另一个就产生一个字符。状态间的过渡态用过渡概率确定。HMM 已成为许多基因预测算法的标准。Burge 指出：目前存在一整套的能够区分部分基因的模式和规则。例如，几乎所有的基因在起始和终止区域存在特异的序列。外显子的末端通常也存在一个特征序列，可以指导相关的酶切除外显子下游的内含子。Burge已经利用这些规则分析了几百个已知外显子和内含子位置的基因序列。

GENSCAN是进行基因预测的首选工具。但是，即使最好的预测软件也存在不足之处。GENSCAN就过分估算了基因数目。它的预测结果是人类基因组中有45 000个基因，相当于现在普遍认可数目的两倍。Burge承认GENSCAN确实存在问题，但他认为太多的基因总比太少要好。对于过剩的预测，用户可以积极去除假阳性的结果。Burge称：GENSCAN可能不能预测基因的准确数目，但从人类和其他物种的基因数据分析中所得到的新序列，可以进一步完善GENSCAN。他还指出，如果能继续开展基因的探寻工作，他会更倾向于选用比较学的方法。

其他程序，如GeneSweep、Ensembl/Genewise，则是基于对数据进行组装来寻找基因。但是它们比早期的比较学方法更为成熟。Genewise是Birney和他的同事从已知的蛋白质序列着手进行基因分析的程序。这些蛋白质都来自已知氨基酸序列的蛋白质家族，具有保守的DNA序列。蛋白质或多或少的相类似。利用这些蛋白质家族组装起来所形成的优势，计算机就能比较来自同种或不同个体已知的蛋白质序列和新的蛋白质序列。随着更多的物种基因组被测序，比较整个基因组，而不是比较那些相对短小的序列，正逐渐变为现实。Affymetrix公司的Kulp称：现在整合这些比较的方法来预测基因，已经成为最具应用前景的研究路线，并且众多的应用程序都融合了多元策略进行基因预测（表5-2）。

表5-2 主流软件对人类基因数目预测

基因数目	
程序	预测结果
Ensembl/Genewise	24 500
Twinscan	25 600
GeneID	32 400
GENSCAN	45 000

4. 展望

基因芯片技术的日益成熟和完善，使得从基因表达水平层面来探讨肿瘤的发生和发展机制成为可能，为肿瘤诊断和个性化治疗提供了新思路。随着基因表达数据和相关知识的大量积累，基于计算机的数据分析方法已逐渐成为一种主流的方法。然而，在对基因表达数据进行分析后，为了进一步了解疾病在基因水平的发生发展机制以及对人体代谢进程的影响，需要对这些数据做进一步的深入分析。

选择何种方法、采取何种手段、按照怎样的流程进行分析，是科学家们有待于进一步研究的问题。

第二节　基因转录调控与疾病信息分析技术

生物体从 DNA 的转录到蛋白质的表达，需要经过若干步骤。对于真核生物来说，基因表达的调控是多级的，主要发生在 4 个相互独立的水平上：转录水平的调控、加工水平的调控、翻译水平的调控、翻译后水平的调控。其中第一步——转录水平的调控，是最重要的基因表达调控机制。因此分析和认识转录过程中转录因子（transcription factor）与结合位点间的相互作用，不仅对于理解转录调控机制和解释整个基因组行为具有重要的意义，对于人类疾病的产生和发展也具有重要的指示意义。

转录因子是指能够结合在某基因上游特异核苷酸序列上的蛋白质。其通过识别和结合基因启动子区的顺式作用元件（*cis*-acting element），来启动和调控基因表达。转录因子结合位点（transcription factor binding site，TFBS）是指与转录因子结合的 DNA 片段，长度通常在 5～20bp 范围内，每个转录因子的结合位点通常都有特定的模式，被称为模体（motif）。一个转录因子往往也同时调控若干个基因，它在不同基因上的结合位点具有一定的保守性，又不完全相同。较短的 DNA 片段在规模较大基因组中重复出现的次数很多，TFBS 又允许一定的可变性，这给识别 TFBS 的工作带来了困难。而近年来，随着大规模 DNA 测序成果的积累，生物芯片等高通量生物技术的发展，以及日益完善的生物信息学分析工具，对基因转录调控区的预测效率也明显提高。

1. 确定转录因子结合位点的实验技术

了解基因转录调控的关键是识别 DNA 与蛋白质的相互作用，ChIP 是全基因组范围内识别DNA与蛋白质体内相互作用的标准方法，最初用于组蛋白修饰研究，后来用于转录因子。而进一步发展起来的 ChIP 与芯片（Chip，microarray）相结合的 ChIP-chip 技术，以及 ChIP 与测序（sequencing）结合的 ChIP-Seq 技术是目前在全基因组水平分析 DNA 与蛋白质相互作用的两大主要技术。

1）ChIP

ChIP 技术由 Orlando 等[1]于 1997 年创立。其基本原理为将处于适当生长时期的活细胞用甲醛交联后将细胞裂解，通过超声波将其随机切断为 0.2～1.0kb 的染色质小片段，然后用特异性抗体免疫沉淀目标蛋白与 DNA 交联的复合物，对特定靶蛋白与 DNA 片段进行富集。采用低 pH 条件反交联，DNA 与蛋白质之间的 Schiff 键水解，释放 DNA 片段。通过对目标片段的纯化与检测，获得 DNA 与蛋白质相互作用的序列信息（图 5-1）。

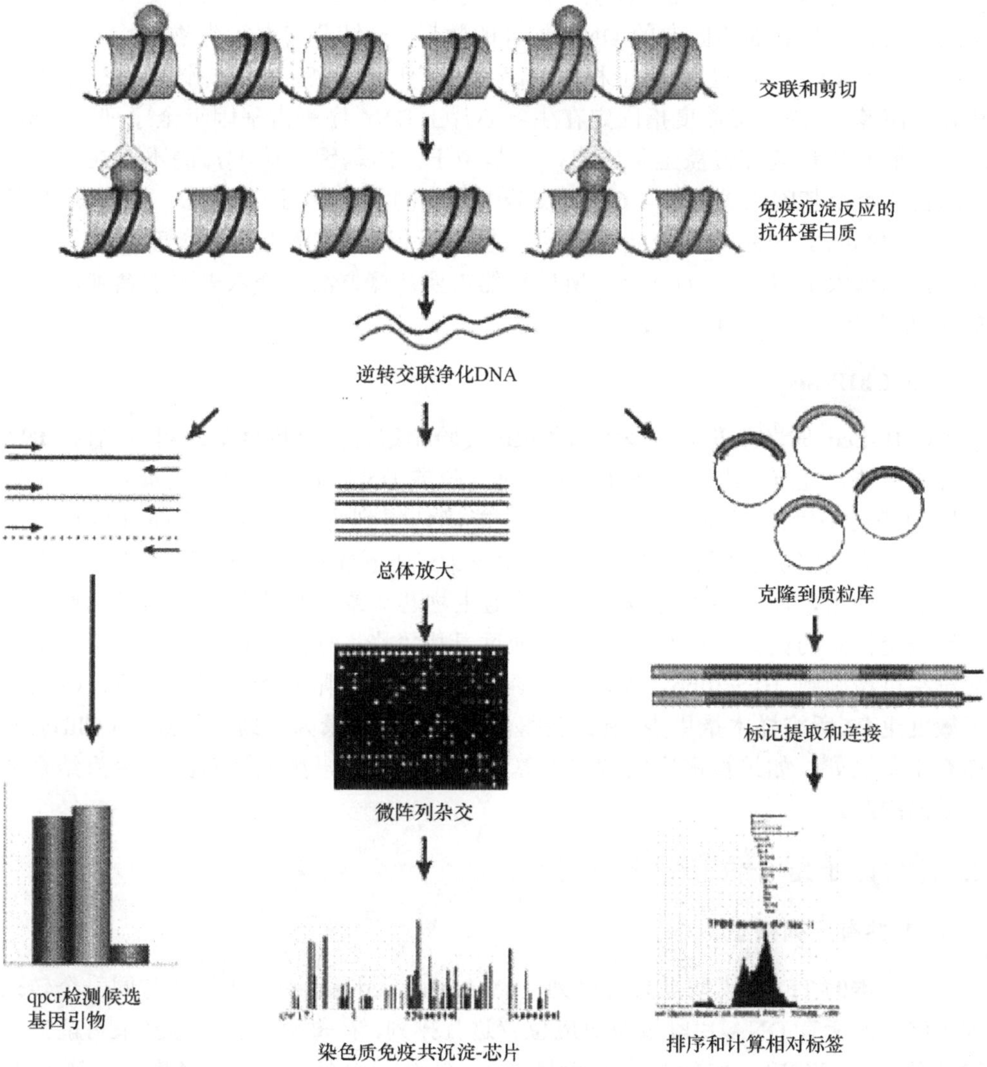

图 5-1　ChIP、ChIP-chip 和 ChIP-seq 工作流程[16]

2）ChIP-chip

过去 ChIP 实验的结果主要采用对 PCR（聚合酶链式反应）扩增产物进行电泳分析的方法，但这种方法只能观测特定的几个目标基因。而 ChIP-chip 技术的出现使得在全基因组上观测蛋白质与 DNA 结合成为可能。ChIP-chip 是将生物芯片平台与 ChIP 实验相结合的方法，它可以在全基因组或基因组较大区域上高通量分析

DNA 结合位点或组蛋白修饰位点（图 5-1）。ChIP-chip 获得的信息量主要取决于芯片表面固定的探针，探针的密度、分辨率与覆盖度是生物芯片的重要特征。探针密度指生物芯片表面所固定的 DNA 探针的数量；探针分辨率指生物芯片上两个相邻探针的 DNA 序列在基因组上相隔的距离，分辨率越高，相邻探针之间的基因组相隔距离越短；探针覆盖度指固定在生物芯片上 DNA 序列占基因组全序列的比例。最理想的芯片是能够覆盖全基因组，但是由于人的基因组巨大，尚不存在一个芯片覆盖人类全基因组的探针。ChIP 实验中得到的与转录因子结合的 DNA 序列长度约为 1000bp，因此 ChIP-chip 分辨率（实验所识别的 DNA 片段长度）在 1000bp 左右，远远大于 TFBS 的长度，所以仍然需要计算方法的介入来更加精细地标注 TFBS 的位置。

3）ChIP-Seq

ChIP-Seq 是将深度测序技术与 ChIP 实验相结合，分析全基因组范围内 DNA 结合蛋白结合位点、组蛋白修饰、核小体定位或 DNA 甲基化的高通量方法，可以应用到任何基因组序列已知的物种，并能确切得到每一个片段的序列信息（图 5-1）。与基于生物芯片的方法比较，ChIP-seq 有如下优点：①它可以应用于所有已测序的基因组，而不要求有设计好的普通生物芯片或叠片式芯片，同时也避免了探针杂交信息的偏倚性；②ChIP-seq 通过寻找“峰”来进行结合位点分析，结合分辨率可精确到 10～30bp，而芯片上探针由于长度所限，无法精确定位；③它的灵敏度更高，所需样本量更少，能够获得结合量较低转录因子结合位点。但 ChIP-seq 亦有不足之处，如果被测序的片段在基因组多次重复，则无法对其是否为结合位点做出推断。

2. 转录因子结合位点的表示方法

1）共有序列模型

最基本的 TFBS 模型是共有序列（consensus sequence），即将能与同一个转录因子结合的所有 DNA 片段按照对应位置进行排列，在每个位置上选择最可能出现的碱基组成 TFBS。比如某个转录因子有 5 个结合位点 TAACAT、TATAAT、CATAGT、TATACA、TATATT，那么它的共有序列就是 TATAAT。共有序列也可用 A、C、G、T 之外的字母来表示结合位点中各个位置上可能出现的碱基组合，这些字母称为 IUPAC 简并码（表 5-3）。这样的表示方法简明易懂，但不能够反映每个位置上不同碱基出现的概率。

2）位置频率矩阵与位置权重矩阵

TFBS 的另一个常用模型——位置频率模型，可以反映出每个位置上不同碱基

表 5-3　IUPAC 简并码

IUPAC 码	核苷酸	IUPAC 码	核苷酸
W	A 或 T	B	C，G 或 T
R	A 或 G	D	A，G 或 T
K	G 或 T	H	A，C 或 T
S	C 或 G	V	A，C 或 G
Y	C 或 T	N	A，C，G 或 T
M	A 或 C		

出现的概率。如果 TFBS 长度为 n，位置频率矩阵就是一个 4 行 n 列的矩阵，这个矩阵中每行对应着一种核苷酸，每列对应着 TFBS 中的一个位置，第 i 行第 j 列的元素是 TFBS 中第 j 位上出现核苷酸 i 的概率。对于长度为 n 的模体，碱基 i（i={A，C，G，T}）在模体第 j 个位置上出现的频率为 $q_{i,j}$（图 5-2）。某段序列与转录因子结合的概率越大，就说明它与转录因子相结合的结合能力越强。但这个模型有两个局限：一是该模型中 TFBS 的长度是固定不变的；二是该模型假定 TFBS 不同位置间相互独立，每个核苷酸对转录因子与 DNA 序列的结合能贡献是独立的，即所谓的可加性假设。

$$\boldsymbol{M}=\begin{Bmatrix} q_{\mathrm{A},1}\ q_{\mathrm{A},2}\cdots q_{\mathrm{A},n} \\ q_{\mathrm{C},1}\ q_{\mathrm{C},2}\cdots q_{\mathrm{C},n} \\ q_{\mathrm{G},1}\ q_{\mathrm{G},2}\cdots q_{\mathrm{G},n} \\ q_{\mathrm{T},1}\ q_{\mathrm{T},2}\cdots q_{\mathrm{T},n} \end{Bmatrix}$$

图 5-2　TFBS 每个位置上不同碱基出现的概率

考虑到 DNA 序列本身有可能存在碱基组成上的偏向性，通常把位置频率矩阵转换为位置权重矩阵（position weight matrix，PWM）。用 PWM 的打分来衡量结合位点与任意给定序列的匹配程度。在 PWM 中，我们引入碱基 i（i={A，C，G，T}）在背景序列中出现的频率（记为 b_i）来消除 DNA 序列本身碱基组成偏向性的影响。位置权重矩阵的每一项记为 $S_{i,j}$：$\boldsymbol{S}_{i,j}=\log(\frac{q_{i,j}}{b_i})$；则 M 被转换为的 PWM 的 $\boldsymbol{S}$ 为：

$$\boldsymbol{S}=\begin{Bmatrix} S_{\mathrm{A},1}\ S_{\mathrm{A},2}\cdots S_{\mathrm{A},n} \\ S_{\mathrm{C},1}\ S_{\mathrm{C},2}\cdots S_{\mathrm{C},n} \\ S_{\mathrm{G},1}\ S_{\mathrm{G},2}\cdots S_{\mathrm{G},n} \\ S_{\mathrm{T},1}\ S_{\mathrm{T},2}\cdots S_{\mathrm{T},n} \end{Bmatrix}$$

；对于长度为 n 的 DNA 序列片段，它对应的转录因子结合位点的打分为：$\boldsymbol{S}_{i,j}=\sum_{j=1}^{n} St_j,j$。其中，$t_j$ 表示相应序列第 j 个位置上出现的碱基。

给定阈值 T，如果序列片段由上式给出的打分 $S \geqslant T$，我们则认为它有可能是相应转录因子的结合位点。在实际应用中，对长度为 L 的区域，用一个长度为 n 的窗口在序列上滑动，每次步长为 1，遍历所有长度为 n 的片段。选出对数似然比打分高于阈值 T 的那些片段，则为可能的结合位点（图 5-3）。

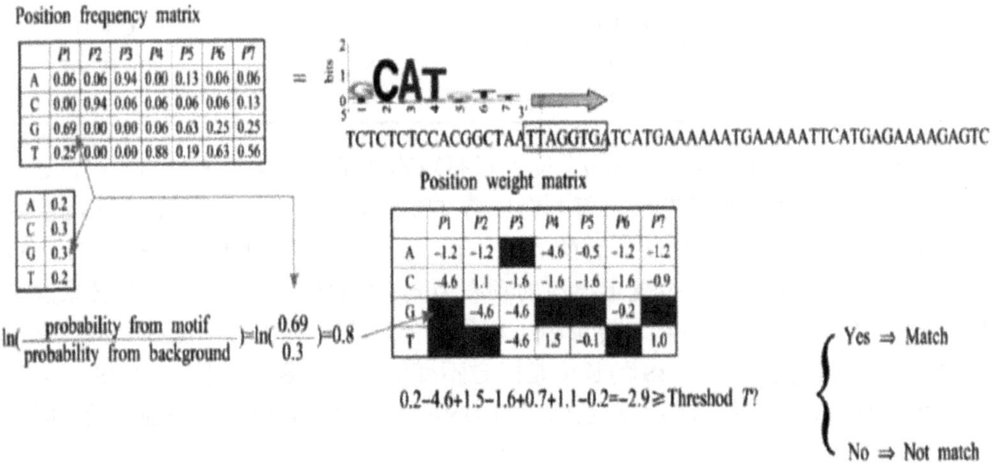

图 5-3　应用位置权重矩阵预测潜在的结合位点

为了增强模型的预测能力，研究者尝试放宽可加性假设，提出包含相关性的模型来描述 TFBS。Barash 等[17]提出用贝叶斯网络模型来描述 TFBS；Zhou 等[18]将 PWM 加以扩展，提出了广义位置权重矩阵（generalized position weight matrix，GPWM），该模型考虑了互不重合的任意两个位置间的相关性，他们发现大约 25% 的已知 TFBS 有比较强的位置相关性，而应用新模型 GPWM 后，大约有 80%的 TFBS 预测识别率会有所提高；Gunewardena 等[19]提出 MonoDi-Nucleotide 模型，该模型假设 TFBS 上的任意一个核苷酸，或者是独立于其他核苷酸单独贡献结合能，或者是与相邻的一个核苷酸相互作用共同贡献结合能，并采用动态规划算法进行优化，选出 TFBS 中有相互作用的相邻核苷酸对；Sharon 等[20]提出了“特征模块模型”（feature motif model，FMM）。相对于 PWM，这些模型在不同程度上允许了 TFBS 不同位置上核苷酸间的相关性，但也对相关性有一定的限制，如贝叶斯网络有“无环假设”；GPWM 仅考虑了任意两个位置上核苷酸间的相关性；而 MonoDi-Nucleotide 模型只考虑了相邻的两个位置上核苷酸间的相关性；虽然，从理论上说 FMM 可以描述任意的相关性，但在应用中仍受到样本量的限制，实际上作者也只考虑了可以由两个核苷酸决定的特征。事实上，在样本量有限的情况下，模型描述的相关性越复杂，它的表达能力就越强，但引入的参数也就越多，越容易造成过度拟合的现象，影响模型的稳健性和预测能力。上面提到的模型都在对 PWM 模型有所改进的情况下，在模型表达能力和稳健性之间作了不同程度的折中[2]。

3）序列标识图

转录因子结合位点的序列标识图是指依次绘出各个位置上出现的碱基，每个碱基字母的大小与碱基在该位置上出现的频率成正比（图 5-4）。每个位置上所有碱基的高度反映了该位置上碱基的一致性，直观地给出结合位点各个位置上碱基出现的倾向性和整个转录因子结合位点序列的一致性。

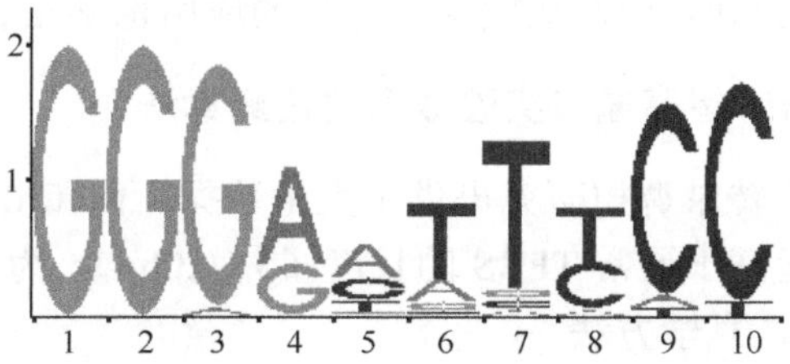

图 5-4 转录因子结合位点的序列标识图

3. 转录因子结合位点的识别方法

1）单个模体的识别

在获取靶向序列后，直接用计算方法搜索预测转录因子结合位点，搜索在这些基因中具有统计显著性的模体。其算法总体上可以分为基于共有序列和基于位置频率矩阵两类：前者是穷举所有可能的序列组合，得到具有统计显著性的转录因子结合位点，如 MobyDick 和 YMF 算法等；后者是利用期望最大化、Gibbs 采样方法或贪婪算法等得到转录因子结合位点对应的位置频率矩阵，这类方法包括 CONSENSUS，MEME 和 Gibbs Motif Sampler 等。MEME 基于 EM 算法，它的优点是具有较高的敏感度，但计算复杂度高，计算时间较长。Gibbs Motif Sampler 计算速度快，但需要多次重复实验得到稳定的结果。大部分软件在酵母数据上的效果明显高于其他物种，这与 TRANSFAC 中酵母数据的相对丰富是分不开的，也由于真核生物的转录过程更加复杂，例如，受染色质结构的影响，转录因子之间的相互作用等。

2）比较基因组学

近些年随着测序技术的发展，多个真核生物的基因组测序完成，人们通过比较基因组学预测 TFBS 变得越来越重要。它的基本假设是：TFBS 有调控功能，在进化中应该相对保守，进化速率要慢于周围没有功能的非编码序列，因此预测 TFBS 就是搜索同源基因在多个物种中序列上保守的模体。除了针对全基因组测序已完成的物种进行大规模的比较基因组学分析，研究者们还开发了很多算法。有些算法是在“单个模体的识别”算法的基础上开发的，它们将“共有序列”和“进化保守”两部分信息综合起来，例如，PhyloCon 是 Consensus 的改进，它不但考虑了同一物种里共调控的基因集合，还考虑了同源基因；PhyME 类似于 MEME，而它也考虑了多物种中的同源基因，并加入了多物种间的进化树结构信息。应用保守性时，物种间的进化距离不能太远，由于在漫长的进化过程中，DNA 序列可能发生大段的插入或删除，转录因子结合位点也可能不保守；然而，物种间的进化距离也不能太近，由于大部分序列没有发生过变异，就无法把转录因子结合位点序列与无功能序列分开。因此比较基因组学的应用也存在着一定的局限性[3]。

3）结合 ChIP-chip 等高通量实验数据的预测算法

ChIP-chip 实验给转录调控研究提供了大量数据。而 ChIP-chip 实验的分辨率在 1000bp 左右，远远高于通常 TFBS 的长度（5～20bp），为了准确地定位 TFBS，需要结合适当的生物信息学方法。

ChIP-chip 数据中，芯片上的每一个探针对应着一个信号强度值，这个值代表探针对应的序列与转录因子结合的能力。不同的算法对强度值与结合能力的关系作了不同的假设：MDscan 将与转录因子结合的探针按强度高低排序，分为“高可能”和“低可能”两组，在“高可能”组内寻找模体，再用“低可能”组对其进行矫正。DME 以低结合强度序列为背景，搜索在高结合强度的序列中显著富集的模体。由于应用了背景序列，DME 方法可以避免识别的模体中出现简单重复序列。MeDiChI 算法通过 ChIP-tiling 实验的探针强度来预测 TFBS 的位置：一个探针的信号强度是由结合在上面的包含 TFBS 的 DNA 片段的信号叠加而成，MeDiChI 利用这一原理对探针的强度进行建模，并结合回归模型来预测 TFBS 的位置。

4）顺式调控模块的识别

真核生物的基因表达大部分由多个转录因子结合位点所调控，而这些结合位点的特定组合就称为“顺式调控模块”（*cis*-regulatorymodule，CRM）。在顺式调控模块中，转录因子结合位点的个数、顺序和相对位置都存在规律，所以我们不仅需要考虑包含哪些模体，还需要考虑这些模体在结构上是如何组织排列的。为此，研究者开发了从启动子序列寻找调控模块的方法。

目前，识别顺式调控模块的方法分为两种：第一种从已知的模体集合出发，寻找那些模体组合出现频率明显高的组合。这类方法可进一步细分为寻找只包含两个模体的调控模块，以及寻找包含多个模体的调控模块。但是目前大部分结合位点的模体还未知，使得基于已知模体集合的方法受到了限制。另外一种方法直接从启动子序列寻找调控模块，如 CisModule、Gibbs Module Sampler 和 EMCModule。这几种方法都可以寻找包含多个模体的顺式调控模块。

4. 转录因子结合位点相关的数据库

随着生物实验所验证的转录因子结合位点的不断积累，目前出现了专门收集TFBS相关信息而各具特色的数据库，详见表5-4[4]。TRANSFAC[5]是真核生物转录调控信息的数据库，其中收集了大量与基因转录水平有关的数据，如转录因子及其DNA结合位点和相应的靶基因等信息，涵盖的物种有酵母、拟南芥、线虫、果蝇、大鼠、小鼠、人等。该数据库分为公开版本和专业版本两个部分，网址是http://www.gene-regulation.com。该数据库通过文献挖掘来收集数据，并有严格的质量控制。TRANSFAC数据库的公开版本中主要包括6个工作表文件：①位点工作表（site table）：主要包括每个（推定的）调控蛋白各自的结合位点信息。②因子工作表（factor table）：储存相关的转录因子数据信息。③基因工作表（gene table）：包括与转录调控相关的基因信息。④细胞工作表（cell table）：主要包括了与结合位点相互作用的蛋白的细胞相关信息。⑤分类工作表（class table）：主要存放了以不同的DNA结合结构域类型分类的转录因子的家族信息。⑥矩阵工作表（matrix table）：利用在Site工作表和Factor工作表中储存的转录因子位点信息，以及EMBL据库和NCBI提供的参考序列数据库中的基因组序列信息，对转录因子建立了相应的位点特异性权重矩阵，储存在此表中。TRANSFAC作为著名的关于转录因子的数据库，其数据规模十分庞大，收集的信息比较全面。但仍存在一些问题，比如数据冗余；对于不同研究组发现的同一转录因子可能存在不同的条目；不同物种的同一转录因子被分开存放，用户在使用时需要注意[23]。

JASPAR[25]收录了多细胞真核生物转录因子结合位点的信息，并以矩阵的形式保存，这些数据都经过严格筛选，有确切的实验依据，通过计算机软件和生物学手段统计得来的。JASPAR除了包括核心数据库之外，还包括其他一些子数据库：JASPAR FAM、JASPAR PHYLOFACTS、JASPAR POLII、JASPAR CNE、JASPAR SPLICE等。其中JASPAR FAM包含11种转录因子结构类型的模型；JASPAR PHYLOFACTS由174种系统发育中保守的基因上游调控元件组成；JASPAR POLII保存了13种与RNA聚合酶II核心启动子连接的DNA模型；JASPAR CNE收集了233个人类保守的非编码元件；JASPAR SPLICE包含有6种人类高度可靠的经典和非经典剪切位点的矩阵模式。JASPAR的网址为http://jaspar.cgb.ki.se。通过主页界面，用户可进行如下操作：①浏览转录因子结合的序列模式；②通过注解（annotation）和标识符（identifier）搜索序列模式；③将提交的序列模式与数据库中的序列模式进行比较；④利用选定的转录因子搜索特定的核苷酸序列。与商业数据库TRANSFAC相比，JASPAR具有很明显优势：①TFBS信息是非冗余的，即一个转录因子对应至多一个TFBS条目；②JASPAR是完全开放的资源，数据的获取不受限制；③功能强大且有相关的软件工具使用。但是相对于其他数据库，JASPAR 所包含的数据量比较小，用户可以根据需要选择相应的数据库。

表 5-4　转录因子相关数据库的主要属性

数据库	物种	数据含量	更新时间
TRANSFAC	真核生物	公开版：	
		6 133 个转录因子	2005 年
		7 915 个转录因子结合位点	
		2 397 个调控基因	
		专业版：	
		12 795 个转录因子	2009 年
		26 589 个转录因子结合位点	
		51 325 个调节基因	
JASPAR	真核生物	457 个转录因子结合模体	2009 年
TFDB	小鼠	1 585 个转录因子	2004 年
TRRD	真核生物	2 344 个调控因子	
		3 490 个调控区域（启动子，增强子，沉默子）	2005 年
		10 135 个转录因子结合位点	
TRED	人类、	1 765 个转录因子结合位点模体	
	小鼠、	（其中人 1 249 个，小鼠 366 个，大鼠 150 个）	
	大鼠	4 996 个调控基因	2007 年
		（其中人 3 409 个，小鼠 1 126 个，大鼠 461 个）	
		13 306 个启动子	
		（其中人 9 085 个，小鼠 3 089 个，大鼠 1 132 个）	
		859 个转录因子	
		14 964 个调控序列	
		5 756 个调控基因	
PAZAR	真核生物	681 个转录因子	
		1 134 个转录因子结合模体	2010 年
		650 个试验验证的转录因子结合位点	
MAPPER	真核生物	211 个启动子	
		100 个调控基因	2010 年
ABS	脊椎动物	465 个转录因子	
		3 853 个调控基因	2006 年
		658 342 502 个转录起始位点	
		1 170 个转录因子	
OregAnno	真核生物	25 516 个启动子	2008 年
		10 653 个转录因子与启动子作用信息	

续表

数据库	物种	数据含量	更新时间
DBTSS	真核生物	700 多个转录因子	2009 年
AGRIS	拟南芥	305 个启动子	
		737 个顺式作用元件	
		1 342 个转录因子结合位点	2010 年
		3 356 个转录因子	
DBD	真核生物	1 771 个启动子	2008 年
PlantPromDB	植物	1 584 个转录因子结位点	2002 年
Redfly	果蝇		2009 年
RegulonDB	大肠杆菌		2010 年

注：表中数据库除 TRANSFAC 专业版外，都为免费使用数据库。本表所列数据为截至 2010 年 6 月各数据库储存的数据量。

另外，还有一些收集特定物种转录因子以及 TFBS 信息的数据库：TFDB 是一个专业的关于小鼠转录因子的非冗余的数据库，包含了小鼠转录因子基因和与之相关联的基因数据；TRRD 是转录调控区数据库，收集基因转录调控区域注释信息资源；TRED 为转录调控元件数据库，是基于研究基因调控网络的需要而建立的数据库，收集有实验证据的哺乳动物顺式作用元件和反式作用因子；PAZAR 数据库是一个公开的有关转录因子和其调控序列的数据库。使用者可根据不同的需要选择合适的数据库。

5. 结语与展望

基因的表达是受着多级水平、精确的调控，而 mRNA 转录起始调控是基本控制点，也是最重要的一环。因此，确定转录因子与靶基因间的调控关系以及转录因子在靶基因上的结合位点不仅是转录调控机制的核心问题，对揭示基因表达调控体系、解释细胞行为和疾病的发病机理乃至揭示生命活动的规律等也具有重要的研究意义。

高通量实验技术的出现加速了人们对转录调控机制的理解过程，而从高通量数据中提取转录调控和 TFBS 相关信息是生物信息学面临的一个主要挑战。基因转录调控是一个非常复杂的网络体系，在 *in vitro* 和 *in vivo* 的实验可能有不同的结果，而生物细胞生理状态以及环境因素的不同也可能导致不同的实验结果。只有通过各种数据的融合和相互校正，才能挖掘出可靠的转录调控关系和 TFBS。但是尽管 TFBS 的生物信息学研究已经有十多年的研究历史，随着科技的进步与发展，它仍然面临着新的挑战与机遇。我们相信实验技术的进步以及对转录调控机制的深入理解必将为 TFBS 的生物信息学研究注入新的生命力。随着生物信息学与实验相互结合、相互促进，人们对转录调控的认识必将更加系统深入。

第三节　基因分子网络与疾病信息分析技术

一、引言

网络是一个十分普遍的概念。例如，我们身边的高速公路，它将不同城市连接为一个巨大的网络体系，而城市作为网络中的节点通过不同的公路与不同的城市连接在一起，部分邻近的城市之间通过直通公路连接，而其他城市则是通过途经其他城市而被连接起来。还有，我们现在所使用的互联网也是一个巨大的网络，网络终端服务器、独立个人计算机和其他独立计算机通过通信线路连接在一起，以网络中节点间的连接实现世界所有独立计算机间的通信与信息共享。除此之外，还有我们人群间的交际社交网络、疾病的遗传信息网络等。由此我们可以看出，网络是很多复杂系统存在的一种普遍形式。我们可以通过历史经验及相关知识网络，进一步分析不同复杂系统的内在发展规律。

“人类基因组计划”引发的生命科学革命带来了一个全新的“后基因组时代”。人类基因组计划的实施为寻找疾病靶基因和药物靶标带来了新的机遇，而新近发展的生物信息学技术已成为从庞大分子生物组学数据中挖掘靶标信息的一种重要手段。各种癌症、糖尿病、高血压等常见疾病对人类健康影响重大，这类疾病的发病机制与多种遗传或非遗传因素以及他们之间的互作效应有关，疾病的发病机理和人类复杂的生理调节总体上并不能通过一个基因的突变、单一的基因产物和通路，或单一层次上的某些变化行为来解释。

复杂疾病是危害人类健康的主要杀手。不同于单基因缺陷性遗传病，复杂疾病的发生发展与多个基因之间、基因与环境之间的相互作用有关，致病机理复杂，其早期诊断及治疗困难是21世纪生物医学研究的重大挑战之一。随着生物知识的不断积累和多层次“组学”数据的井喷式涌现，复杂疾病研究迎来了新的“组学革命”，研究模式从以往的只关注某个分子扩展到对分子之间相互形成的生物分子网络的系统分析。作为系统生物学核心概念，生物分子网络系统整合大量生物知识和高通量生物数据，是研究复杂疾病的强有力工具。

随着功能基因组学研究的深入发展，为系统地研究疾病相关基因及其互作网络提供了可能。单核苷酸多态SNP标记、基因芯片表达谱、高通量蛋白质生物学检测等技术是功能基因组学研究手段上非常重要的突破。这些技术一方面为功能基因组学的研究提供了新的机遇，一方面也对数据挖掘和知识发现技术提出了挑战，其中复杂疾病多靶基因识别、研究疾病基因之间的网络关系、构建目标驱使疾病相关基因网络、疾病亚型的划分及疾病的异质性分析等是功能基因组学研究中十分重要的科学问题。本章将着重介绍生物分子网络与疾病信息分析方面的相关技术。

二、生物分子网络概述

1. 生物分子网络的基本概念

生物分子网络研究是系统生物学研究的重要内容，并随之发展不断深入。1999年，以美国科学院院士 Leroy Hood 为代表的科学家提出了“系统生物学（systems biology）”，它研究一个生物系统中所有组成成分的构成，以及在特定条件下这些组分间的相互关系，包括分子—细胞—器官—组织—生物体各个层面。分子网络描述了生物分子间的相互作用关系，包括通路、模块、整体三个层次，通过整合分子信息，研究网络成分和功能相互作用，以图画或数学方法建立能描述生物系统结构和行为的模型，从而在分子层面揭示生物体的生长、发育、衰老和疾病等基本过程和规律。为了能清晰了解并深入分析这些网络，先来明确网络的基本概念。

1）网络的定义

通常可以用图 G=（V，E）表示网络（network），其中 V 是网络的节点集合，每个节点代表一个生物分子，或者一个环境刺激；E 是边的集合，每条边代表节点之前的相互关系。当 V 中的两个节点 v_1 与 v_2 之间存在一条属于 E 的边 e_1 时，称边 e_1 连接 v_1 与 v_2，或者称 v_1 连接于 v_2，也称作 v_2 是 v_1 的邻居。

2）网络的分类

（1）有向网络与无向网络

根据网络中的边 E 是否具有方向性或者连接一条边的两个节点是否存在顺序，网络可以分为有向网络和无向网络，边 E 存在方向性的为有向网络（directed network），否则为无向网络（undirected network），如图 5-5 所示。例如，在基因调控网络关系中转录因子与被调控基因之间是存在顺序关系的，因此是有向网络，而基因表达相关网络中的边代表的是两个基因在多个实验条件下表达的高相关性，因此是无向网络。

（2）加权网络与等权网络

事实上，网络中的边在网络中代表着不同的意义或存在不同的价值。例如，互联网中两个独立的、直接相连的计算机间通信速度是不同的，两个城市间道路的长度也不尽相同。

若网络中的每条边都被赋予相应的数值，这个网络就称之为加权网络（weighted network），所赋予的数值成为边的权重。根据网络和边本身所代表的意义，权重可以用来描述节点间的距离、相关度、稳定度、容量等各种信息。若网络中各边之间没有区别，可以认为各边的权重相等，成为等权网络或无权网络（unweighted network）。

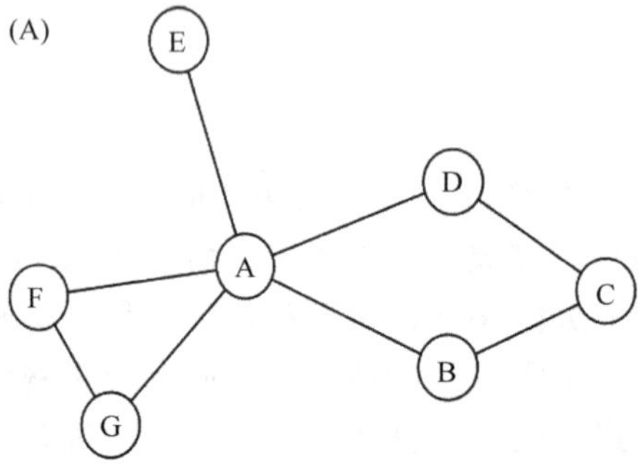

图 5-5 有向网络（A）和无向网络（B）

（3）二分网络

二分网络（bipartite network）是复杂网络中一种重要的网络表现形式。现实生活中的许多网络，都呈现出自然的二分结构，例如，听众和音乐组别、足球队和队员、科学家和论文、药物分子与其靶蛋白的结合关系等。二分网络由两种类型的节点构成，边只在不同类型的节点间存在。如图 5-6 所示。自然和社会中一系列的合作网络，都可以描述为合作主体和合作事务构成的二分网络。二分网络具有普遍性，已经成为复杂网络研究的重要对象。在已有关于二分网络的研究工作中，通常的做法是把二分网络投影到单顶点网络，然后进行网络分析。

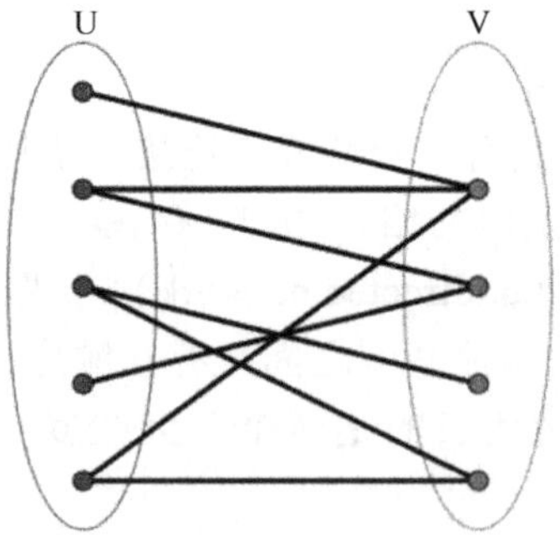

图 5-6 二分网络示意图（https：//en.wikipedia.org/wiki/Bipartite-graph）

3）网络中的路径与距离

网络中的路径是指一个节点连接到其相邻的节点。对包含节点数目有限的路径来说，第一个节点称为起点，最后一个节点称为终点。二者均可称为路径的端点，其余的节点则称为路径的内点或中继点。这样的路径也称为连接起点与终点的路径。如图 5-5（A）中，节点 G 到节点 C 的路径有 I_1=｛G，A，B，C｝，I_2=｛G，

A，D，C}，I_3= {G，F，A，B，C}，和 I_4= {G，F，A，D，C}。对于无向网络来说，只要将路径的顺序颠倒就可以得到从原来的终点指向起点的路径，但在有向网络中，起点与终点是不可逆的，如图 5-5（B）所示网络中节点由 A 出发到 C 间的路径 I= {A，D，C}，但 C 不能找到路径回到 A。

网络中若两个节点间能够由一条路径连接，则称这两个节点是连通的。所有能够彼此连通的节点和它们之间的边构成了一个连通分量。路径中所经过的边的权重之和称为路径的权重，也称为路径的长度。对于等权网络而言，路径的长度即为路径中所经过边的数目，例如，上述图 5-5（A）中从节点 G 到节点 C 的路径中，I_1 和 I_2 的长度为 3，I_3 和 I_4 的长度为 4。

在连接两个节点的所有路径中，长度最短的路径称为最短路径，也称为从起点到终点的距离，上述图 5-5（A）中从节点 G 到节点 C 的距离为 3。

2. 基因调控网络

基因表达（gene expression）是指细胞在生命过程中，把储存在 DNA 顺序中遗传信息经过转录和翻译，转变成具有生物活性的蛋白质分子。生物体内的各种功能蛋白质和酶都是同相应的结构基因编码的。

一个基因的表达受其他基因的影响，而这个基因又影响其他基因的表达，这种相互影响、相互制约的关系构成了复杂的基因表达调控网络。一般来说，几乎所有的细胞活动都被基因网络所控制。对系统科学的研究促使生物学家以系统的观点认识高度复杂的生命现象。生命是存储并加工信息的复杂系统，从而，孤立地研究单个基因及其表达往往不能确切地反映生命现象本身的内在规律。因此，科学家们开始从复杂系统的角度研究基因网络。

基因调控网络本质上是一个连续而复杂的动态系统，即复杂的动力系统网络。基因调控网络有许多特性，如复杂性（即基因网络包含着不同层次的错综复杂的物质、关系和功能结构，基因的复杂性还体现在基因的组合性质方面）、稳定性（基因网络系统能够通过自动调节达到稳定）、可进化性和有限连通性等。

基因调控网络的研究是后基因组信息学研究的主题之一，运用生物信息学的方法和技术通过数据采集、分析、建模、模拟和推断等手段研究复杂的网络关系，在基因组层次上揭示有关的作用机理也是当前生命科学的前沿。

1）基因调控检测

基因调控检测最重要的技术是染色质免疫共沉淀技术和在此基础上发展起来的 ChIP-chip 芯片等技术。

（1）染色质免疫共沉淀技术

染色质免疫共沉淀（chromatin immunoprecipitation，ChIP）是基于体内分析发

展起来的方法，是一种在体内研究 DNA 与蛋白质相互作用的方法，也称结合位点分析法，在过去十年已经成为表观遗传信息研究的主要方法。这项技术帮助研究者判断在细胞核中基因组的某一特定位置会出现何种组蛋白修饰。ChIP 不仅可以检测体内反式因子与 DNA 的动态作用，还可以用来研究组蛋白的各种共价修饰与基因表达的关系。近年来，这种技术得到不断的发展和完善。采用结合微阵列技术在染色体基因表达调控区域检查染色体活性，是深入分析癌症、心血管疾病以及中央神经系统紊乱等疾病的主要通路的一种非常有效的工具。

（2）ChIP-chip 芯片技术

染色质免疫共沉淀-芯片（chromatin immunoprecipitation-chip，ChIP-chip），它的基本原理是在生理状态下把细胞内的蛋白质和 DNA 交联在一起，超声波将其打碎为一定长度范围内的染色质小片段，然后通过所要研究的目的蛋白质特异性抗体沉淀此复合体，特异性地富集目的蛋白结合的 DNA 片段，通过对目的片段的纯化与检测，从而获得蛋白质与 DNA 相互作用的信息。

ChIP 与基因芯片相结合建立的 ChIP-chip 方法已广泛用于特定反式因子靶基因的高通量筛选；ChIP 与体内足迹法相结合，用于寻找反式因子的体内结合位点；RNA-ChIP 用于研究 RNA 在基因表达调控中的作用。它与 DNA 芯片和分子克隆技术相结合，可用于高通量的筛选已知蛋白质分析的未知 DNA 靶点和研究反式作用因子在整个基因组上的分布情况。染色质免疫共沉淀技术与芯片技术相结合更有助于科学家发明疾病的有效治疗方法。调控蛋白与基因组 DNA 结合能够控制 DNA 复制和基因表达，作为细胞调节网络中的开关，结合位点分析信息与基因表达数据相结合，将能有助于分析寻找生物标志物。转录因子通过与核酸直接的相互作用等方式在细胞内发挥着重要的转录调控作用。它们通常序列特异性地结合在基因转录起始位点上游的启动子区来调节该基因的转录。而 ASB 的启动子芯片技术则是用于检测单个转录因子在细胞中的某一时刻与 20 000 个基因启动子相互作用的情况。通过染色质免疫共沉淀（ChIP）技术和启动子芯片的有机结合，可以确定任何一个特定转录因子的靶基因群。

2）基因转录调控数据库

我们在这里集中整理了常用的基因转录调控信息的生物学数据库，主要包括 TRANSFAC、TRRD、RegulonDB 和 COMPEL 数据库。

（1）TRANSFAC 数据库

TRANSFAC 数据库是关于转录因子、它们在基因组上的结合位点的数据库，该数据库网址为：http：//www.gene-regulation.com/pub/databases.html。

（2）TRRD 数据库

TRRD 数据库是在不断积累的真核生物基因调控区结构-功能性信息基础上构

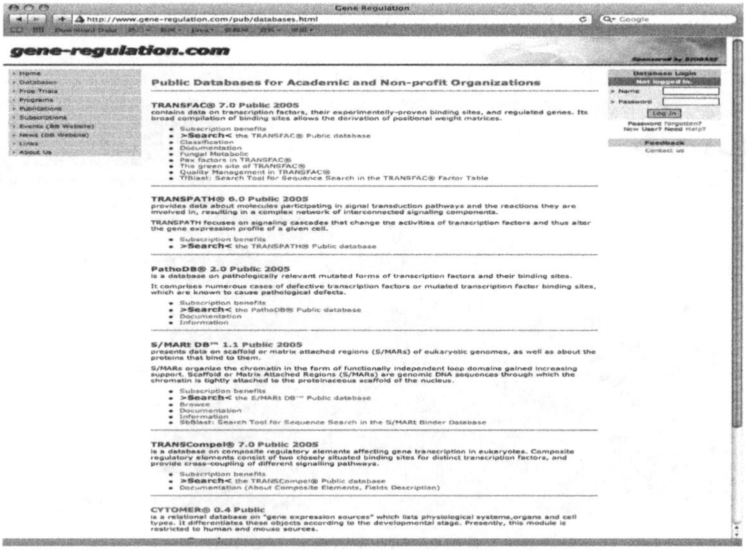

图 5-7　TRANSFAC 数据库主页

建的。每一个 TRRD 的条目里包含特定基因各种结构-功能特性：转录因子结合位点、启动子、增强子、沉默子以及基因表达调控模式等。该数据库网址为 http：//www.mgs.bionet.nsc.ru/mgs/gnw/trrd。

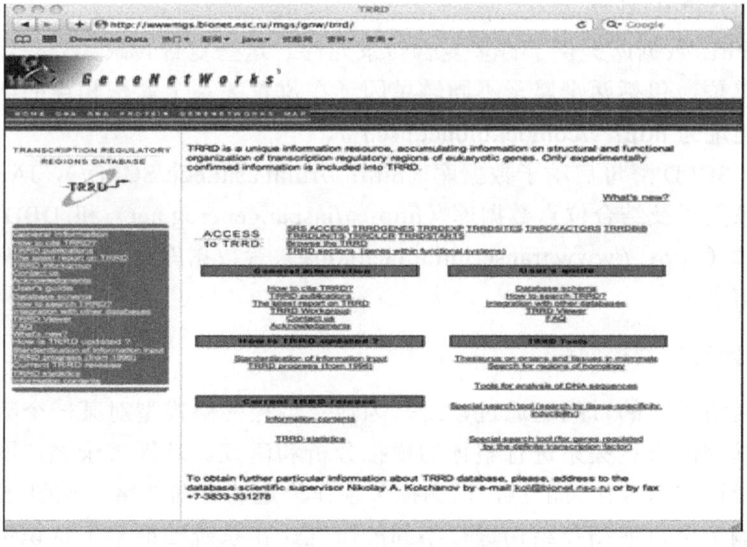

图 5-8　TRRD 数据库主页

（3）RegulonDB 数据库

RegulonDB 数据库是一个提供转录起始和调控信息网络的数据库。该数据库的网址为：http：//reguiondb.ccg.unam.mx/。

图 5-9　ReguIonDB 数据库主页

（4）COMPEL 数据库

COMPEL 数据库提供了许多复合转录元件。这些复合转录元件是组合转录调控的最小单位，包括两个属于不同转录因子在位置关系上紧密相连的结合位点。该数据库网址为 http：//compel.bionet.nsc.ru/。

此外，SCPD 酵母启动子数据库（http：//rulai.cshl.edu/SCPD/），JASPAR 人工收集的转录因子及结合位点数据库（http：//jaspar.genereg.net）和 DBD 转录因子预测数据库（http：//www.transcriptionfactor.org）等数据库也提供了丰富的有关转录调控的信息。

3）基因转录调控网络

基因网络研究的目的是通过建立基因转录调控网络模型对某一个物种或组织中的全部基因的表达关系进行整体的模拟分析和研究。基因转录调控网络是以转录因子和受调控基因作为节点，以调控关系作为边的有向网络，见图 5-10。利用其本身或调节位点或拓扑结构进行不同的研究。在系统的框架下认识生命现象，特别是信息流动的规律。在研究过程中，首先按照同步或反同步表达，以及表达强度的变化，系统地识别各基因的特点，再以聚类的方法将各基因归类，在此基础上重构基因表达调控网络，分析相关控制参数。

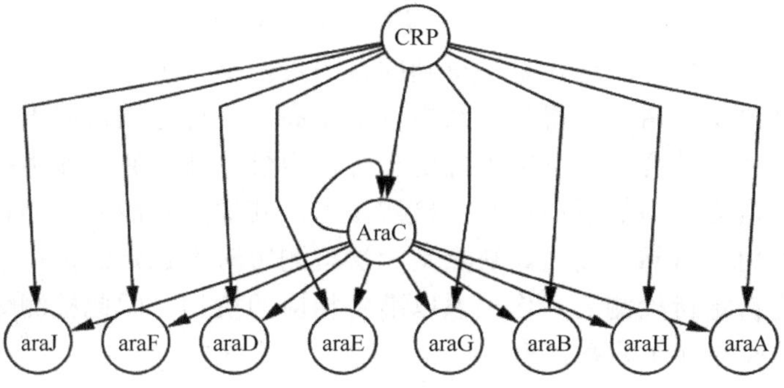

图 5-10　基因转录调控网络

3. 蛋白质互作网络

蛋白质是构成生命体的重要物质，也是行使生物功能的重要生物大分子。蛋白质功能的研究是后基金组时代的重要研究课题，而蛋白质功能是通过蛋白质之间的相互作用而表现出来的。蛋白质相互作用存在于机体每个细胞的生命活动过程中，并且相互交叉形成网络，在遗传物质的复制、基因的表达调控、细胞的代谢过程、细胞的信号转导、生物体的形态形成等方面发挥着重要的作用。蛋白质相互作用的研究不仅具有重要的理论意义，还可以为探明致病微生物的致病机制和开发新药提供指导，以及对了解疾病等特殊生理状态下生物信号和能量物质代谢的反应机制有着重要作用。因此蛋白质相互作用的研究成为蛋白质组学研究中的最主要内容之一。

蛋白质互作通常可以分为物理互作和遗传互作。物理互作是指蛋白质之间通过空间构象或化学键彼此发生的结合或化学反应，是蛋白质互作的主要研究对象。而遗传互作则是指在特殊环境下，蛋白质或其编码基因受到其他蛋白质或基因影响，常常表现为表型变化之间的相互关系。

1）蛋白质互作检测技术

早期的蛋白质互作检测工作主要基于免疫共沉淀技术。近些年来，一些高通量的检测技术应用于检测蛋白质间的相互作用关系。其中较为常用的技术有酵母双杂交技术和串联亲和纯化-质谱分析技术。

（1）免疫共沉淀技术

免疫共沉淀（co-immunoprecipitation，co-IP）是利用抗原和抗体的特异性结合以及细菌的 Protein A 或 G 特异性地结合到免疫球蛋白的 Fc 片段的现象开发出来的方法。其基本原理是，在细胞裂解液中加入感兴趣蛋白的抗体，孵育后再加入与抗体特异结合的结合于 Agarose 珠上的 Protein A 或 G，若细胞中有与兴趣蛋白结合的目的蛋白，就可以形成这样一种复合物：“兴趣蛋白-抗性蛋白抗体-Protein A

或 G-Agarose 珠”，经变性聚丙烯酰胺凝胶电泳，复合物又被分开。然后经免疫印迹或质谱检测目的蛋白。这种方法得到的目的蛋白是在细胞内与兴趣蛋白天然结合的，符合体内实际情况，得到的结果可信度高。这种方法常用于测定两种目标蛋白质是否在体内结合；也可用于确定一种特定蛋白质的新的作用搭档免疫共沉淀方法是目前最为可靠的蛋白质互作检测技术，其优点是能够检测自然状态下蛋白间的相互作用，可靠性较高。缺点是无法检测短时不稳定的蛋白质互作关系，同时需要预先选定待检测的互作关系以准备相应的抗体，因此检测效率较低，不能并行大规模检测互作关系。

（2）酵母双杂交技术

酵母双杂交技术（yeast two hybrid，Y2H）是研究活细胞体内的蛋白质与蛋白质之间相互作用的技术。该系统的建立是基于对真核生物调控转录起始过程的认识。细胞起始基因转录需要有反式转录激活因子的参与，而酵母的某些转录因子（如 GAL4 转录因子）包含两个相对独立的功能区域，即特异性 DNA 结合结构域（binding domain，BD）和转录激活结构域（activating domain，AD）。只有当这两个结构域在空间上接近时，才能表现出完整的转录因子活性。根据这一特性，首先将编码已知诱饵蛋白（bait）的基因与报告基因的 DNA 结合区域基因融合，再将待测 cDNA 文库基因（prey）与转录因子激活结构域基因融合，将两组融合基因通过载体转染酵母细胞，在酵母中表达出不同的融合蛋白。从而可以根据报告基因（被转录因子所激活的基因）是否表达，判断待检测的蛋白质之间是否存在互作关系。大量的研究文献表明，酵母双杂交技术既可以用来研究哺乳动物基因组编码的蛋白质之间的互作，也可以用来研究高等植物基因组编码的蛋白质之间的互作。并且酵母双杂交系统能在体内测定蛋白质的结合作用，具有高度敏感性。因此，它在许多研究领域中都有着广泛的应用。

（3）串联亲和纯化-质谱分析技术

串联亲和纯化-质谱分析技术包括串联亲和纯化（TAP）以及高通量质谱分析蛋白质复合物检测技术（high-throughput mass-spectrometric protein complex identification，HMS-PCI）。这种方法首先通过免疫共沉淀反应或串联亲和纯化反应获得含有目的蛋白质的蛋白质复合物，分离提纯后用质谱分析或者蛋白质测序来鉴定复合体的各个组分。串联亲和纯化技术是一种能够高通量检测蛋白间互作的技术，其检测可靠性高于酵母双杂交技术。与酵母双杂交技术检测蛋白质之间存在的物理互作不同，对于已知诱饵蛋白，这种技术将检测出与其同属于至少一个复合物的蛋白质。与免疫共沉淀类似，它适用于检测稳定互作，不适用于检测瞬时互作。

酵母双杂交技术和串联亲和纯化-质谱分析技术等高通量的蛋白质互作检测技术的广泛应用，使得大规模地分析相互作用的蛋白质成为可能。其主要的应用有：

①发现新的蛋白质和蛋白质的新功能；②在细胞体内研究抗原和抗体的相互作用；③筛选药物的作用位点以及药物对蛋白质之间相互作用的影响；④建立基因组蛋白连锁图，在蛋白质组尺度上进行研究等。

（4）蛋白质互作预测技术

近年来，随着生物信息学的发展，开发了一系列的蛋白质互作预测技术。这些技术的应用对指导实验检测、降低实验成本，以及弥补实验检测数据的不足起到了重要的作用。

基于同源性的预测技术是一类最普遍的蛋白质互作预测技术。生物学家认为彼此互作的一对蛋白更可能共同进化。基于这个观点，可以通过检查一对蛋白的系统发生距离来推断其间存在的互作关系。还可以利用进化的保守性，检测一对蛋白是否有同源序列参与已知的互作结构，由此对这对蛋白质的互作关系作出预测。此外，还可以通过与已知的蛋白质结构模式进行比对，预测分别包含互作结构域的一对蛋白质的互作关系。

基于多重数据源和机器学习算法的蛋白质互作预测技术不同于同源性预测技术。其基本原理是运用 Bayes 网络等机器学习技术整合多种数据源的信息，构建蛋白质互作网络。

（5）遗传互作检测技术

遗传互作的常见检测方法包括剂量增长补足（dosage growth defect）和联合致死（synthetic lethality）等。其中剂量增长补足是指如果一个基因突变或者被敲除时另一个基因的表达量明显增加。联合致死则是表示在基因敲除实验中，敲除任何一个都不会造成细胞死亡，而两个基因一同被敲除时细胞就会死亡。

2）蛋白质互作数据库

目前，已经有大量蛋白质互作数据库包括 BIND 数据库、DIP 数据库、MIPS 数据库和 BioGRID 数据库等。从这些数据库中，可以得到不同物种的蛋白质互作信息及其实验证据。

（1）BIND 数据库

BIND 数据库是生物分子对象网络数据库中最重要的组成部分之一。主要记录蛋白质互作等生物分子间的相互作用信息，并将其中的信息分为经过人工检查的可信信息和高通量数据信息。该数据库的网址为 http：//bind.ca/（图 5-11）。

（2）DIP 数据库

DIP 数据库是专门存储蛋白质相互作用信息的数据库。该数据库中也包含人工检查的可靠信息和由自动计算方法所获取的高通量数据。该数据库可以按照不同的物种选择下载不同格式的蛋白质互作信息。该数据库的网址为 http：//dip.doe-mbi.ucla.edu/（图 5-12）。

图 5-11　BIND 数据库主页

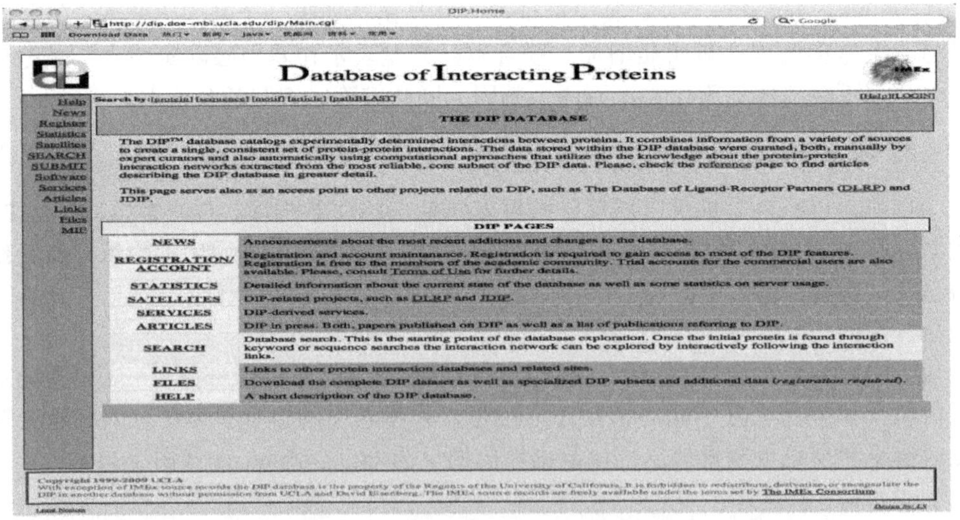

图 5-12　DIP 数据库主页

（3）MIPS 数据库

MIPS 数据库是一个跨物种的综合性数据库，包含多种数据库信息。其中的

YGD 数据库提供了比较完整的酵母蛋白质互作信息。而 MIPS 哺乳动物数据库 MPPI 则提供了经人工检查的哺乳动物蛋白质互作信息。该数据库的网址为 http：//www.helmholtz-muenchen.de/en/mips/（图 5-13）。

图 5-13　MIPS 数据库主页

（4）BioGrid 数据库

BioGrid 数据库是一个包含多物种蛋白质互作信息的数据库。数据库中包含来自多个物种的互作信息，其中既包括物理互作信息也包括遗传互作信息。该数据库网址为 http：//www.thebiogrid.org/（图 5-14）。

3）蛋白质互作网络

蛋白质互作网络就是以蛋白作为节点，相互作用关系作为边，将蛋白质组整体连接到一个系统网络当中（图 5-15）。一般情况下，蛋白质互作网络是无向网络。目前蛋白质互作网络是被研究最充分、规模最大的生物分子网络，常常包含数千甚至上万个节点以及更多的边。

4. 代谢网络和信号传导网络

代谢通路是指细胞中代谢物在酶的作用下转化为新的代谢物过程中所发生的

图 5-14　BioGrid 数据库主页

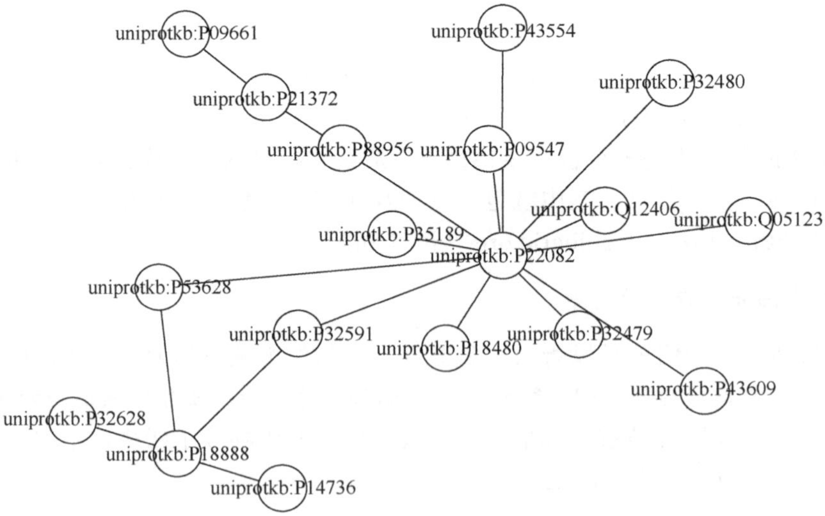

图 5-15　蛋白质互作网络

一系列生物化学反应。代谢网络是指由生物体内所有的代谢反应或途径，以及相关的调节过程所构成的复杂网络系统。通过代谢途径交叉点上的关键中间产物实现各代谢途径间的联系与转化。

代谢网络是决定细胞生理、生化特性的一整套代谢过程和物理过程。正因此，代谢网络包含与代谢物相关的一系列化学反应以及引起这些反应的用于调节的一系列相互作用。代谢网络理论把这些反应和相互作用看成是一个完备的整体，从网络的层面上进行分析和研究，而不是孤立地进行考虑。

生物中的信号传导是指细胞将一种类型的生物信号或刺激转换为其他生物信号最终激活细胞反应的过程。信号传导网络即是指参与信号传导通路的分子和酶以及其间所发生的生化反应所构成的网络。

目前代谢和信号传导通路信息被收集和整理到一些重要的通路数据库当中。

1）通路数据库

（1）KEGG 数据库。KEGG 数据库是关于基因、蛋白质、生化反应以及通路的综合生物信息数据库。该数据库的网址为 http：//www.genome.jp/kegg/。

（2）ERGO 数据库。ERGO 数据库是关于多个物种基因组的综合数据库。其中包含有关于代谢通路和非代谢通路的综合信息。该数据库的网址为 http：//ergo.intcgratcdgenomics.com/。

（3）BioCyc 数据库。BioCyc 数据库是为不同物种单独构建的代谢通路数据库的合集。该数据库的网址为 http：//www.biocyc.org/。

（4）GeneDB 数据库。GeneDB 数据库是关于多物种基因信息的综合数据库。该数据库的网址为 http：//www.genedb.org/。

2）代谢网络和信号传导网络

代谢网络和信号传导网络包括大量不同的通路，而每条通路也包含不同的生物分子之间的多种生理和化学反应，因此代谢网络具有不同于其他生物分子网络的复杂性。根据研究的目的常常需要构建不同层次的代谢网络。其中包括如下。

（1）完全网络能够最完整地保存代谢通路中各个反应，以及每个反应中的底物、产物和酶，如果同一个酶参与不同反应则在网络中应以不同的节点表示[图 5-16(A)]。

（2）多反应物网络包含参与生物通路的代谢物即底物、产物和酶的有向网络，其中每种代谢物只由一个节点表示，边由底物指向产物、酶与底物、产物之间的边则可以由双向边来表示，也可以作为边的属性［图 5-16（B)]。

（3）主要反应物网络在部分研究中，研究者不关心代谢反应中的酶和其他一些如提供能量与磷酸键的 ATP 等的共反应因子，由此就得到了只包含主要代谢底物指向主要产物的网络［图 5-16（C)]。

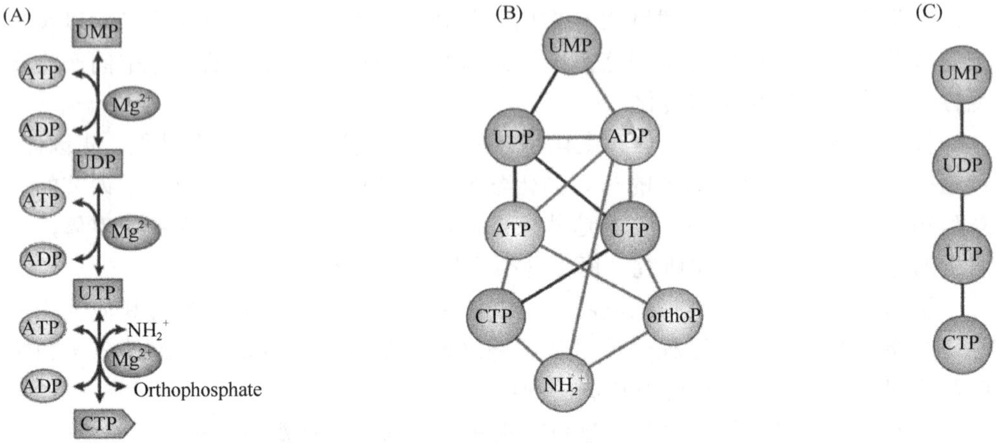

图 5-16　（A）完全网络，（B）多反应物网络，（C）主要反应物网络
（资料来源：Barabasi A. L.，Oltvai Z. N. Network biology：understanding the cell's functional organization. Nat Rev Genet，2004，5（2）：101-113）

3）细胞间通信网络

生物信号的传递不仅发生在细胞内部，同样也出现在不同细胞之间。细胞间通信是生物体调节细胞基本活性、协调细胞活动的信息传递机制。细胞间通信广泛存在于各种生物中，单细胞生物之间、多细胞生物同组织细胞之间和多细胞生物不同组织细胞之间都存在着各种形态的细胞间通信。通过正确的接收和应答细胞间传递的信息，细胞能够协作完成自身发育、组织修复、免疫保护并维护正常组织的体内平衡。而细胞间信息传递过程中的错误则可能引发多种疾病，如癌症、自身免疫性疾病和糖尿病等。理解细胞间通信过程对进一步研究生命获得原理以及疾病的治疗都具有重要意义。

与传统的孤立研究不同，系统生物学将细胞间的各种通信作为网络来进行研究。研究内容包括细胞间通信网络的基本结构及其在信息传递过程中的作用原理。细胞间存在多种通信方式，根据细胞间的距离可以分为直接接触（邻分泌通信）、近距离通信（旁分泌通信）和远距离通信（内分泌通信）。此外还包括仅针对同类型细胞的自分泌通信。环境中的信息通过一类被称为受体的蛋白接收并传递到细胞内，并与细胞内的信号传递网络相连接，从而促使细胞在必要时做出相应反应。

5. 小结

分子网络是后基因组时代系统生物学研究的重要内容，是研究和分析复杂生物分子系统的重要工具。其中最重要的是蛋白质互作网络、基因转录调控网络、代谢网络和信号传导网络。近年来，组学研究不断深入，高通量研究方法与技术不断提高，带动了生物分子网络研究的不断发展，分子网络成为生物学研究前沿内容之一、呈现较快的发展态势。快速发展的网络生物学提供了研究生物学和疾病病理学的新视角，为解决复杂生物医学问题提供了新的途径。但是，总体来说，当前生物分子网络研究理论仍处于不断发展过程之中，理论假设、实证转化之间尚存在较大发展空间，生物分子通路、模块信息整合以及分子网络建模过程研究需要大力加强。

复杂疾病是典型的复杂系统，它的复杂性本质使简单的单分子研究方法望而却步，而分子网络模型可以充分描述复杂系统的特征，是系统研究复杂疾病关联、机理、发展和诊断等相关问题的重要手段和有力工具。

第四节　表观遗传学与疾病信息分析技术及相关数据库

人类相关的疾病及表型都是由内在遗传因素、外界环境及不良生活习惯等因素、心理因素、社会因素共同作用的结果，其核心是内外等不同因素共同作用于遗传物质从而引起基因表达水平的差异，最终导致疾病及相关表型的出现。生命遗传信息的核心物质是DNA，而同一段DNA序列在不同环境和时期下（如DNA甲基化和组蛋白修饰等）的表达可以表现出很大的差异，这种非基因序列改变而导致的基因表达水平的变化则被称为表观遗传学（epigenetics）的变化。近些年来，大量研究表明表观遗传学的变化是引起基因表达变化的主要方式之一，它参与了疾病的发生发展，因此收集和挖掘表观遗传学与疾病和健康相关信息并在此基础上指导疾病的早期预警和干预，从而维持良好的健康状态，是目前健康管理和健康维护的重要内容之一。要做好这方面工作，首先需要清楚表观遗传学的概念、内容及相关分析、数据挖掘等技术，以指导人们更好地开展健康管理和维护工作。

表观遗传学是指在基因的DNA序列没有发生改变的情况下，基因功能发生可遗传的遗传信息变化，并最终导致可遗传的表型变化，而且这种改变在发育和细胞增殖过程中能稳定传递且具有可逆潜能[6]。同一个基因组在表观遗传的调控下可以产生很多种不同的基因表达，与这一表达谱对应的全部表观修饰称之为表观基因组（epigenome），即研究非DNA序列改变的化学修饰所导致的基因表达水平的变化。

一、基因序列分析的主流软件

在一定的精度范围内，利用生物信息学的方法和软件对目标基因的基本特征进行分析，能够让分子生物学家更为迅速和全面地发现基因的特征，了解基因在生命体中的真实结构和功能，从而为大规模地开展基因的后续分析奠定基石。

核苷酸序列中蕴涵着丰富的信息，对于编码基因序列的分析，主要是围绕如下内容进行：寻找开放读码框、预测基因功能、分析选择性剪切方式、分析基因多态性位点、分析基因表达调控区域、统计序列 GC 含量、追踪密码子使用偏向性、设计应用于目的基因的酶切位点和引物等，寻找基因的开放读码框：基因的开放读码框包含从 5’端翻译起始密码子（ATG）到终止密码子（TAA、TAG、TGA）之间的一段编码蛋白质的碱基序列。开放阅读框的预测程序主要是针对编码区的特征进行统计以及相关模式的识别或是利用同源比对的识别方法。现在较为主流的程序是 GetOrf、ORFFinder、Plotorf，就是专门识别 ORF 的有利工具。一些功能强大的软件如：GENSCAN、GRAIL = 2*ROMAN II、GENEMARK、GlimmerM 除进行 ORF 的分子外，还可对多种基因的结构特征进行分析。专业人员常用的软件还有：Genefinder、Genehunter、FGeneSH、FGeneSB、FGeneSV、Generation、BCM Gene Finder、Genebuilder 等。其中 GlimmerM 和 FGeneSB 更适于原核生物的基因预测。

外显子和内含子剪切位点的分析：在真核生物中基因的外显子和内含子长度不一，但剪切供体和受体的位点具有相当程度的保守性。所谓的供体（donor）位点是基因内含子 5’端 GU 的位置；受体（acceptor）位点是内含子 3’端 AG 的位置。对于 mRNA 或 cDNA 序列的分析是通过比对相关的基因组序列，来进行结构分析。例如，Spidey（NCBI 开发的工具软件）、Sim4、BLAST 等程序。NetGene2 和 Splice View 可以提供编码区核苷酸序列剪切位点的直接预测。

分析基因的选择性剪切：基因的选择性剪切机制（alternative splicing）是真核基因转录成前体 mRNA 后，还要进一步改装成成熟的 mRNA。许多基因并不是一次全部切除其内含子，而是在不同的细胞或不同的发育阶段，选择性地剪切其内含子，从而生成不同的 mRNA。随着数据库中数据信息的指数增加，目前运用生物信息学的工具对基因产物的选择性剪切，也能开展较为详尽的分析。众多的选择性剪切机制数据库，可利用 http：//scholar.google.com/进行在线搜索。较为流行的如：ProSplicer 就是基于蛋白质、mRNA、EST 序列的选择性剪切数据库。

分析基因的表达调控区域：基因组中全部基因的表达，都遵循严密而精确的调控机制。基因的调控区域序列相关特征的深入分析，为全面了解基因的功能提供丰富的数据基础。=1* GB2 ①脊椎动物的 5’端的启动子周围是 CpG 岛，它是寻找基因的重要线索。EMBL 提供的 CpG 岛的计算工具是：CpGPlot/CpGReport/Isochore。CpG Island 和 CpG promoter 也是较为常用的工具。=2*GB2 ②对基因的核心启动子、转录因子结合位点、转录起始位点的识别：可充分利用 TRRD、TransFac、MIRAGE、EPD 等在线基因调控区域的数据库；Softberry 软件集团 http：//www.softberry.com/推出的：BPROM、TSSP、TSSG、TSSW 等软件也值得使用。=3*GB2 ③预测转录终止的信息：使用的工具是 Hcpolya。=4*GB2 ④分析密码子的使用偏性：有 DOS 运行界面的 CodenW、SYCO、CHIP、Codon usage。=5*GB2

⑤分析限制性核酸内切酶位点：WEB Cutter、CUTTER、TACG interface、Watcut、NEB cutter、Digest 等。

核苷酸序列综合分析软件：用户通常需要对目的基因进行多重分析，所以将序列拼接、基因序列的组分分析、编码区域预测、序列比对、引物设计、酶切位点预测等多项独立的分析加以整合的综合分析软件应运而生。目前有 GeneBuilder、DNA Tool、SEQ tools、DNAssist、GeneTool、DNAman、DNA Strider、p DRAW32、gene-explorer 等。GeneBuiler 就是多模块单独执行功能的基因结构预测系统（Gene Structure Prediction System）。

新数据的获得驱动着软件的研发。目前现有的海量数据库，它们的质量和特征差异悬殊，仍需进行继续完善。London-based online 的出版商 BioMed Central 的数据编辑 Matthew Day 称："目前还没有较为理想的公共数据库集合群，服务于所有不同研究领域生物学工作者。所有的数据都应具备友好的用户界面，并与期刊数据库相链接。界时每个生物学者都可以畅快淋漓地享受汪洋数据的航行。

在基因组时代，那些小的实验室很容易感到技术和能力的不足。相比之下，规模较大的生物技术公司，现在仅在一个下午完成的工作，对于中型的实验室可能要耗费数月之久。但是生物信息软件技术将专业的数据分析知识和技术，全部压缩到密集的程序之中。事实证明，这些软件的应用前景将更加广泛，操作界面也日趋简化，运行的结果更易于注释。崭新的在线服务和软件产品，让枯燥无味的数据分析变得妙趣横生。

二、常见表观遗传学修饰方式

1. DNA 甲基化

DNA 甲基化因与人类发育及疾病关系的密切性，并且成为阐明正常和病理基因表达现象的重要机制，现已成为表观遗传学和表观基因组学研究的重要内容。DNA 甲基化是指胞嘧啶 C 的甲基化，其参与调控基因表达和细胞分化的过程，在哺乳动物的发育中有重要的作用，同时与众多疾病的发生与发展密切相关。有研究表明人类基因组中 70%～80%的 CpG 的双核苷酸处于甲基化状态中[7]而非甲基化，CpG 则是不均匀分布成为聚集的区域，即 CpG 岛[8]。甲基化一般发生在 CpG 岛序列的胞嘧啶碱基，在基因的正确表达中也有涉及。部分 CpG 岛的异常甲基化常与癌症等疾病的发生相关[9]。对甲基化相关数据库的了解以及甲基化分析技术的原理、适用范围和优缺点有利于研究者根据自身不同需求和设备条件来选择有效方法达到最终目的。

2003 年人类表观基因组协会（Human Epigenome Consortium，HEC）正式宣布开始投资和实施人类表观基因组计划（Human Epigenome Project，HEP），目的

是确认、分类和解释人类主要组织中所有基因在基因组水平的 DNA 甲基化模式。HEP 的提出和实施，标志着与人类发育和肿瘤疾病密切相关的表观遗传学和表观基因组研究又跨上了一个新的台阶。

2. 组蛋白修饰

组蛋白包括 H1、H2A、H2B、H3 和 H4 五种，H2A、H2B、H3 和 H4 各两分子组成一个八聚体，DNA 缠绕在此八聚体上形成核小体，组蛋白 H1 把每个核小体连接到一起。组蛋白 C 端结构域与 DNA 的缠绕有关，而 N 端可同其他调节蛋白和 DNA 作用，N 端尾部的 15～38 个氨基酸残基是翻译后修饰的主要位点，调节 DNA 的生物学功能[10]。组蛋白翻译后修饰包括甲基化与去甲基化、乙酰化与去乙酰化、磷酸化与去磷酸化、泛素化与去泛素化等。

3. RNA 干扰

转录完成之后，mRNA 将用于蛋白质合成，非编码 RNA 在这个过程中起到非常重要的调控作用，最常见的方式是通过 RNA 干扰。非编码 RNA 分为看家非编码 RNA（housekeeping non-coding RNA）和调控非编码 RNA（Regulatory non-coding RNA），其中具有调控作用的非编码 RNA 按其大小主要分为两类：短链非编码 RNA（包括 siRNA、miRNA、piRNA）和长链非编码 RNA（long non-coding RNA，lncRNA），其中短链非编码 RNA 可以激活细胞内 Dicer 酶，促进 RNA 沉默复合体的形成，从而介导 mRNA 的降解，调控基因表达。

4. 其他方式

其他表观遗传学活动都是以 DNA 甲基化、组蛋白修饰为基础进行的，这些方式包括：染色质重塑、基因印记、X 染色体失活等。

三、表观遗传学与疾病相关证据

随着表观遗传学研究的深入发展，目前关于表观遗传修饰与疾病发生发展之间关系的方面产生了大量的证据，目前研究最为透彻的是 DNA 甲基化与众多疾病的关系，其中，甲基化与癌症的发生更为密切。*P15INK4B* 基因甲基化可作为判断 MDS（骨髓增生异常综合征）患者疾病进展及预后的指标。研究显示，*p15* 基因甲基化是一种使肿瘤细胞从骨髓微环境的抑制信号中逃脱的机制，*p15* 基因甲基化赋予肿瘤干细胞的前体细胞以生长优势，促进这些细胞基因的二次突变发生致增殖失控并发病[11]。在与癌症相关的实验中，有人用高通量的基因芯片研究 DNA 甲基化发现，癌细胞与人类正常的原代细胞不同，在不富含基因的 DNA 片段中发现了大量的低甲基化区域[12]。肿瘤细胞 DNA 总体甲基化水平低于正常细胞，但某些特定基因（如肿瘤抑制基因）CpG 岛却处于高甲基化状态[13~15]。研究表明，DAPK 基因 CpG 岛异常甲基化导致的 DAPK 基因低表达或表达缺失可能是参与细胞癌变的重要机制之一[16]。DAPK 基因甲基化已在多种肿瘤组织中被发现，如，在喉癌的甲基化率是 67.2%[17]，在肝癌组织甲基化率为 76.9%[18]，在胃癌甲基化率是 81.6%[19]，在抑癌基因中基因甲基化则表现为低表达。例如，*p53* 基因是一个重要的抑癌基因，可以促使损伤细胞发生凋亡，研究表明，50%的癌症中存在 *p53* 基因的突变失活[20]。目前对于癌症的研究主要是加速对其分子机制的阐明并开发癌症诊断、治疗和预测的有效方法。表观遗传学修饰模型的改变，尤其是 DNA 甲基化，在调节癌基因激活、肿瘤抑制基因的沉默和染色体不稳定性中起到至关重要的作用。此外，印记基因也主要以甲基化的形式进行修饰调控，目前已发现上百种印记基因，这些基因大多以成簇方式在染色体上分布，每个印记基因簇都含有进行印记基因调控的印记中心。印记基因异常通常会引发各种恶性复杂疾病，研究甲基化印记的消失与重建将有助于解开印记基因与疾病之间的关系。

四、常见表观遗传学分析方法（甲基化分析方法）

随着科学技术的发展，甲基化分析方法多种多样，根据甲基化性质将其分成两大类：DNA 甲基化特异性分析和 DNA 甲基化非特异性分析。

1. DNA 甲基化特异性分析

属于早期的 DNA 甲基化分析技术，其主要特征是只能分析基因组水平的 $5^{m}C$（5-甲基胞嘧啶）比例，主要有高效液相色谱、高效毛细管电泳、薄层层析、M.Sss1 甲基转移酶分析、去水乙缩氯醛反应、$5^{m}C$ 免疫学抗体技术等[21, 22]。高效液相色谱法检测组织中 DNA 甲基化程度具有专一性强、操作简便等优点[23]。高效液相色谱法能够定量测定基因组整体甲基化水平，其过程是：经盐酸或氢氟酸水解 DNA 成碱基，并将水解产物通过色谱柱，将结果与标准品比较，紫外光测定吸收峰值，计算 $5^{m}C$/（$5^{m}C$+5C）的积分面积得出基因组整体的甲基化水平。

2. DNA 甲基化非特异性分析

此方法是一类可分析特定基因或序列位点甲基化状态的分析技术，根据其作用原理，可将其分为依赖于重亚硫酸盐修饰的检测技术和不依赖于重亚硫酸盐修饰的检测技术。

1）依赖于重亚硫酸盐修饰的检测技术

重亚硫酸盐修饰测序技术可以明确甲基化的位置以及甲基化程度，是公认的

DNA 样本甲基化检测的“金标准”。过程是利用重亚硫酸盐对胞嘧啶和 $5^{m}C$ 修饰的差异而达到鉴别二者的一类技术，重亚硫酸钠修饰后胞嘧啶被转变成尿嘧啶，而 $5^{m}C$ 则在修饰前后保持不变。因此，利用 DNA 测序技术或 PCR 技术等可达到对 $5^{m}C$ 的特异性分析。有研究者利用重亚硫酸盐修饰的检测技术，检测 *p16* 基因甲基化状况，检测出目的片段中 CpG 岛所有 CpG 位点的甲基化[24]。

2）不依赖于重亚硫酸盐修饰的检测技术

此技术主要基于限制性内切酶技术，它是碱基未经任何修饰的情况下对基因组或已知基因进行甲基化分析的最常用方法之一。其包括甲基化敏感限制性核酸内切酶和甲基化不敏感限制性核酸内切酶两种。而随后的限制性内切酶技术与 PCR 技术以及 Southern 杂交法的结合则大大提高了该方法检测 DNA 甲基化的灵敏度。对脑胶质瘤中 *hMLM1* 基因启动子区的甲基化状态的研究，证实限制性内切酶-PCR 法在检验基因启动子区甲基化状态中是简单、灵敏的甲基化检测方法[25]。

五、表观遗传学数据分析及相关数据库（甲基化数据库）

通过各种分析技术得到具体的表观遗传学修饰位点后，需要经过进一步的数据挖掘确定这些位点与疾病之间的关系。通常情况下，对已知功能的基因的表观遗传学修饰可直接推测其位点与疾病发生关系，未知功能的基因可通过对比正常人与疾病患者表观遗传学修饰位点差异即可得到与疾病相关的候选位点，通过功能实验重复验证即可确定疾病相关位点。对于得到的大量数据，可以通过构建数据库实现数据的整合和归类，从而达到数据资源的有效利用与共享交流。

数据库的构建是生物信息学研究的重要内容，目前发表的较大规模的 DNA 甲基化相关数据库有 4 个，如表 5-5：MethDB、MethyCancer、PubMeth 和 MDBethcancer。其中，MethDB 是最早整合文献中 DNA 甲基化数据的数据库，其余 3 个都采用了文献挖掘的方法，收集了文献中已报道的与特定癌症相关的一些 DNA 甲基化模式。MethDB 和 MethyCancer 还提供了 DNA 甲基化的可视化工具。通过对现有的分散的 DNA 甲基化数据的整理分析，这些数据库提供了内容独特、记录相对完整、格式比较统一的数据资源，为后期的深入挖掘提供了极大便利[26]。

本文主要以 MethyCancer 数据库为例，介绍 DNA 甲基化的数据库的使用。MethyCancer（http://methycancer.psych.ac.cn/Index.do）数据库被开发用于研究 DNA 甲基化、基因的表达和癌症之间的关系。此数据库的内容包括 DNA 甲基化、癌症相关基因、突变与来自公共资源的癌症信息的高度整合的数据库，和从大规模测序中衍生出来的 CpG 岛。不同数据之间的相互联系被进行了分析和讨论，搜索工具和可视化工具通过访问所有的数据和数据连接去帮助使用者去获取感兴趣的

DNA 甲基化模式，此数据库可在线查阅也可下载（图 5-17）。

表 5-5　DNA 甲基化相关数据库

数据库	数据情况	提供的服务	链接
MethDB	50 个物种，241 个组织，共 20 236 条甲基化数据	在线查询、可视化工具	http：//www.methdb.de/
MethyCancer	含 64 681 个 Methyloci，与癌症相关的 7100 个基因和 57 790 个 SNP	在线查询、下载、可视化工具	http：//methycancer.genomics.org.cn/
PubMeth	来自 1000 篇文献，包括 5000 条记录	在线查询	http：//www.pubmeth.org/
MDBethCancer	4720 个记录，2199 个基因	在线查询、下载	http：//www.methcancerdb.net/ methcancerdb/home.seam

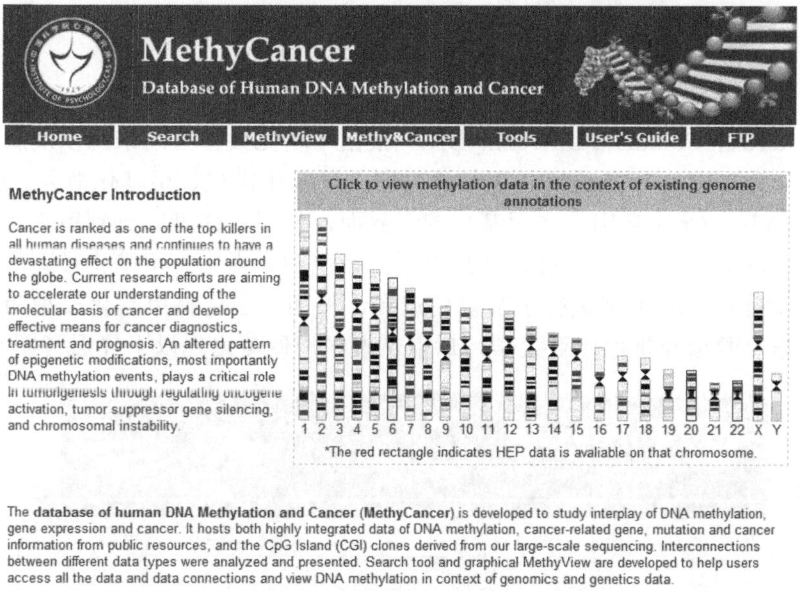

图 5-17　MethyCancer 数据库的主页面

MethyCancer 数据库的搜索引擎由甲基化搜索、基因搜索、癌症搜索、克隆搜索、重复搜索、甲基与癌症搜索组成以及 CpG 岛的分析，这些搜索工具可以帮助使用者更准确地了解到 DNA 甲基化与基因表达和癌症之间的相关性。

（1）甲基化搜索页面提供了不同的搜索选项（图 5-18），包括甲基化类型、数据来源、实验方法、样本信息，以及在人类染色体上的位置。搜索完成后，使用者便可以获得一份详细的甲基化报道，其中包括甲基化类型、甲基化状态、样本信息、相关基因和重复性，还可以获得至其他公共资源的链接。

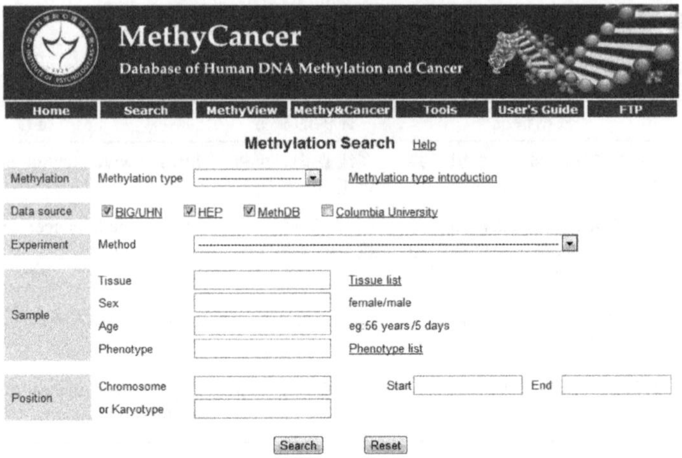

图 5-18　甲基化搜索页面

从页面中选项看出，所有甲基化的数据来自五种不同的资源，包括 HEP、MethDB、UHN、Columbia UniversityBIG，根据甲基化数据不同来源以及属性将甲基化类型分为 7 种：甲基化区、甲基化内容、甲基化模式、甲基化概要、CpG 岛Ⅰ、CpG 岛Ⅱ、CpG 岛Ⅲ。在甲基化搜索界面，使用者便可以看到甲基化类型的选择框中有以上 7 种可供选择，选择框后面蓝色部分提示有甲基化类型的介绍，点击进入就可对不同类型进行了解以便选择。例如，当选择甲基化类型为甲基化区域，数据来源选择哥伦比亚大学，后点击搜索，便可出现以下界面（图 5-19）。

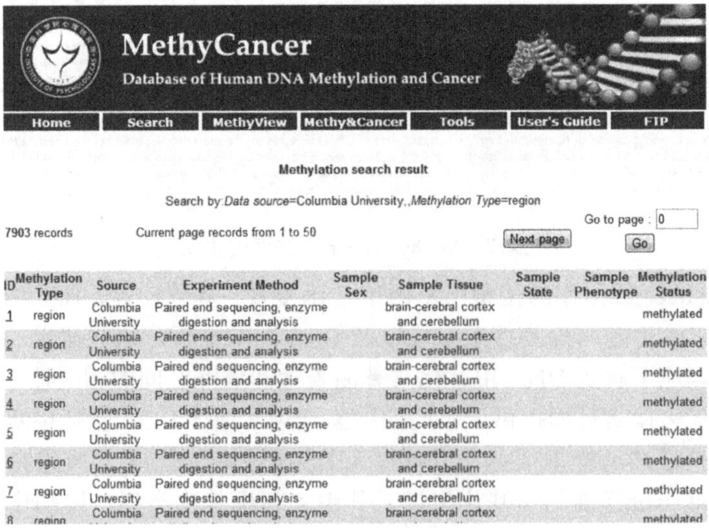

图 5-19　示例图 1

列举的 1 到 50 页都是通过相同搜索得到的相关的甲基化条目，点击一项进入，可以得到该项更详细的资料（图 5-20 和图 5-21）。

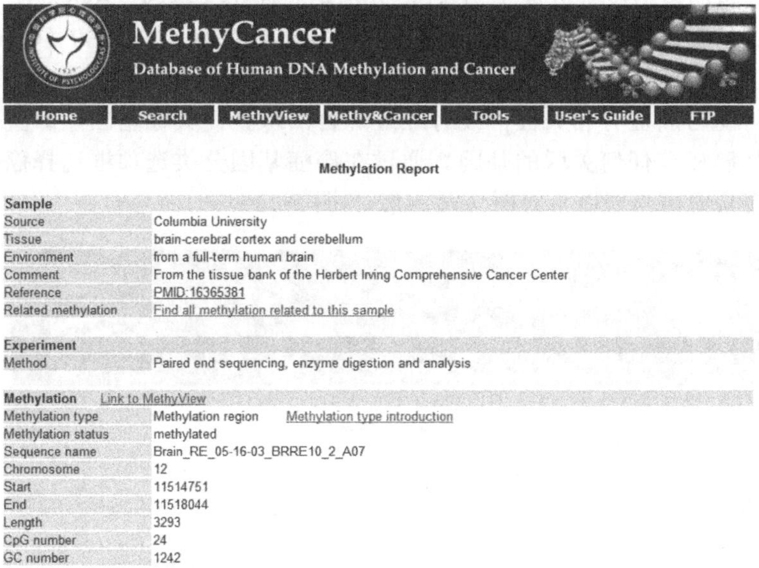
MethyCancer
Database of Human DNA Methylation and Cancer
Home | Search | MethyView | Methy&Cancer | Tools | User's Guide | FTP

Methylation Report

Sample	
Source	Columbia University
Tissue	brain-cerebral cortex and cerebellum
Environment	from a full-term human brain
Comment	From the tissue bank of the Herbert Irving Comprehensive Cancer Center
Reference	PMID:16365381
Related methylation	Find all methylation related to this sample
Experiment	
Method	Paired end sequencing, enzyme digestion and analysis
Methylation Link to MethyView	
Methylation type	Methylation region　Methylation type introduction
Methylation status	methylated
Sequence name	Brain_RE_05-16-03_BRRE10_2_A07
Chromosome	12
Start	11514751
End	11518044
Length	3293
CpG number	24
GC number	1242

图 5-20　示例图 2

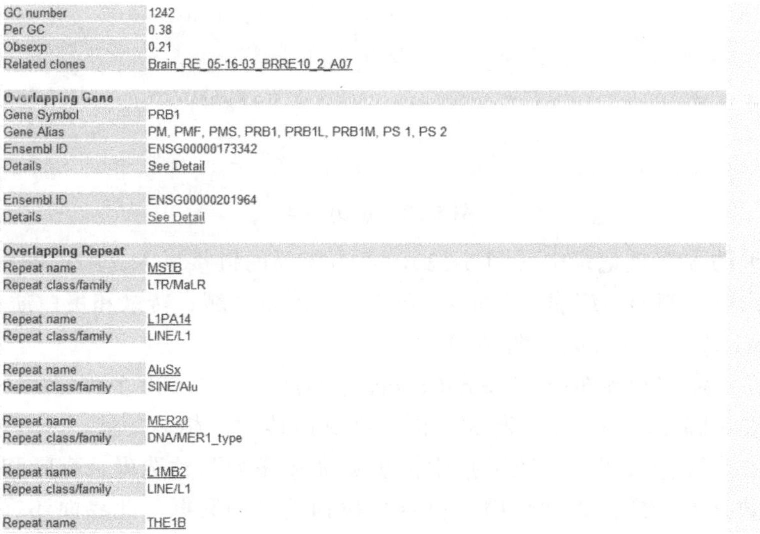

GC number	1242
Per GC	0.38
Obsexp	0.21
Related clones	Brain_RE_05-16-03_BRRE10_2_A07
Overlapping Gene	
Gene Symbol	PRB1
Gene Alias	PM, PMF, PMS, PRB1, PRB1L, PRB1M, PS 1, PS 2
Ensembl ID	ENSG00000173342
Details	See Detail
Ensembl ID	ENSG00000201964
Details	See Detail
Overlapping Repeat	
Repeat name	MSTB
Repeat class/family	LTR/MaLR
Repeat name	L1PA14
Repeat class/family	LINE/L1
Repeat name	AluSx
Repeat class/family	SINE/Alu
Repeat name	MER20
Repeat class/family	DNA/MER1_type
Repeat name	L1MB2
Repeat class/family	LINE/L1
Repeat name	THE1B

图 5-21　示例图 3

图中有介绍相关基因、癌症和重复序列，并且可以通过点击甲基化可视化栏，便可以看到更详细的甲基化视图。所谓甲基化可视工具是一种帮助使用者更加形象的描述存在于人类基因组标注的甲基化的基因，在后文我们将讲述。

（2）在基因搜索界面中，MethyCancer 数据库包含了 3 万多基因，这些基因根据与癌症关系的可信度被分成了 3 种，分别是癌症相关基因：AGCOH（Atlas of Genetics and Cytogenetics in Oncology and Haematology）与 CGP（Cancer Gene Census）的编辑通过一定程度上的综合审查认为是对癌症有影响的基因；癌症候选基因，即可能与癌症有相关性但没有经过综合的审查；其他基因，即直到目前还没有发现与癌症有任何关联的基因。通过在癌症基因分类选项框选择癌症相关基因，点击搜索便可出现以下界面（图 5-22 和图 5-23）。

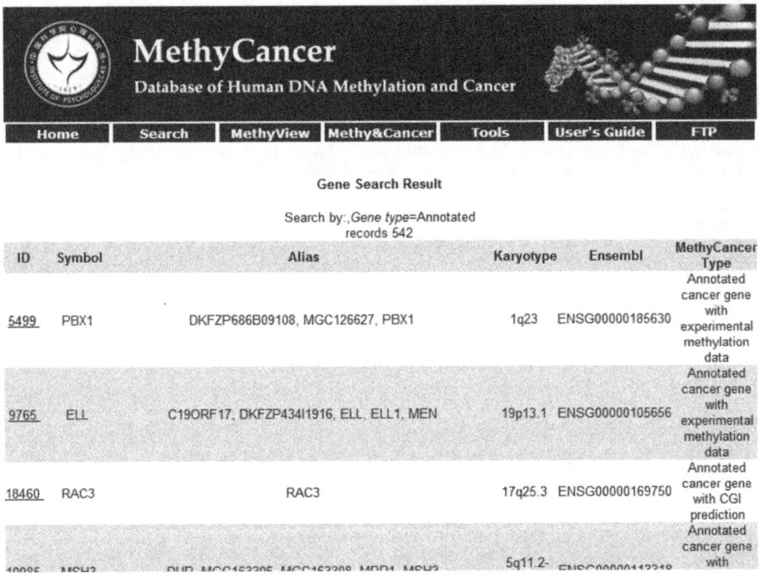

图 5-22　示例图 4

在出现的 542 项记录中（图 5-22），点击需要的链接进入。给出的报告包含 7 个部分的内容：摘要、疾病（癌症）、表达、基因组区域、转录和蛋白质，DNA 甲基化和 CpG 岛，参考文献（图 5-23）。

（3）在癌症搜索界面中，MethyCancer 数据库包含了 500 多种癌症，癌症报告包括：摘要、临床和病理学、相关基因、细胞遗传学、相关文献。

（4）在克隆搜索界面，克隆搜索提供克隆和序列两种选项，克隆和序列的名称和其他数据库一致，以便使用者更容易找到需要的数据。此界面还提供了相关甲基化数据以及克隆报告可视化工具。

（5）在重复搜索界面，提供了在染色体上的位置、重复序列的名字、重复序列的家族作为搜索项目。

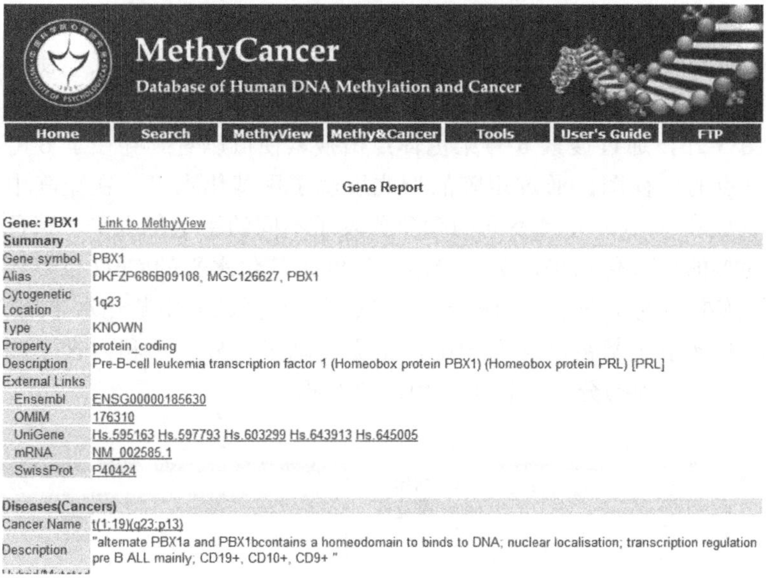

图 5-23　示例图 5

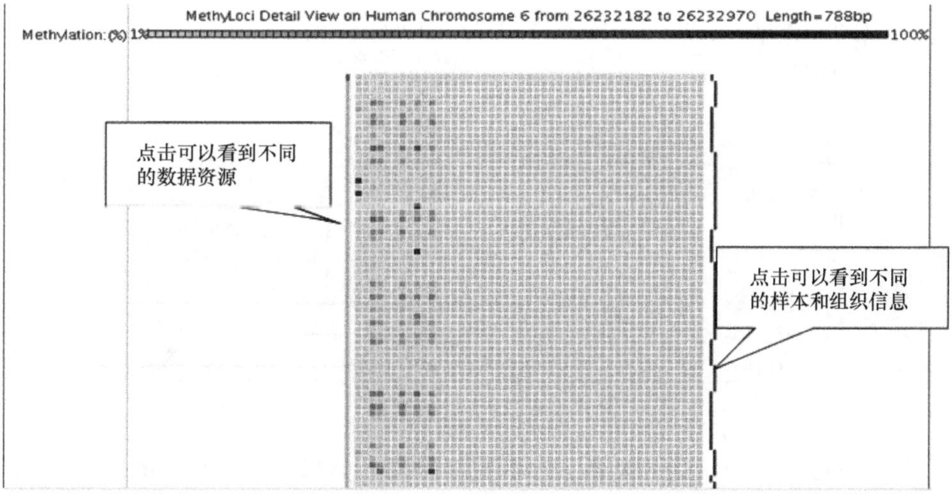

图 5-24　示例图 6

（6）在甲基癌症搜索界面，为了阐明 DNA 甲基化、基因表达和细胞类型之间的相互关系，通过基因组绘图给基因组注释甲基化数据。在 MethyCancer 数据中把上文所说的三大类基因按照标准又详细分为了九类，有实验甲基化数据的、有 CpG 岛预测的、没有甲基化数据的使用者可以选择基因种类和输入癌症类型或者限定特别的表达组织和启动子区具有甲基化数据的基因，具有相关基因和甲基化的列表和更为详细的报告将回馈给您。

（7）在可视化工具中，通过输入染色体号及在染色体的位置，便可以获得更直观的甲基化图谱。并且该图谱在每个搜索界面都可以通过有效的链接看到。如图 5-24～图 5-26，通过搜索 6 号染色体点击搜索便可以看到存在于 6 号染色体上的甲基化位点的可视图，通过矩阵的形式展现了甲基化水平，在矩阵中每种颜色代表了一个 CpG 位点，并且不同的颜色代表了不同的甲基化水平，黄色到蓝色表示 0%到 100%的甲基化水平，灰色暗示了该区甲基化水平的 CpG 位点还没有被确定。点击矩阵框中的不同正方形就可以观察到不同区域的甲基化水平的详细情况，基因的分配和转录本都被展现在图中，根据启动子、外显子和内含子的精确的基因结构以及重复序列的分配，得出了甲基化数据。

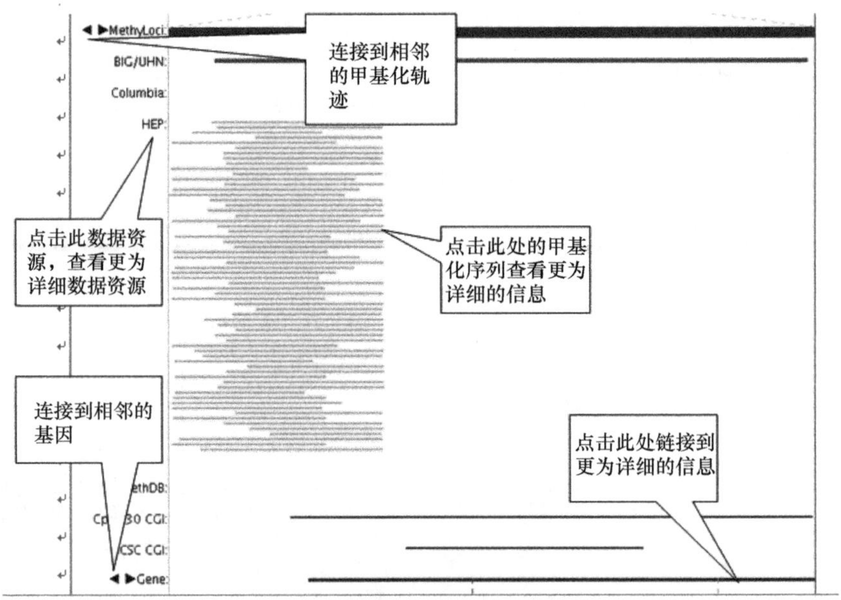

图 5-25　示例图 7

（8）CpG 岛的分析途径是基于序列克隆以及人类基因组上的 CpG 岛预测去鉴定 CpG 岛，并且通过序列作图给基因标注 CpG 岛。其途径主要包括以下几个步骤。

测序来自 Sanger 研究所的 CpG 数据库的克隆。

使用 BLAT 和 BLAST 在人类基因组中寻找克隆，首先在人类基因组中 BLAT 所有的克隆，如果一个克隆在人类染色体上没有相对应的 BLAT 靶点或者插入和缺失的长度超过 50bp 或克隆长度的 10%，就做 BLAST。

依据克隆的位置信息使克隆成簇为基因座，具有相似基因座的克隆是被聚集成簇，在每个基因座中，依据克隆在染色体上不同长度，一个或更多的典型的无重复克隆是被筛选出来。

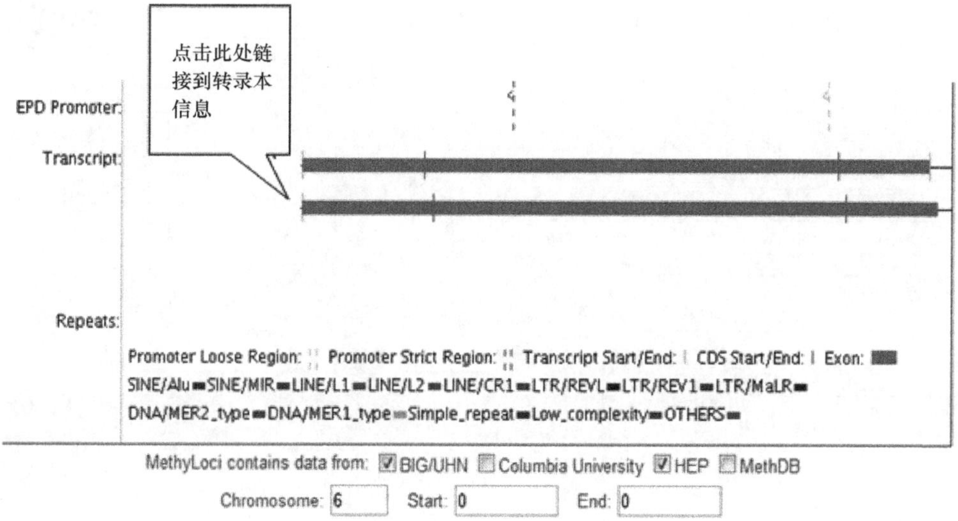

图 5-26 示例图 8

鉴定 CpG 岛的轨迹，首先使用 CpGi130 软件在全基因组中预测 CpG 岛，并满足长度不少于 500bp，GC 含量至少 55%，观察到 CpG 岛频率的比例超过预期的 0.65。其次，我们确定 CpG 岛轨迹与预期的 CpG，如果轨迹覆盖了预期的 CpG，则标记此轨迹为 CpG 岛的轨迹，并确定为 1 型 CpG 岛。最后，选择具有代表性的没有重叠的 CpG 岛预测的克隆位点，在这些典型的克隆上预测 CpG 岛，按照以下标准，长度不少于 200bp，CG 含量至少 50%，观察到 CpG 岛频率的比例超过预期的 0.60。如果典型的 CpG 岛克隆有预期的 CpG 岛，则标记这个轨迹为 CpG 岛轨迹并定义为 2 型 CpG 岛。而没有 CpG 轨迹的则被标记作为 0 型 CpG 岛。

在基因上注释有 CpG 岛和没有 CpG 岛的轨迹，根据 CpG 岛在基因上的位置，可将轨迹分成 7 个等级：基因间的、调控的、上游翻译、基因的、下游翻译、覆盖的和结合的。

除甲基化以外，组蛋白修饰和 RNA 干扰对表观遗传也有很大影响，但相关研究尚未成熟，所取得的进展也很少，目前人类组蛋白修饰数据库（http：//bioinfo.hrbmu.edu.cn/hhmd）公布了人类中 43 个位点特异的组蛋白修饰供研究者参考，更多数据会继续添加以供深入研究。

美国国立卫生研究院的发言人表示，尽管表观基因还需要进行大量的研究，但新技术的开发是必不可少的，人们需要不同细胞类型的全面地图、标准平台和精确定义，从而能够提升表观基因组的了解水平。

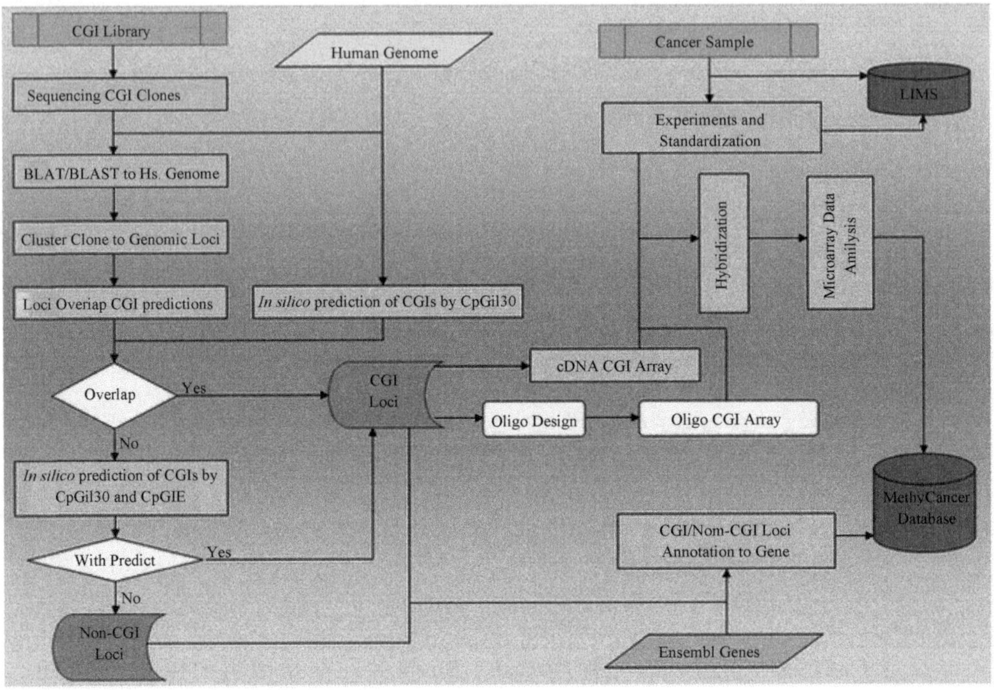

图 5-27　CpG 岛的分类

第五节　SNP 与健康信息分析技术

现在普遍认为单核苷酸多态性（Single Nucleotide Polymorphism，SNP）的研究是人类基因组计划走向应用的重要步骤。大量存在的 SNP 位点，使人们有机会发现与各种复杂疾病相关的基因组突变。重要的是我们如何能利用 SNP 这一强有力的工具，用于疾病相关基因的鉴定、高危群体的发现、药物的设计等与人类健康密切相关的研究。

什么是 SNP？通过比对不同人以及民族之间的序列发现，任意两个不相关个体的 DNA 序列仅有 0.1%的差异，在这些人类遗传变异中最常见的、90%左右都是 SNP，它是指变异频率大于 1%的由单个核苷酸改变而导致的核酸序列多态性。据估计，在人类基因组中，大约每一千个碱基中就有一个 SNP，总数可达 300 万甚至更多。

无论是比较于限制性片段长度多态性（RFLP）分析还是微卫星标记（STR），SNP 都要广泛得多。SNP 作为第三代遗传标志的特点如下。

（1）SNP 在基因组中的相对高频分布，非常适合用于关联分析；

（2）SNP 是二等位基因性的，在任何人群中其等位基因频率都可估计出来；

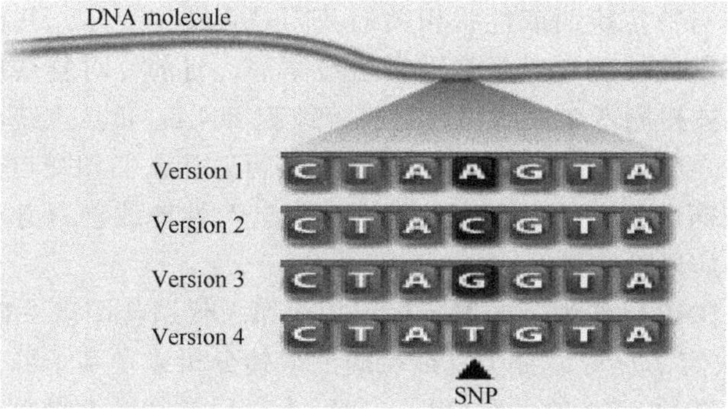

图 5-28　SNP 位点

（3）与串联重复的微卫星位点相比，SNP 是高度稳定的，尤其是处于编码区的 SNP（cSNP），而前者的高突变率容易引起在人群的遗传分析时出现困难；

（4）部分位于基因内部的 SNP（编码区或是启动子区）可能会直接影响产物蛋白质的结构或基因表达水平，因此，它们本身可能就是疾病遗传机制的候选改变位点；

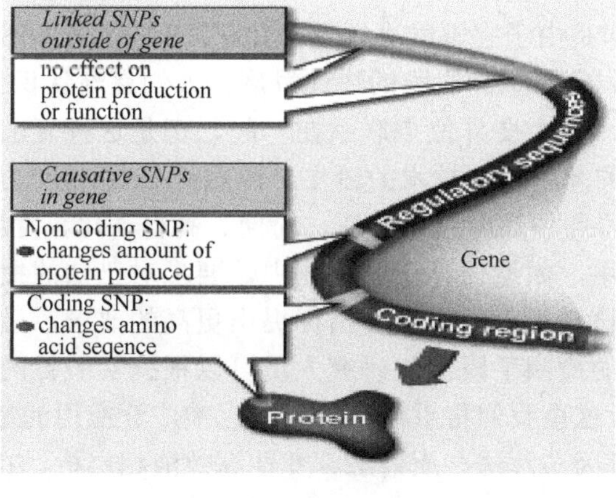

图 5-29　SNP 的类型

（5）易于进行自动化、规模化分析，缩短了研究时间。

本节将从多角度介绍 SNP 在复杂疾病研究中的应用，包括 SNP 的检测技术、相关数据库及软件的使用、基于 SNP 的复杂疾病易感基因定位等，旨在让读者更好地理解 SNP 并掌握其分析及应用技术。

一、SNP 检测技术

基因检测是通过特定设备对被检测者细胞中染色体、基因以及其基因产物进行分析，以确定与特定疾病或性状相关的基因是否发生变化。其检测内容包含突变位点检测、甲基化检测，以及基因表达检测等。目前针对复杂疾病的易感性检测，主要是提取被检测者血液或口腔黏膜等细胞 DNA，重点围绕与疾病发生相关的 SNP 位点进行检测。通过疾病的易感性检测可以让人们知晓自己的基因中是否含有这种危险致病因素，并在未来的生活中有针对性地改善自身不良生活习惯，达到降低疾病患病风险的目的。

20 世纪末，SNP 已作为新的遗传标记用于第三代遗传图谱（SNP 图）的制作。SNP 自身特性决定了它更适合于复杂疾病的遗传分析以及基于群体的基因识别等研究。通过常见高频 SNP 的关联分析，研究人员已寻找到大量复杂疾病易感基因及相关多态性位点，并在此基础上建立起疾病遗传数据库。而首次研究确定的候选基因及位点要在随后的重复实验以及不同民族间进行大样本人群验证，而这就离不开高通量基因检测技术的发展。

SNP 分型技术主要分为两个时代，一为凝胶时代，二为高通量时代。凝胶时代的主要技术和方法包括限制性酶切片段长度多态性分析（RFLP）、寡核苷酸连接分析（OLA）、等位基因特异聚合酶链反应分析（AS-PCR）、单链构象多态性分析（SSCP）、变性梯度凝胶电泳分析（DGGE）等。虽然这些技术与高通量时代的技术原理大致一样，但是由于它不能进行自动化，只能进行小规模的 SNP 分型测试，所以必然会被淘汰。随着基因组学的快速发展，人们逐渐认识到复杂疾病的发生、发展是和多个基因、多个变异位点联系在一起，正是这种复杂疾病基因组学研究的需求，推动着新的基因检测技术的诞生。理想的 SNP 检测方法需要特异、准确的高通量测序技术，此外还应具备快速、简便、高自动化、费用相对低廉等优点，并且在一些实际应用，如遗传分析的检测中，要求对已知的检测位点的集合能快速地检出，这就对检测平台的灵敏度指标提出更高的要求。虽然目前还没有一种全部符合这些优点的检测手段，但研究人员可以根据实验目的以及经费等实际情况选择合适的方法。这里我们将重点介绍目前已被广泛应用的常见 SNP 检测方法，如 DNA 测序法、基因芯片法、质谱法、变性高效液相层析、Taqman 探针法等。

1. DNA 测序法

DNA 测序技术是现代分子生物学研究中最常用的技术，在复杂疾病易感基因的检测中也扮演着至关重要的角色。从 1977 年英国人 Frederick Sanger 发明双脱氧链终止法以来，经过 30 多年的不断发展，DNA 测序技术取得重大的进展，以 Sanger 法测序为代表的一代 DNA 测序技术在人类基因组计划中发挥重要的作用，随后发展起来的以高通量为特点的第二代测序技术已相当成熟并商业化。

DNA 直接测序的方法是基因检测的金标准，目前已有大量的高质量文献支持。直接测序法除了能检测出高频 SNP 外，还可以对于低频的突变位点进行检测。目前已有研究表明复杂疾病的发生不仅是简单的遵循“常见变异，常见疾病”这一规律，在群体中频率较低且具有重要功能意义的突变位点已逐渐成为目前研究的热点。依据复杂疾病的多基因、多位点的累加理论，我们可以设想，多个低频变异位点的协同作用以及这些位点与高频 SNP 位点间的复杂相互作用在复杂疾病的发生、发展过程中也很可能起着重要的作用。因此直接测序法的高灵敏度这一优势将为研究人员寻找复杂疾病低频变异位点提供了重要的检测手段。

1）Sanger 法测序原理

Sanger 法测序又称双脱氧链终止法，是利用 DNA 聚合酶来延伸结合在待定序列模板上的引物，直到掺入一种双脱氧核苷三磷酸（ddNTP）为止。由于 ddNTP 缺乏延伸所需要的 3-OH 基团，使得延长的寡聚核苷酸选择性的在 A、T、C 或 G 处终止。所有的反应在独立的四个管中进行，最终获得以各自的双脱氧碱基为 3’端的一系列长度不等的核酸片段。反应终止后，分四个泳道进行凝胶电泳，分离长短不一的核酸片段。经过放射自显影后，根据片段 3’端的双脱氧核苷，便可依次读出合成片段的碱基排序。

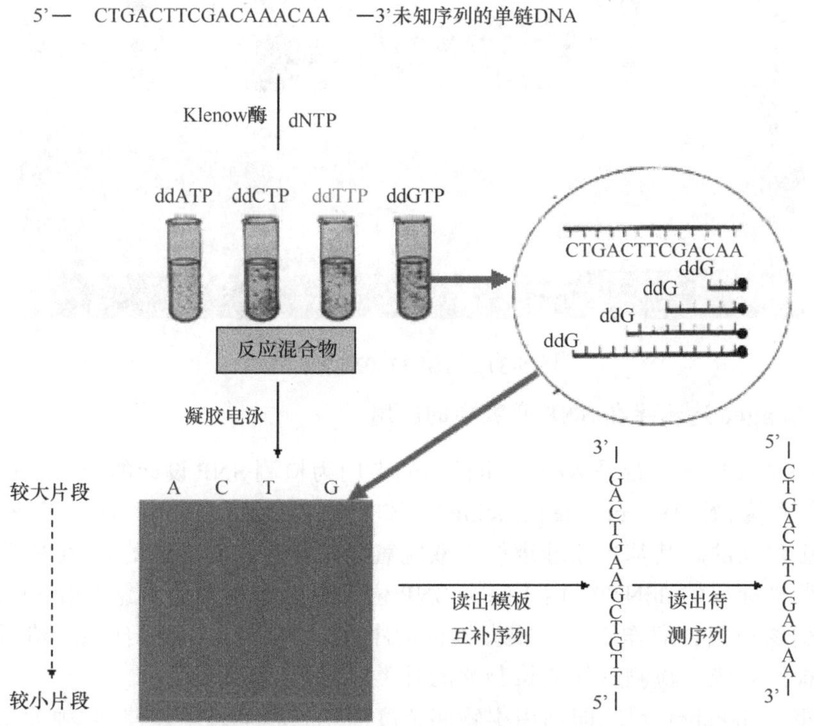

图 5-30　Sanger 法测序原理

20 世纪 80 年代随着荧光标记技术和毛细管电泳技术的产生，大大提高了 DNA 测序的速度和准确性，并且操作易于自动化。目前，应用最广泛的应用生物系统公司（applied biosystems，ABI）3730 系列自动测序仪即是基于毛细管电泳和荧光标记技术的 DNA 测序仪。如 ABI 3730XL 测序仪拥有 96 道毛细管，4 种双脱氧核苷酸的碱基分别用不同的荧光标记，在通过毛细管时不同长度的 DNA 片段上的 4 种荧光基团被激光激发，发出不同颜色的荧光，被 CCD 检测系统识别，并直接翻译成 DNA 序列。

图 5-31　ABI 3730XL 测序仪

2）Sanger 法测序在 SNP 研究中的应用

SNaPshot 技术平台是 ABI 公司推出的专门为检测 SNP 设计的分析软件和试剂盒，也被称为微测序（minisequencing）。该平台是在 ABI 3730、3130 等 PCR 测序仪基础上建立的。其基本原理遵循了双脱氧链终止法，所不同的是 PCR 反应中只有不同荧光标记的 ddNTP。由于每个 SNP 位点的引物 3'端都紧靠 SNP 位点，因此每一种引物在聚合酶作用下，根据模板的序列，只延伸一个核苷酸。然后用先进的荧光检测系统，检测延伸的核苷酸的种类。

多重 SNaPshot 反应即利用引物间长度的差异和单碱基延伸 4 种荧光标记的 ddNTP，最终达到区分不同 SNP 位点的作用，一次反应可同时对 4 或 5 个 SNP 进行基因分型。如 ABI 3730 每天可以做 16 次 96 道电泳，如果每次出 4 个位点，那每天的通量就是 6000 个分型量，是一种中通量的检测方法。

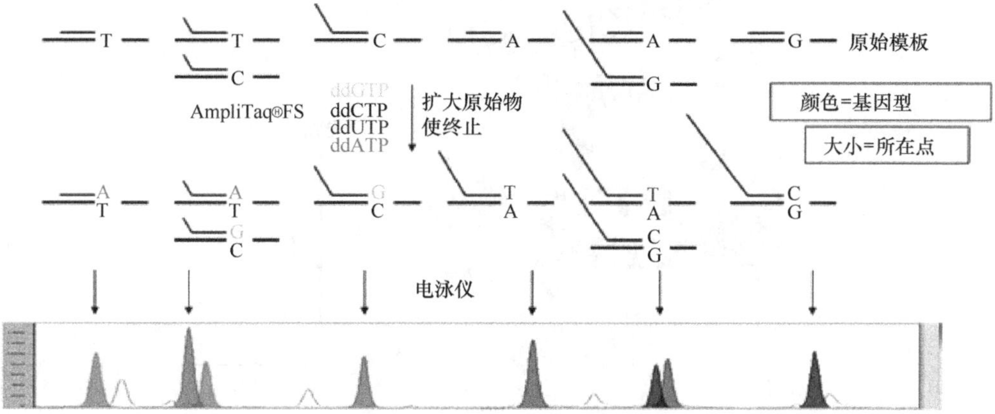

图 5-32　SNaPshot 实验原理图解

SNaPshot 的引物和探针合成周期短，在一个星期内即可完成；多重（4 或 5 个）SNP 的检测降低了成本；每次检测样本的数量可以从 100 到 1000 个；通过 SNaPshot 检测的位点准确率大于 95%。

3）焦磷酸测序

焦磷酸测序技术（pyrosequencing）是由 Nyren 等于 1987 年发展起来的一种新型的 DNA 测序技术[51, 52]，其核心是由四种酶催化的同一反应体系中的酶级联反应。四种酶分别为：DNA 聚合酶（DNA polymerase）、ATP 硫酸化酶（ATPsulfurylase）、萤光素酶（luciferase）和双磷酸酶（Apyrase），反应底物为 5’-磷酰硫酸（adenosine 5’-phosphosulfate，APS）、萤光素（luciferin），反应体系还包括待测序 DNA 单链和测序引物。具体原理是：引物与模板 DNA 退火后，在上述四种酶的协同作用下，每一个 dNTP 的聚合与一次荧光信号的释放偶联起来，以荧光信号的形式实时记录模板 DNA 的核苷酸序列。在这个过程中，Apyrase 为核酸降解酶，可以持续地降解没有被掺入的多余的碱基，保证了发光反应的信号与掺入碱基的可参比性，实现了测序分析的定量和定性。

焦磷酸测序技术是一项非常强大而有用的短序列适时检测技术，通量大、并行性好、自动化程度高，很适合对大样本的快速检测，省时省力、节约费用，具有与 Sanger 法不可比拟的优势。当然，该技术还不能进行长序列的测定，有待进一步发展，相信随着技术水平的进一步改进、提高和完善，焦磷酸测序技术在分子生物学领域的应用会更加广泛。

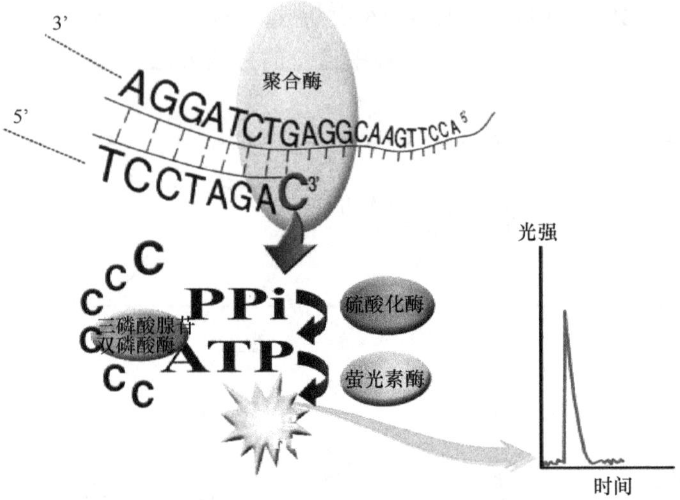

图 5-33　焦磷酸测序原理

焦磷酸测序和 Sanger 法测序用于 SNP 检测的比较

Sanger 法测序作为基因检测的金标准，测序片段长，准确性可达 99.999%，而且成本相对较低。对于富含 GC 的区域也不会影响测序结果。

焦磷酸测序主要的优势是它的速度，除了 DNA 聚合酶反应所需化合物，焦磷酸测序法并不需要额外的化合物用于 DNA 链的延长，降低了化学反应出现意外的几率。这一技术平台主要的错误类型来自于同聚物，即相同碱基的延伸，如序列 ATG、ATTTTG 以及 ATTTTTG，经焦磷酸测序检测获得的峰图 A 处碱基和 G 处碱基是相同的，唯一不同的是 T 的峰图，差别即在于 T 碱基峰的高度，并

ATG
ATTTTG
ATTTTTG

且这种峰高与同聚碱基的个数成非线性关系，这就给碱基的插入/缺失的判定带来了很大的困难。

焦磷酸测序的另一个缺点是由于它依赖于包含一系列酶的焦磷酸检测，与其他二代测序技术相比，其试剂价格相对较高。表 5-6 中对 Sanger 法测序和焦磷酸测序进行了比较。

2. 基因芯片法

基因芯片（gene chip）也被称之为 DNA 阵列（DNA array）、DNA 微芯片（DNA microchip）或寡核苷酸阵列（oligonucleotide array）。1991 年，Stephen Fodor 博士首次提出基因芯片的概念，决定将硅技术与生物学技术融合在一起，借助半导体

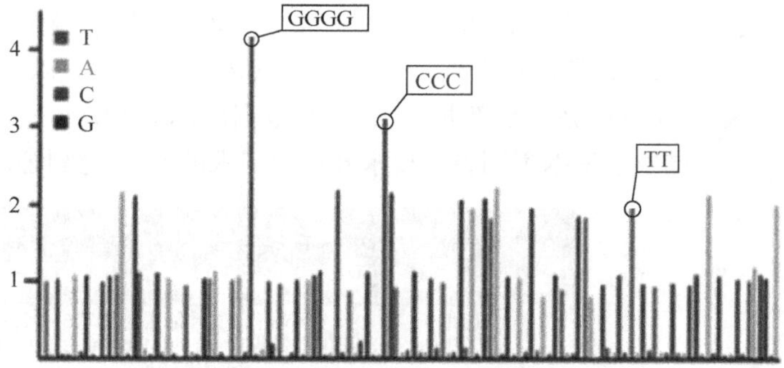

图 5-34　同聚碱基的荧光信号判读

表 5-6　Sanger 法测序和焦磷酸测序的比较

	片段长短	新低频突变检测	准确性	样品到结果	敏感性	通量灵活性	维护
Sanger 测序	1000bp	能	金标准 99.999%	～10h	＞25%	不灵活（样本数小于最高通量，浪费试剂）	复杂，毛细管只能用 100 次，而且价格昂贵
焦磷酸测序	较短 400bp	较难	＞99%	＜4h	1～5%	灵活（1～24h 内任意样本数）	简单

技术进行芯片研制，解读生命有机体在长期进化中累计下来的浩瀚基因信息。美国 Affymetrix 生物公司于 1996 年制造出世界上第一块商业化的基因芯片。由此掀起了基因芯片研究热潮，出现了多种类型的基因芯片制作技术。如电压打印法、机械打点法、电定位技术等。

目前广泛应用的 Affymetrix SNP Array 6.0 涵盖超过 180 万个遗传变异标识物，包括超过 906 600 个 SNP 和超过 946 000 个用于检测拷贝数变化的探针。482 000 个

(a)　(b)

图 5-35　（a）Affymetrix SNP Array 6.0 芯片和（b）Illumina SNP 芯片

SNP 来自于前代产品 500K 和 SNP5.0 芯片；424 000 个 SNP 包括了源于国际 HapMap 计划中的标签 SNP，X、Y 染色体和线粒体上更具代表性的 SNP，以及来自于重组热点区域和 500K 芯片设计完成后新加入 dbSNP 数据库的 SNP。

Illumina 公司也推出了根据不同设计要求及用户需求的 SNP 检测芯片（图 5-35）。

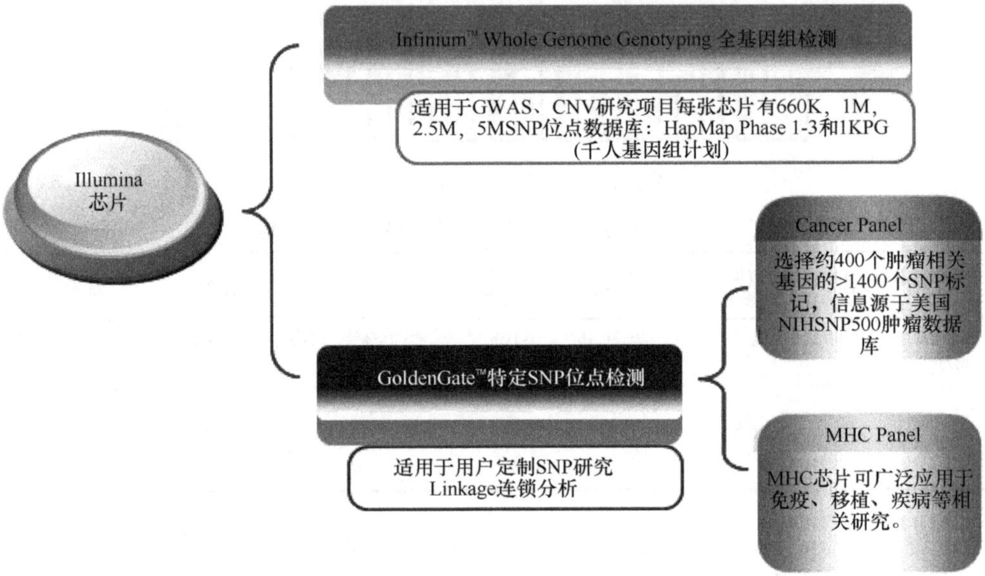

图 5-36　Illumina 芯片的应用

近年，随着各种相关技术的进步，基因芯片技术的应用范围不断扩大，尤其在基因表达分析（gene expression）及基因诊断（gene diagnose）方面有非常显著的成果。尤其是 2003 年人类基因组计划测序工作的完成，基因芯片技术已成为“后基因组时代”基因功能分析研究的最重要技术之一。面对海量亟待分析筛选的基因组数据，要求有大规模、迅速的检测方法与技术来完成大量候选基因中遗传标记的筛选，SNP 与基因芯片（microarray）的完美结合战略应运而生。SNP 芯片已经在药物基因组学、疾病基因组学、个体化用药等领域取得一定程度的应用，它将继续服务于生命科学研究并得到广泛应用。使用基因芯片进行 SNP 分析，具有快速、高效、准确、可产业化等优势，但其造价相对昂贵，且检测位点为已知 SNP 位点，因此在使用芯片进行基因组分析时应考虑到课题的经费及研究内容。

3. 质谱法

1）基质辅助激光解吸附/电离飞行时间质谱原理（MALDI-TOF MS）

MALDI-TOF MS 是将变性的单链 PCR 产物通过与芯片上的化合物 SIAB（N_2 羟基硫代琥珀酰亚胺，N_2-hydroxysuccimide）共价结合后，在芯片上进行引物的退火、延伸反应、突变部位配对的碱基与正常配对的碱基不相同。根据引物在延伸反应中所结合的不同碱基的不同质量在质谱仪上显示不同峰。如将碱基进行一定的修饰，可进一步提高敏感性。该方法无需对靶序列进行 PCR 扩增。

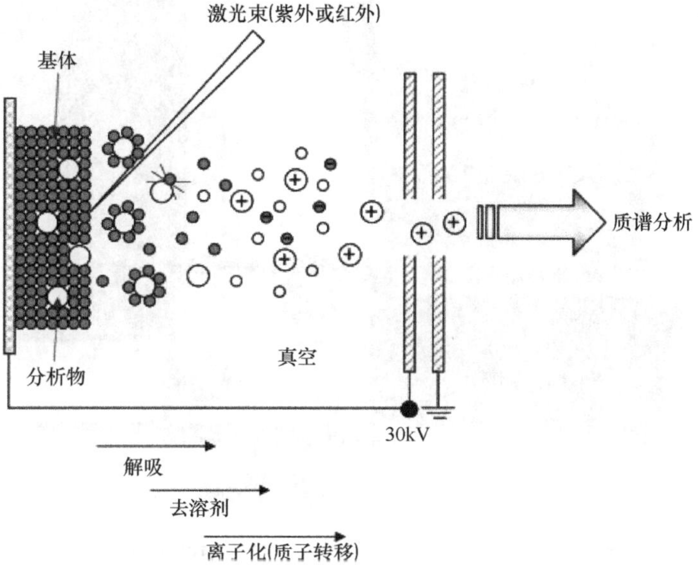

图 5-37　飞行质谱原理

2）Sequenom MassArray SNP 分型技术

由美国 Sequenom 公司开发的 MassArray 飞行时间质谱生物芯片系统是为基因组学研究提供的兼顾灵敏度和特异性服务的中高通量技术平台，广泛地应用于遗传突变检测、SNP 分型以及 DNA 甲基化定量分析研究，是目前唯一采用质谱法进行直接检测的设备。由于 SNP 位点两个等位基因之间存在分子量差异，通过实验将差异放大后，以质谱仪进行检测即可。Sequenom MassArray 系统反应体系为非杂交依赖性，不需要各种标记物，实验设计灵活，更可实现高达 40 重反应，是目前市场上拥有最高性价比的检测系统。

MassArray SNP 分型技术特点如下。

（1）高性价比：无需荧光标记，仅需合成普通引物，大大降低成本，每个 SNP 检测成本仅需 2～5 元。

（2）高通量：一张芯片可对 384 个样本进行多重检测；每个体系最多可实现 40 重反应，通量可根据客户要求进行个性化调整，每天最多能进行十万个基因分型。

（3）高灵敏度：分析所需样本量少（10ng），准确性＞99.7%，检出率＞90%；

（4）高灵活度：一张芯片上样本数量和位置可随意选择、样本和位点检测匹

图 5-38　Sequenom 公司开发的 MassArray 检测平台

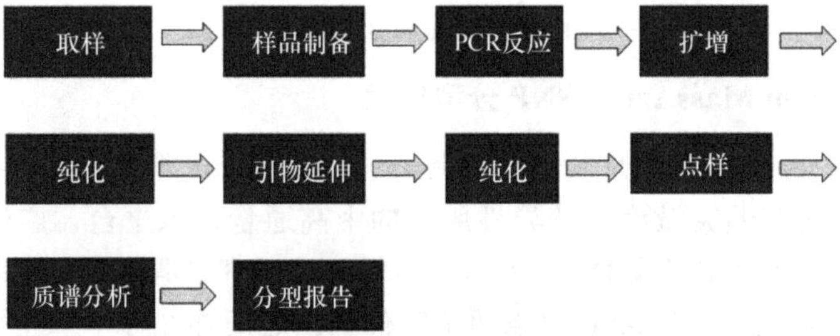

图 5-39　MassArray 基本技术流程

配可随意选择。

4. 变性高效液相色谱法

变性高效液相色谱是本世纪初发展起来的高效、快速筛查 SNP 的技术，因其检测灵敏度高、低成本以及全自动化操作等优点而备受关注。

变性高效液相色谱法的原理：

变性高效液相色谱法（denatured high-performance liquid chromatography，DHPLC）是在 1995 年由 Oefner 和 Underhill 开发的检测单核苷酸多态性（SNP）位点的新技术，其原理是在 DNA 部分变性的条件下，基于离子对反相作用，通过一个特殊的分离洗脱柱，将错配的异源 DNA 双链和完全匹配的同源 DNA 双链分离开来。该方法省略了繁琐的凝胶制作及电泳不需纯化 PCR 产物，是一种全自动高效快速准确的 DNA 位点变异检测技术。研究表明该方法对 500bp 以内的 DNA 序列几乎可以 100%的检出突变位点其效能和 DNA 测序一样而且具有很高的特异性和可靠性。

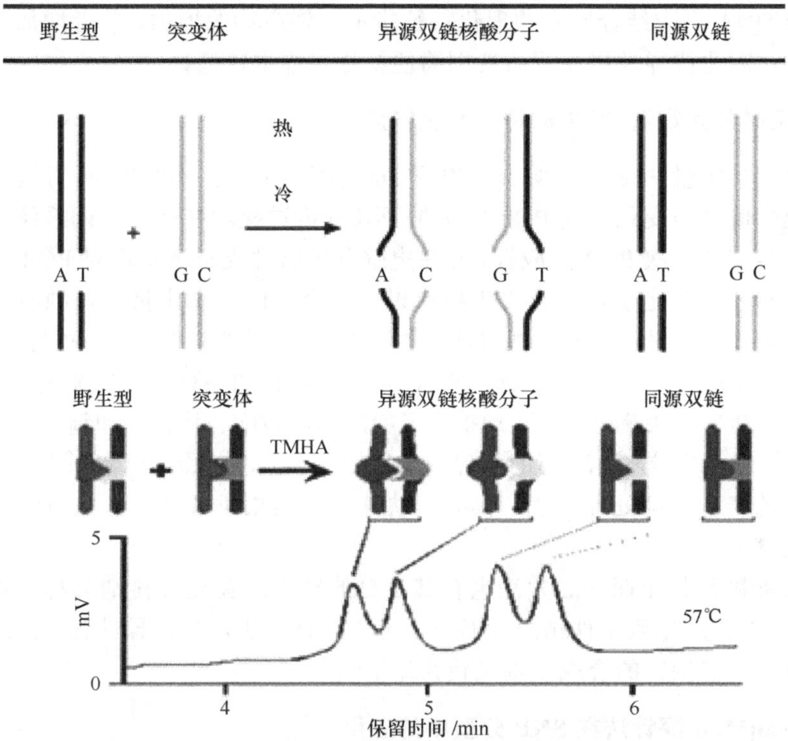

图 5-40　变性高效液相色谱法检测 SNP 原理

DHPLC 法的优点：①较高的灵敏度和特异度，其检测未知 SNPs 的敏感性和特异性可达 96%～100%，显著高于常用的凝胶电泳检测技术；②高自动化，减轻了劳动强度，检测单个样品仅需几分钟且效率高，适合于大规模 SNP 的筛查；③低成本，平均检测一份样本的费用大约 10 元人民币；④检测结果以图表显示，直观容易判断。

5. 实时荧光定量 PCR

实时荧光定量 PCR 技术于 1996 年由美国 Applied Biosystems 公司推出，由于该技术不仅实现了 PCR 从定性到定量的飞跃，而且与常规 PCR 相比，它具有特异性更强、有效解决 PCR 污染问题、自动化程度高等特点，目前已得到广泛应用。

1）实时荧光定量 PCR 的基本原理

所谓实时荧光定量 PCR 技术，是指在 PCR 反应体系中加入荧光基团，利用荧光信号积累实时监测整个 PCR 进程，最后通过标准曲线对未知模板进行定量分析的方法。荧光定量 PCR 所使用的荧光化学可分为两种：荧光探针和荧光染料。荧光探针是利用与靶序列特异杂交的方法来指示扩增产物的增加。荧光染料则是利用与双链 DNA 小沟结合发光的理化特征指示扩增产物的增加。前者增加了探针的识别步骤，因此特异性更高；后者则简便易行、成本较低。

2）实时荧光定量 PCR 的特点及优缺点

实时荧光定量 PCR 技术融合 PCR 和 DNA 探针杂交技术的优点，直接探测 PCR 过程中荧光信号的变化，使 PCR 的扩增及其分析过程均在同一封闭系统下完成，只需加样时打开一次 PCR 反应管，并在电脑分析软件支持下实现对 PCR 扩增产物的动态监测和自动定量，其特点主要有以下几个方面：①定量原理独特，用产生荧光信号的多少来显示扩增产物的量，动态实时连续荧光监测，具有很好的可视性。②荧光信号通过荧光染料嵌入双链 DNA，或双重标记的序列特异性荧光探针或能量信号转移探针等方法获得，大大地提高了检测的灵敏度、特异性和精确性。③只需在加样时打开一次盖子，其后的过程完全是闭管操作，免除了标本和产物的污染，且无复杂的产物后续处理过程，高效、快速。④结果重现性好：定量动态范围高达五个数量级。

荧光染料和荧光探针的方法也有其各自的缺点：荧光染料则会与非特异性双链 DNA 结合，产生假阳性结果。而对于荧光探针来讲，其特异性强，只适合一个特定的目标，但探针的合成成本又较为昂贵。

3）TaqMan 探针法在 SNP 分型中的应用

自 20 世纪 90 年代 TaqMan 探针诞生以来，虽然荧光探针引物不断有新的技术出现，但作为一种经典的定量 PCR 技术，TaqMan 探针法仍然是很多实验研究人员进行定量检测的首选，这主要是因为相对于 SYBR 荧光染料，TaqMan 探针具有序列特异性，只结合到互补区，而且荧光信号与扩增的拷贝数具有一一对应的关系，因此特异性强、灵敏度高，而且条件优化容易；而相比于杂交探针，TaqMan 探针法只要设计一条探针，因此探针设计较为方便，而且也能完成基本的定量 PCR 要求。

TaqMan 探针的长度为 20～24bp，在其 N 端标记一个荧光报告基团，C 端标记一个荧光淬灭基团，其序列与两条引物包含序列内的一段 DNA 模板完全互补。该法是在常规 PCR 的基础上加入荧光标记探针来实现其定量、分型功能，即在 PCR 反应系统中加入 2 种不同荧光标记的探针。它们可分别与 2 个等位基因完全配对。正常情况下，由于探针 N 端荧光基团和 C 端淬灭基团紧邻在一起，荧光被淬灭

（Forster 效应）。

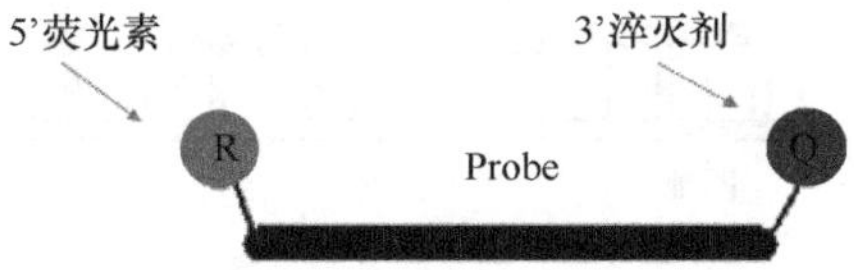

图 5-41　荧光探针示意图

随着 PCR 的有效进行，与模板完全配对的探针逐步被 *Taq*DNA 聚合酶 5'→3' 外切酶活性切割。致使探针 N 端上的荧光基团与 C 端的淬灭基团分离，Forster 效应解除，报告荧光基团被激活。而与模板不能完全配对的探针（代表另一种等位基因）不能被有效切割，故检测不到荧光信号，通过相应仪器检测荧光值的变化，便可得到相应 SNP 位点的分型结果。

TaqMan 探针法进行基因分型，其检测灵敏度高、分型准确且操作简便，适合用于低、中通量的 SNP 检测。在 PubMed 数据库中，以“SNP”和“TaqMan”为检索词，共有近八百篇相关文献报道了应用 TaqMan 探针法进行疾病相关 SNP 的关联研究。目前已经在精神分裂症、冠心病以及出血性脑卒中[29-31]等复杂疾病相关 SNP 位点的确定中得到了广泛的应用。

6. 几种基因检测平台的比较

研究人员在进行 SNP 分型检测时可根据自己实验室的经费以及研究目的需求的不同选取合适的检测平台。表 5-7 列举了之前所介绍的 SNP 检测平台其技术特点以及适用范围。

二、基于 SNP 的复杂疾病易感基因定位方法

复杂疾病易感基因定位策略大都基于两种研究方法：一是分析 DNA 变异，可用于跟踪家系内的遗传-连锁分析（linkage analysis）；二是比较病例人群和对照人群中等位基因及单体型频率有否差异-关联研究（association study）。随着 2003 年人类基因组测序的完成，大量 SNP 标记的使用以及 DNA 芯片和微阵列快速发展和应用，进一步促进对 DNA 变异的分析和疾病易感基因定位的研究。迄今为止，基于连锁分析以及关联研究的易感基因筛选策略，研究人员已经获得了大量与疾病相关的候选基因，为复杂疾病遗传数据库的建设提供了坚实的基础。本节我们重点介绍基于 SNP 位点的关联分析定位策略。

1. 连锁不平衡及量度

连锁不平衡是相邻位点等位基因的非随机关联，指这些等位基因在同一条染

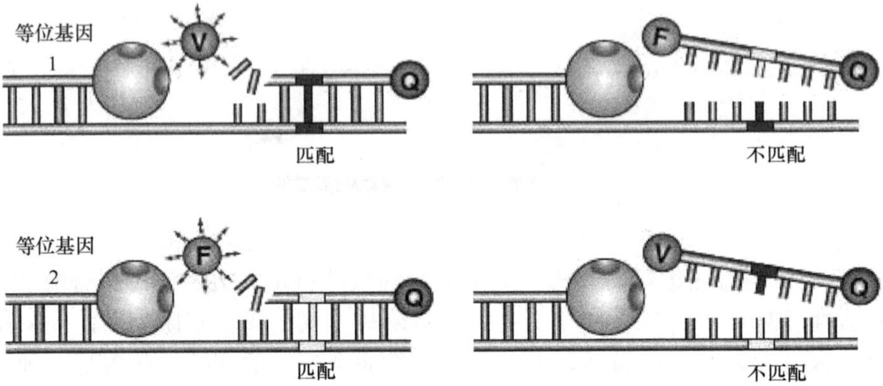

以下荧光强度明显升高…	表示…
仅VIC®荧光明显升高	等位基因1纯合性
仅FAM™荧光明显升高	等位基因2纯合性
两种荧光信号都明显升高	等位基因1与等位基因2杂合性

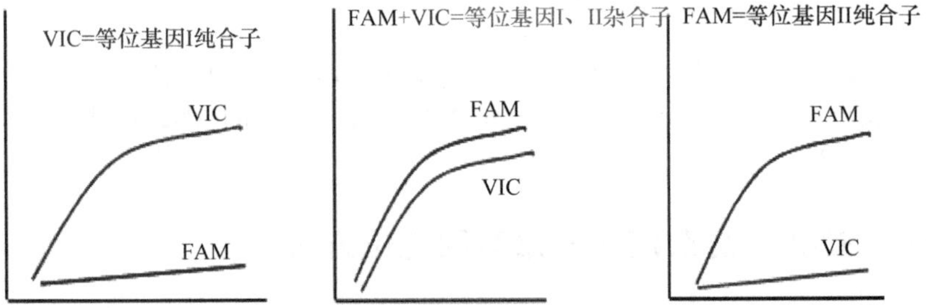

图 5-42　TaqMan 探针法中纯合子及杂合子的区分

色体上出现的频率大于随机组合的预期值，这种现象也称为等位基因关联（allelic association）。两个相邻的基因 A、B，它们各自的等位基因分别为 a、b。假设 A、B 相互独立遗传，则后代群体中期望观察得到的单倍体基因型 AB 同时出现的概率为：P（A）×P（B）（期望值）。如果 A 与 B 是相关联的，实际观察得到群体中单倍体基因型 AB 同时出现的概率为 P（AB）（观察值），P（A）是等位基因 A 的频率，P（B）是等位基因 B 的频率。

$$P(AB) = P(A) \times P(B) + D$$

D 是表示两位点间 LD 程度的值。假设位点 A 与疾病的易感性有关，那么将会观察到等位基因型 B 的频率在病人群体中高于对照群体，也就是说等位基因型

表 5-7　几种高通量分析方法的比较

	变性高效液相色谱法	飞行质谱法	实时荧光定量 PCR	DNA 测序法（Sanger 法以及焦磷酸测序法）	基因芯片法
技术原理	通过 HPLC 在部分变性的条件下将错配的异源杂合双链 DNA 和完全匹配的同源双链 DNA 分离	多个单碱基延伸，MALDI-TOF 分子量检测	TaqMan 荧光探针，杂交，扫描	双脱氧链终止原理	核酸杂交，单碱基延伸反应等。
仪器设备	Aglient 系列色谱仪，包括脱气机、四元输液泵、自动进样器、柱温箱、检测器以及计算机化学工作站	Liquid Handler 系统 Nanodispensor 芯片点样仪，MALDI-TOF Analyzer 质谱仪，数据分析服务器，检测控制计算机，分型软件，Assay Design 设计软件等	基于扫描的检测系统，Zymark Twister 上样系统，带序列检测软件的计算机 Primer Express 分型 SNP 位点设计软件等	ABI 3730（SNaPshot）；QIAGEN PyroMark Q96 ID 平台	Affymetrix SNP6.0 以及 Illumina SNP 芯片等
通量	高通量	9 小时可检测 20 张芯片，按每个孔 20 重 PCR 反应计算，约 150 000 个 SNP 分型	10 小时大约可完成 120 000 个 SNP 分型。	高通量 10min 内可分析 96 个样品的 SNP，可满足高通量分析的要求	Affymetrix SNP Array 6.0 芯片包含了约 90 万个 SNPs 检测位点，可进行全基因组扫描
样品要求	50ng PCR 产物	只需 5μl，2～2.5 ng DNA	5 μl，5～25 ng DNA，包括两种等位基因型的 TaqMan 探针	8pg	双链 DNA；不含 PCR 限制因子；不能被污染；DNA 不能高度降解
自动化程度	自动化程度高	MassArray 提供 3 站式自动系统①Liquid handler 液体处理系统②Nanodispenser 样品芯片点样③Analyzer & Software-多芯片自动上样与分析	附件（Zymark Twister）24h 自动运行，每隔 2.5 h 需要上样整合的条形码读取仪	自动化程度高，提供连续、无需监控的操作	高自动化的流体工作站
成本组成	· DNA 提取费用 · 引物合成费用 · PCR 扩增费用 · dHPLC 检测费用	· DNA 提取费用 · 引物合成费用 · PCR 费用 · DNA 纯化 · 特异性延伸引物 · DNA 再次纯化 · MALDI-Tof 检测	· DNA 提取费用 · 引物合成费用 · 荧光探针合成费 · PCR 扩增费用	· 基因组 DNA 提取费用 · 引物设计及合成费用 · PCR 扩增费用 · PCR 产物纯化费用 · 测序费用	

续表

	变性高效液相色谱法	飞行质谱法	实时荧光定量 PCR	DNA 测序法（Sanger 法以及焦磷酸测序法）	基因芯片法
应用范围	适合高通量大规模 SNP 位点筛查	中等通量，所需样本量极少	已知 SNP 位点，位点数量少，大样本（几千个）检测	高通量、大样本检测。能发现已知 SNP 以及未知 SNP 位点	高通量位点组合，适合用于全基因组 SNP 扫描
不足	只能判断是否突变，不能确定 SNP 位置和类型，需用标准样品或结合测序验证	前处理工艺复杂，包括一次 PCR、一次特异引物延伸、两次纯化。要求高，必须去除样品中的干扰性离子（钠、钾），方能获得真实信息的 MALDI-TOF 波谱	SNP 位点侧翼序列要求很高；价格昂贵（主要是探针合成的费用）	每个样本的每个位点均需要经 PCR 扩增，跑胶，然后切胶纯化，再测序。步骤多而分散，成本较高，工作量大，周期长，价格昂贵，不适合大样本多位点检测。	成本昂贵，可重复性差，易出现假阳性/假阴性结果；只能识别已知 SNP 位点；不适宜多样本、少数 SNP 位点的检测

B 与该疾病性状相关。事实上，可以检测基因组中的大量遗传标记位点，或者候选基因附近的遗传标记来寻找到与疾病相关的位点，这就是连锁不平衡定位基因的基本思想。

常用的连锁不平衡量度方法主要有 *D*'、r^2。r^2 的数值表示一个位点可反映另一位点信息量的程度，当 r^2=1 称为完全连锁不平衡，这时两位点等位基因频率相同，只观察一个标记即可提供另一个标记的全部信息。当 *D*'=1 时，说明两个位点间没有发生重组，与 r^2 相比较，当 *D*'于 1 时两位点等位基因频率并不需要相同。

等位位点	等位位点		
	B_1	B_2	总计
A_1	P_{11}	P_{12}	P_1
A_2	P_{21}	P_{22}	P_2
总计	q_1	q_2	1

$$D'\begin{cases}\dfrac{D}{\max(p_1q_2,\ p_2q_1)} D>0 \\ \dfrac{D}{\min(p_1q_1,\ p_2q_2)} D<0\end{cases} \qquad r=\frac{D}{(p_1p_2q_1q_2)^{1/2}}$$

尽管 D'可以测量连锁不平衡的强度，但 D'值在很大程度上依赖于样本的大小，当样本较小，特别是标记中有出现频率很小的等位基因时，$|D'|$值将偏高，因而影响判断。

2. 单体型、单体型域与标签 SNP

（1）单体型（haplotype）：位于一条染色体上或某一区域的一组相关联的 SNP 位点。假设一个片段上有 N 个 SNP 位点，则理论上存在 2^N 种 SNP 单体型。实际上，大多数染色体区域只有少数几个常见的单体型（$P>5\%$），代表了一个群体中人与人之间的大部分多态性。不同民族、群体单体型类别和频率不同。

（2）单体型域与标签 SNP：如果两个 SNP 位点次要等位基因频率均大于 5%，需检验的标记位点数目从 5 万多个编码区 SNP（cSNP）到数百万个 SNP 不等。大量研究发现人类基因组不但 SNP 的密度很高，而且 SNP 间的连锁不平衡也广泛存在，由于相互之间连锁不平衡的关系，染色体可按照 LD 划分为多个单体型域(haplotype block)，单体型域少数 SNP 可以代表所在区域其他 SNP，这样就大大减少了复杂疾病中需要检测的 SNP 的数量，所以连锁不平衡能进行便捷的基因组关联研究，是关联研究的基础。这少数的几个有代表性的 SNP 被称为标签 SNP（htSNP 或 TagSNP）。

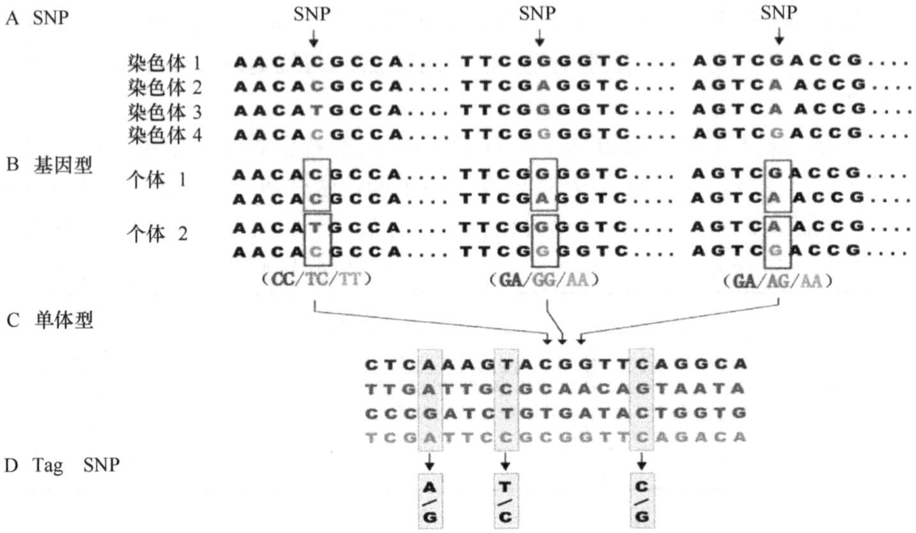

图 5-43　SNP、基因型、单体型及标签 SNP

A. 一段 DNA 上的 SNP 位点。来自不同个体的四条染色体的这一段 DNA 的大部分序列相同，但有 3 个位点表现出差异；B. 每个 SNP 有两个可能的等位位点（alleles）；C.单体型一个 Haplotype 由临近的一系列 SNP 等位位点组成，图中显示从一个 6000bpDNA 片段上检定出的 20 个 SNP 的排布类型，包括 a 中的 3 个位点（第二排箭头）；D. 标签 SNP 只要检定分型 20 个 SNP 中的 3 个，就足以确定这一段序列的单体型。例如，如果测出一个染色体的标签 SNP 是 A-T-C，则这一序列是单倍型 1

3. 关联研究

1）关联研究的定义

关联研究（association study）是基于群体中无亲缘关系的个体，通过检测某个遗传标记位点在病例组和正常对照组中等位基因频率的差异，推测该遗传标记位点和疾病间是否存在因果关系的方法。一般情况下，关联研究不依赖于家系信息，由于样本资源丰富、分析方法简便，是目前遗传定位研究中最常用的分析方法。

关联研究在研究多基因病中发挥重要作用，它不仅可以评价候选位点，也可以对经过连锁分析定位于某一染色体区域的基因进行精细定位。目前大样本以及详细家族病史信息的收集，不同人群、种族之间的比较正在成为国际上复杂疾病关联研究的趋势，有计划地建立不同种族、不同疾病的遗传数据库可以大大节约资源，是我国 863 重大科技攻关计划和十五攻关计划的内容。随着人类基因组计划的完成，关联研究的方法在复杂疾病中识别和定位易感基因将更加广泛。

2）关联研究的位点选择

关联研究是基于“常见疾病，常见变异”（common disease，common variant）的假设。基于这一假设我们在选取研究位点时应尽量寻找人群中频率较高的位点，

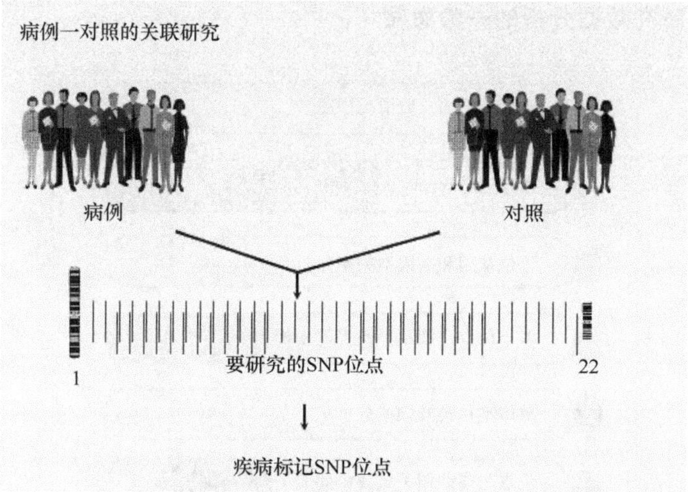

图 5-44　关联研究

即高频 SNP。现在普遍认为 SNP 研究是人类基因组计划走向应用的重要步骤。SNP 将提供一个强有力的工具，用于高危群体的发现、疾病相关基因的鉴定、药物的设计和测试以及生物学的基础研究等。大量存在的 SNP 位点，使人们有机会发现与各种复杂疾病相关的基因组突变；从实验操作来看，通过 SNP 发现疾病相关基因突变要比通过家系来得容易；有些 SNP 并不直接导致疾病基因的表达，但由于它与某些疾病基因相邻，而成为重要的标记（图 5-45）。

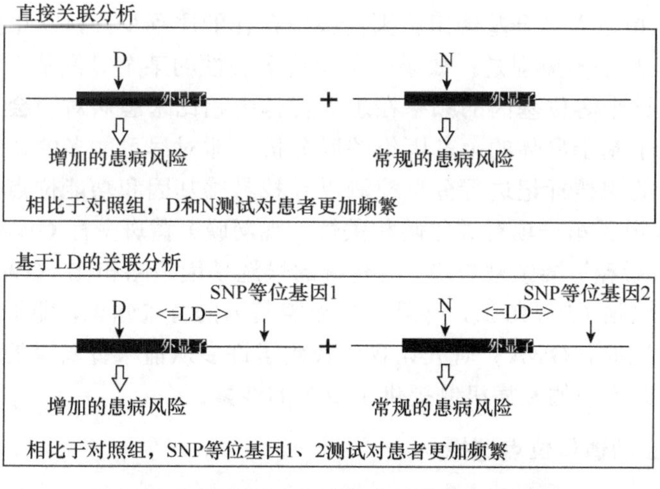

图 5-45　直接关联分析和基于 LD 的关联分析

位于外显子区的位点可能引起基因功能改变，称为直接关联。有些位点处于非基因间或内含子的位点，它本身可能不会影响基因的改变，但根据连锁不平衡可判定该位点上游或是下游的功能位点与疾病相关

3）关联研究数据分析的一般思路

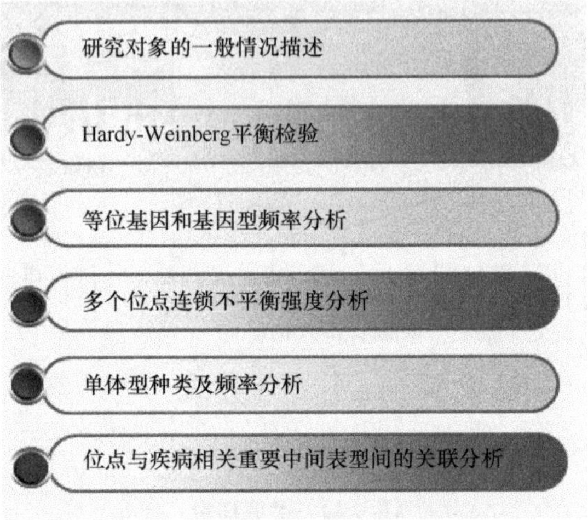

图 5-46　关联分析的一般思路

4. 全基因组关联研究

随着技术的发展，各种高通量技术（基因芯片技术等）大量涌现，并伴随着人类基因组计划和国际人类基因组单体型作图计划的完成，全基因组关联研究（genome wide association study，GWAS）在技术上和费用上逐渐变得可以实现，因此也逐渐成为人们关注和讨论的焦点。

GWAS 是指在人类全基因组范围内找出存在的序列变异，从中筛选出与疾病相关的 SNP。其基本原理是：如果一个遗传多态性的某个等位基因会导致患病风险上升，那么这个等位基因的频率在患病群体中相比未患病对照会更高，根据这一原理，出现了基于群体的全基因组关联分析，即对尽可能多的、遍布全基因组的、超高密度的遗传标记进行分型检测以寻找易感基因和功能位点。自 2005 年 *Science* 杂志报道了第一项有关年龄相关性（视网膜）黄斑变性 GWAS 以来，一系列 GWAS 如雨后春笋陆续被报道。与传统的候选基因策略相比，GWAS 费用昂贵，检出位点关联性强（$P<10^{-6}$），并且事先无需基因的背景知识，即不需要预先假设易感基因[27]。同时，GWAS 研究让我们找到了许多从前未曾发现的基因以及染色体区域，为复杂疾病的发病机制提供了更多的线索。

1）GWAS 的遗传位点选择

GWAS 的特点是不再选择候选基因或是候选染色体区域，而是针对整个基因组的 SNP。从 2003 年起，由国际单体型图谱计划协作组起始 HapMap 计划以来，到目前已发现了约 300 万个 SNP 位点，这就为 GWA 提供了强有力的工具[28]。研

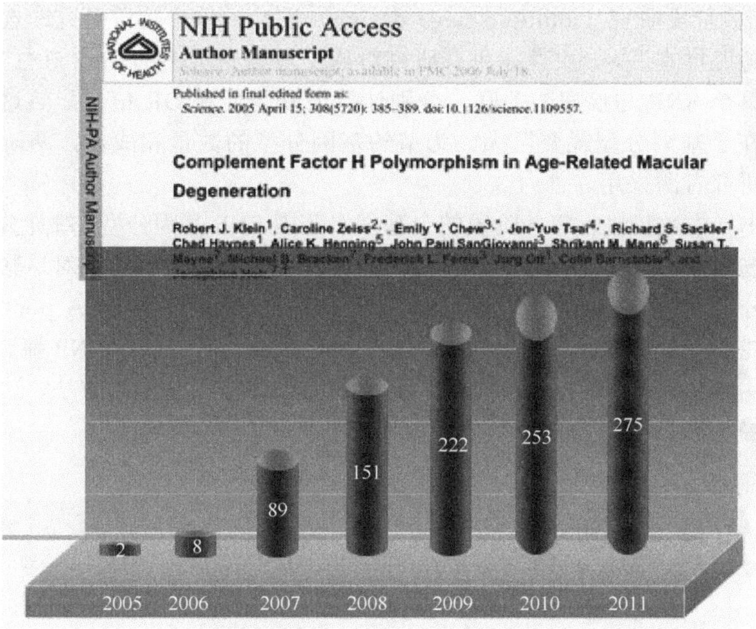

图 5-47　GWAS 相关论文逐年递增

究人员并不需要对所有的 SNP 进行检测，通过选取单体型中具有代表性的 TagSNP 进行直接的研究，就能间接达到对全基因组的考察。鉴于高覆盖度的 SNP 位点检测将耗费大量的经费，研究人员可以根据实际情况以及已掌握的某种疾病的遗传背景知识，从 HapMap 数据库中筛选出少量的 SNP 进行分型检测。

2）GWAS 的统计分析原理

其基本原理与一般关联研究相同，对于质量性状和数量性状采用的统计分析方法也不同。如病例对照研究设计（质量性状），比较每个 SNP 的等位基因频率在病例和对照组中的差别可采用 4 格表的卡方检验，计算相对危险度（odds ratio，OR 值）及其 95%的可信区间，进而可以计算归因分数（attributable fraction，AF）和归因危险度（attributable risk，AR）。GWAS 是针对单一因素与疾病关系之间的关联研究，因此需要调整主要的混杂因素，如年龄、性别等，采用 logistic 回归分析，以研究对象患病状态为因变量，以基因型和混杂因素作为自变量进行分析。当研究设计是基于随机人群时（数量性状），如研究 SNP 与某一疾病数量表型的关联时，如 BMI，我们比较该位点 3 种基因型携带者 BMI 水平是否有差别（单因素方差分析），当需要调整混杂因素时，采用协方差分析或者线性回归方程。

3）GWAS 的设计

GWAS 设计分为单阶段研究（one-stage design）和两阶段研究（two-stage

design）或多阶段研究（multiple-stage design）设计。单个阶段研究即选择了足够的病例和对照样本后，一次性在所有研究对象中对所有选中的 SNP 进行基因分型，然后分析每个 SNP 与疾病的关联，分别计算关联强度和 OR 值。显然这种设计的最大缺陷在于基因分型耗资巨大。为节约基因分型的数量和成本，两阶段研究正在被更多研究者所采用。

采用小样本数量进行第一阶段的全基因组范围 SNP 基因分型，统计分析过后一般能够筛选少量阳性 SNP，之后的第二阶段再在更大数量的样本中对这些阳性 SNP 进行基因分型，最后整合两个阶段的结果进行分析。研究证明 DNA pool 和微阵列试剂盒均能够降低基因分型的工作量，能够进行低成本高效益的 SNP 筛选[29, 30]。第一阶段采用 DNA pool 的方法，而第二阶段采用个体基因分型的方法，这样一种结合策略既经济且把握度较高[31, 32]。

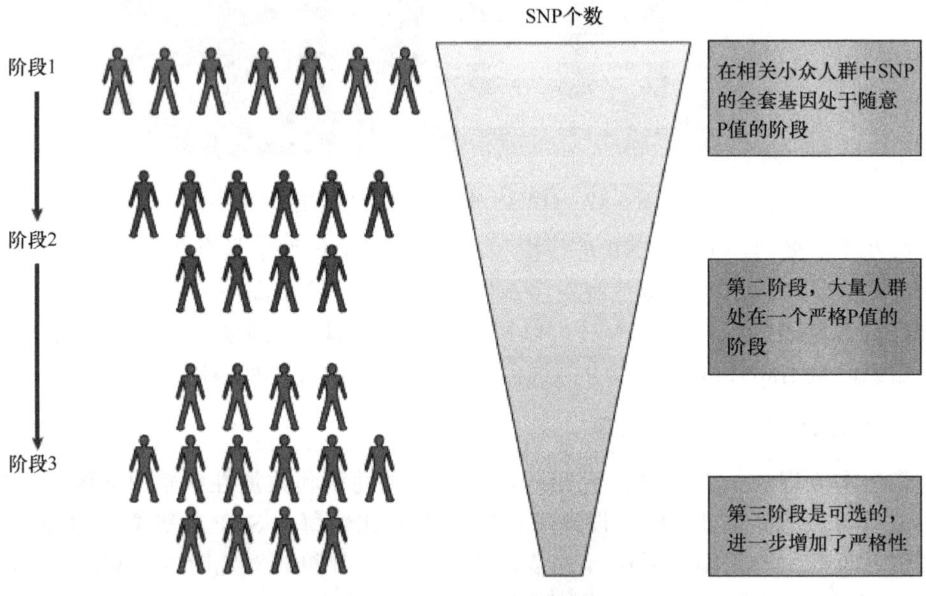

图 5-48　多阶段研究思路

4）GWAS 结果分析

在 GWAS 中，人群分层（population stratification）和多重假设检验调整（multiple testing adjusting）是引起研结果分析误差的最主要原因。

人群分层产生的问题即使在研究对象是同一种族人群时也仍然存在，而且现有的研究方法尚未能有效地解决此类问题；对于多重假设检验，如果采用较为宽松的方法就可能导致 I 类错误，即出现大量的假阳性关联；但是如果采用最为严格 Bonferroni 校正，则又可能导致过度校正，结果使假阴性概率增加，而与疾病真正关联的 SNP 难以发现。

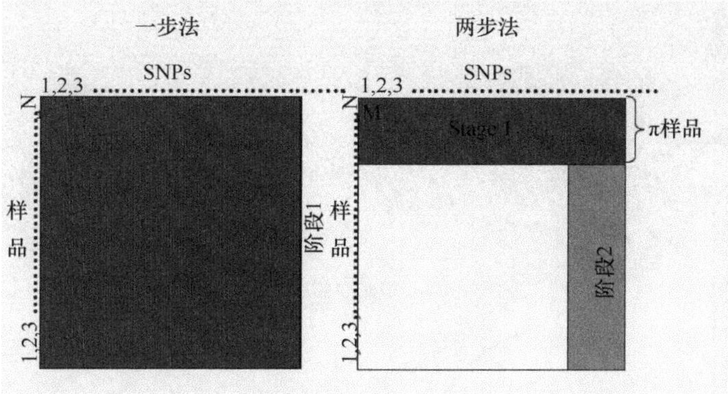

图 5-49　一步法和两步法在成本上的比较

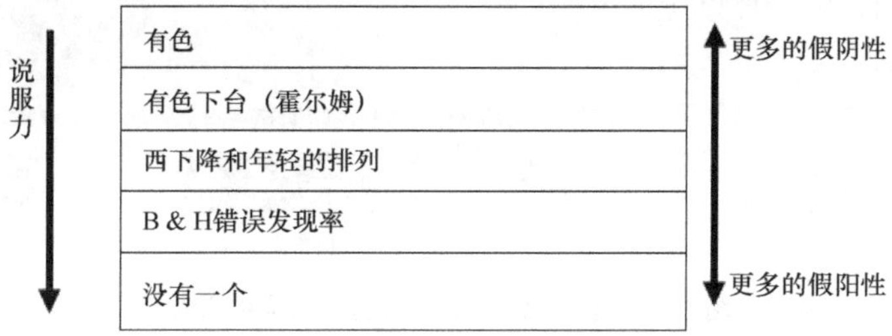

图 5-50　不同检验方法及其可能出现的错误

由于 GWAS 的各种研究设计方法以及遗传统计方法无法从根本上消除人群分层、多重比较造成的假阳性，我们需要通过重复研究来保证遗传标记与疾病间的真关联。一方面通过增大样本数量来提高检验效率，增加与疾病相关联的 SNP 的概率。另外，在两个人群中分别对样本中所有的 SNP 进行基因分型，之后再交换重复测量对方得到的阳性 SNP。这样做首先保证了低假阴性率，随后在较大样本中重复阳性结果又最大程度地避免了假阳性的产生。

5）GWAS 的局限性

虽然以 SNP 为基础的 GWAS 已经成为近年来研究复杂疾病易感基因的主要手段，然而这些易感位点仅仅能解释疾病遗传因素的一部分。GWAS 并非万能药，它依赖于较大的样本，芯片检测费用昂贵；况且由于存在样本人群混杂、数据分析方法的不同等因素会造成假阴性、假阳性结果的出现。并且大量研究证实，具有高外显性的位点其变异频率较低，而常见 SNP 位点通常为低外显性。随着高通量测序技术的进步，在今后的研究中，研究人员会更多的关注低频变异位点以及这些位点间联合作用对疾病产生的影响。

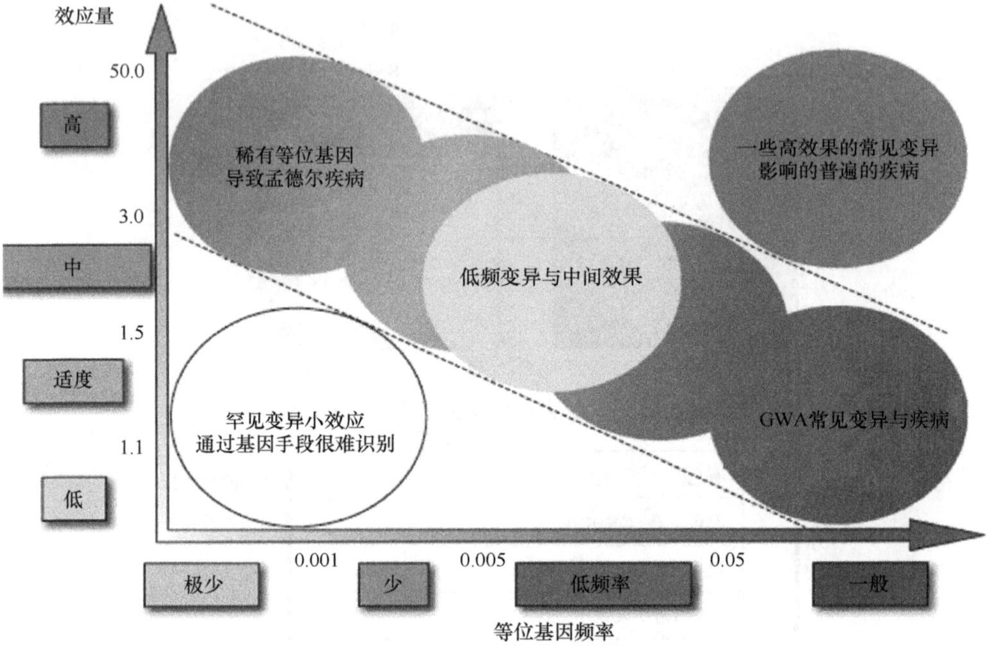

图 5-51　位点变异频率与功能效应的关系

三、重要的 SNP 数据库及使用

1. 国际人类基因组单体型图计划

国际人类基因组单体型图计划（international HapMap project，HapMap 计划）是继国际人类基因组计划之后人类基因组研究领域的又一个重大研究计划。HapMap 计划起始于 2002 年，由美、加、中、日、英、尼日利亚等国研究机构发起、参与及完成。我国由中科院北京基因组所牵头，承担 3 号、21 号和 8 号染色体短臂单体型图的构建，占总计划的 9.5%。项目取样来自 270 个正常个体，其中欧洲 30 个三联家系，亚洲 45 个中国人，45 个日本人，非洲 30 个三联家系。

该项目的所有数据都将免费向公众发布（http: //hapmap.ncbi.nlm.nih.gov/），包括：SNP 在 270 个体 DNA 样品中的基因分型结果，SNP 位点及单体型在每个人群中的频率，以及用于鉴定单体型的标签 SNP；随着测序技术的提高及样本的增多，新确定的 SNP 位点也被纳入。

2. HapMap 数据库及使用

（1）进入 HapMap 的主页，选择最新一期的数据集。

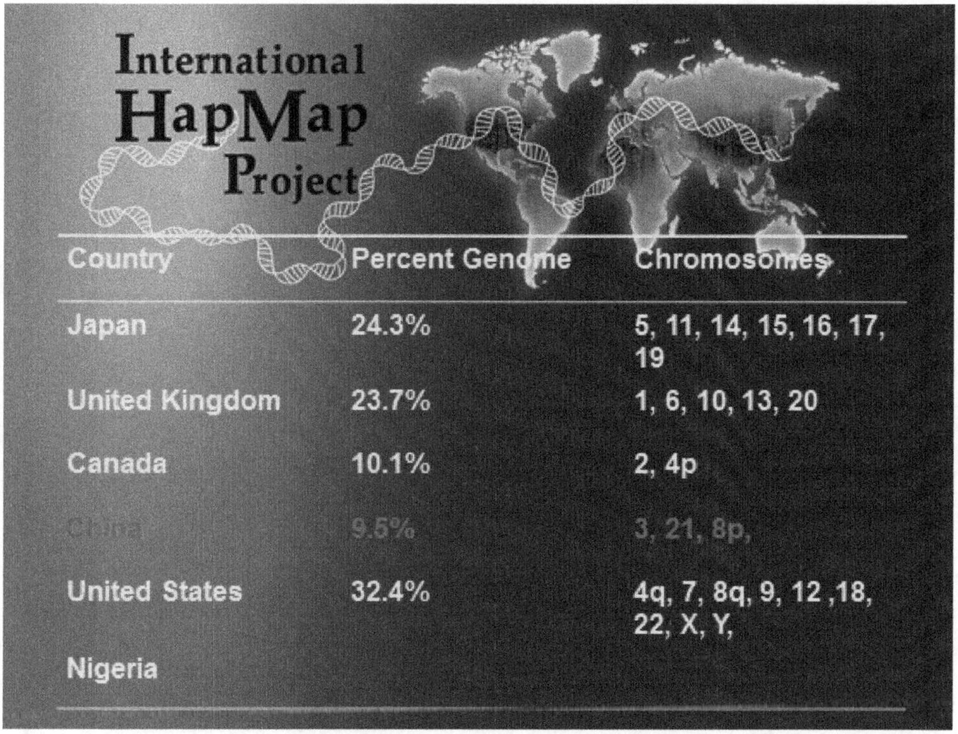

图 5-52　HapMap 计划各国承担任务

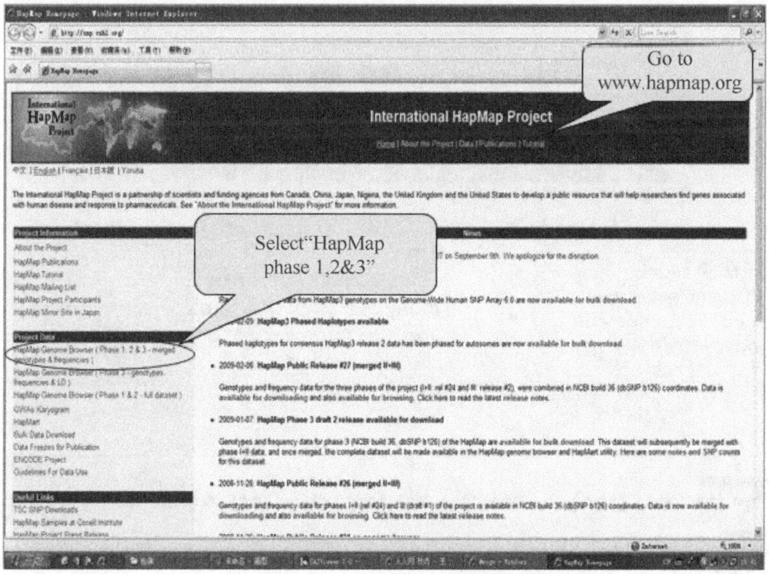

图 5-53　HapMap 的主页

（2）在搜索框中输入要查找的内容，基因名（如 TCF7L2）、染色体中某一区域（如 Chr9：660 000…760 000）、SNP 位点（如 rs677）等。

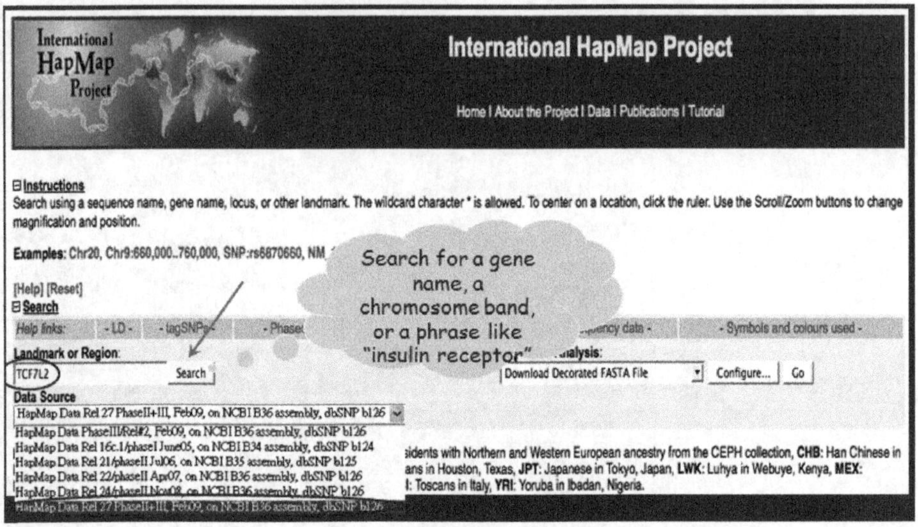

图 5-54　HapMap 搜索框

（3）信息总览可以预览目标区域在染色体中的位置，通过标尺的缩放进一步查找相关位点信息。

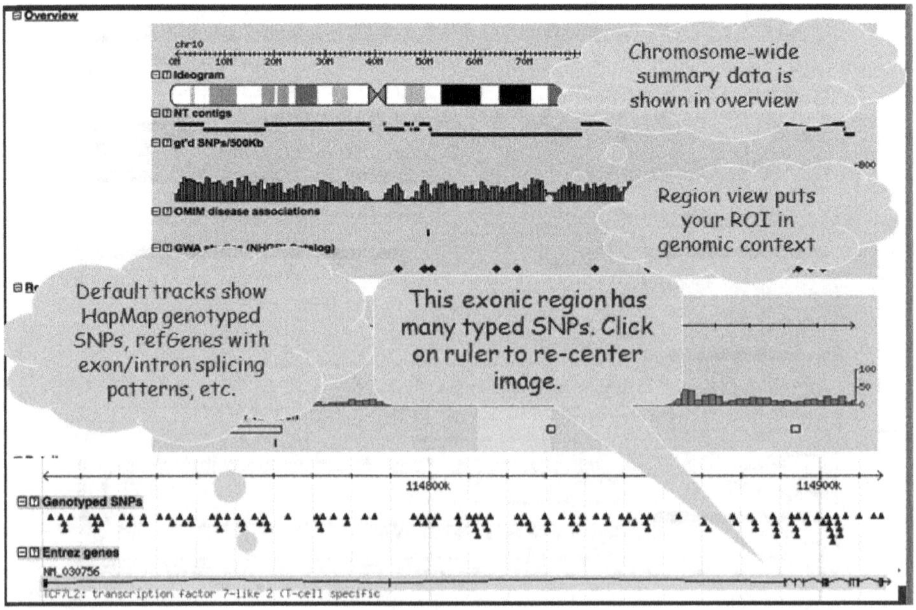

图 5-55　HapMap 信息总览

（4）数据下载配置下载信息，选择所需人群数据，如中国汉族人群 CHB，保存为 txt、光盘或是软件读取的形式，点击执行。

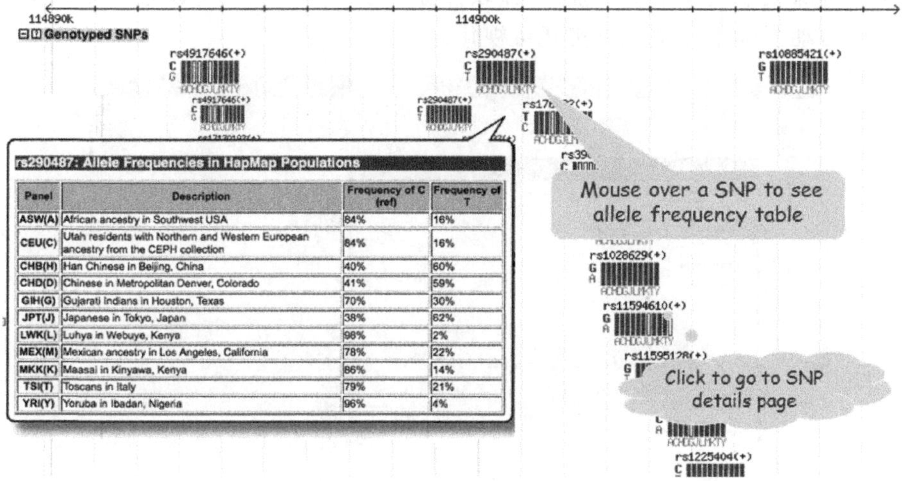

图 5-56　HapMap 数据下载

（5）应用 Haploview 软件分析

Haploview 是一款利用已有的基因型数据来计算连锁不平衡统计量并推断人群单体型模型的公用软件包。可免费下载使用（http：//www.broadinstitute.org/haploview/haploview2downloads）。其主要功能是进行单体型、单体型域及其频率分析以及 TagSNP 的选择等。

将从 HapMap 网站上下载的软件读取数据导入 Haploview 软件。

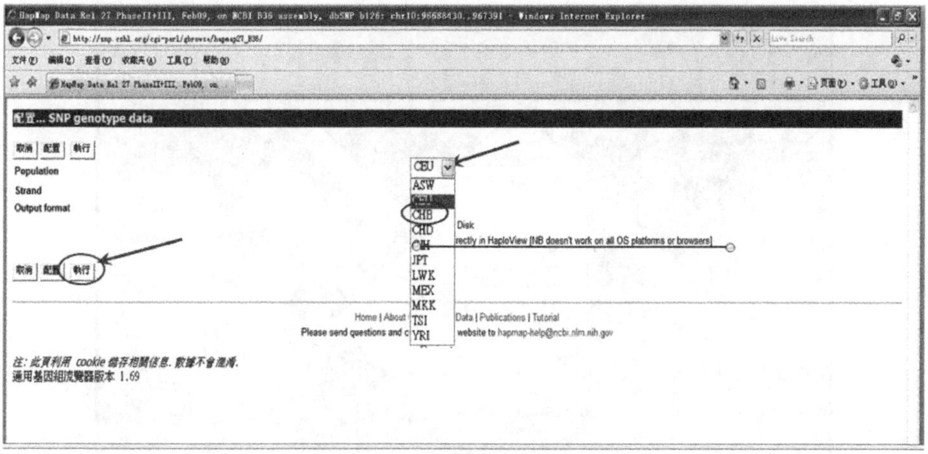

图 5-57　HapMap 数据导入

a. 连锁不平衡及单体型域分析 Haploview 通过对数据处理，计算各位点间连锁不平衡的程度（*D*'、r^2、LOD 值），通过颜色的深浅表示位点间连锁不平衡的强度（颜色越深表示连锁平衡越强）。该软件提供了三种不同的方法进行单体型域的估计，可自动生成单体型域，实现可视化。

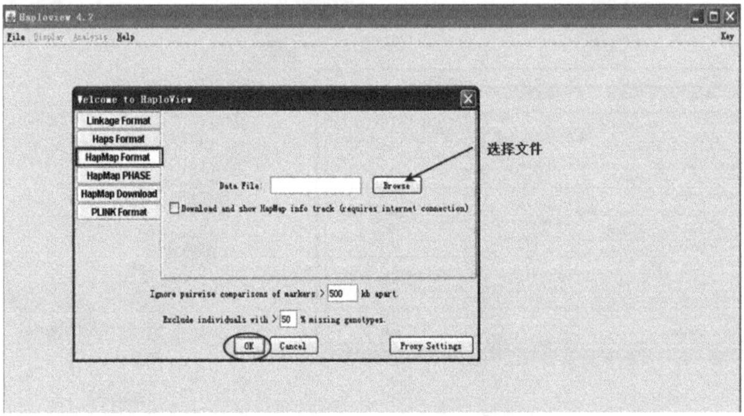

图 5-58　HapMap 数据导入路径选择

b. 单体型分析 Haploview 软件运用最大期望值算法对单体型进行预测。如图 5-59 所示，在 Haplotypes 窗口中显示了每个单体型域中单体型的频率以及单体型域之间的关系。不同域之间的交叉线，反映了其间的重组水平；此外通过 Display 选项中 show tagger 显示域中的 TagSNP（以灰色倒三角符号显示）。

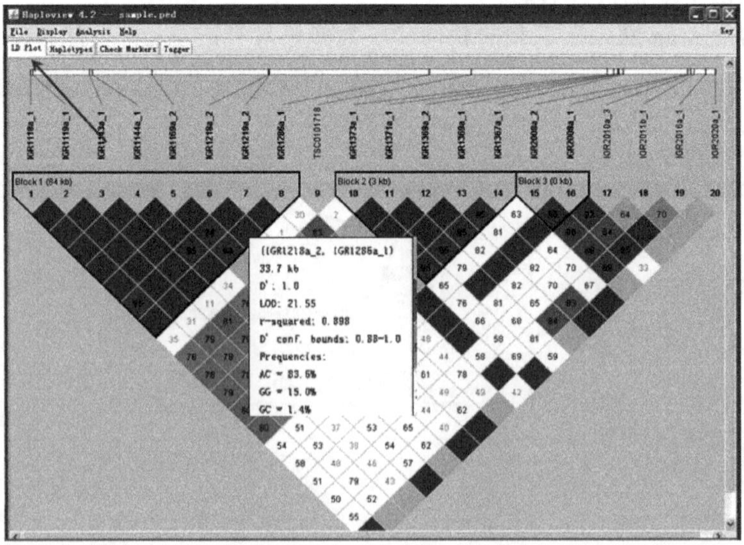

图 5-59　HapMap 结果展示

c. TagSNP 分析点击“Tagger”，可以进一步选择 TagSNP。r^2 指的是两个位点间的统计学关联。一般认为两点间的 r^2 大于或等于 0.8，就可以用一个点代表另外一个点。

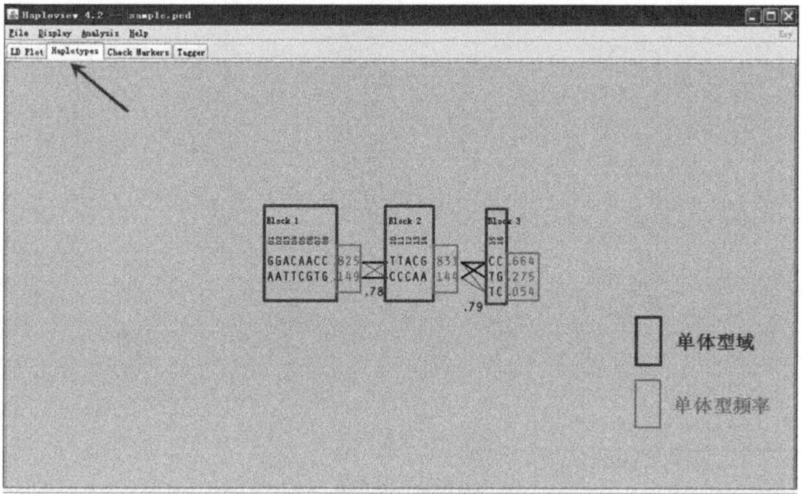

图 5-60　HapMap 选择位点

左边 Tests 显示所有的可用 TagSNP，点击其中一个，在下方的捕获栏中所显示的就是该位点所捕获的等位基因。

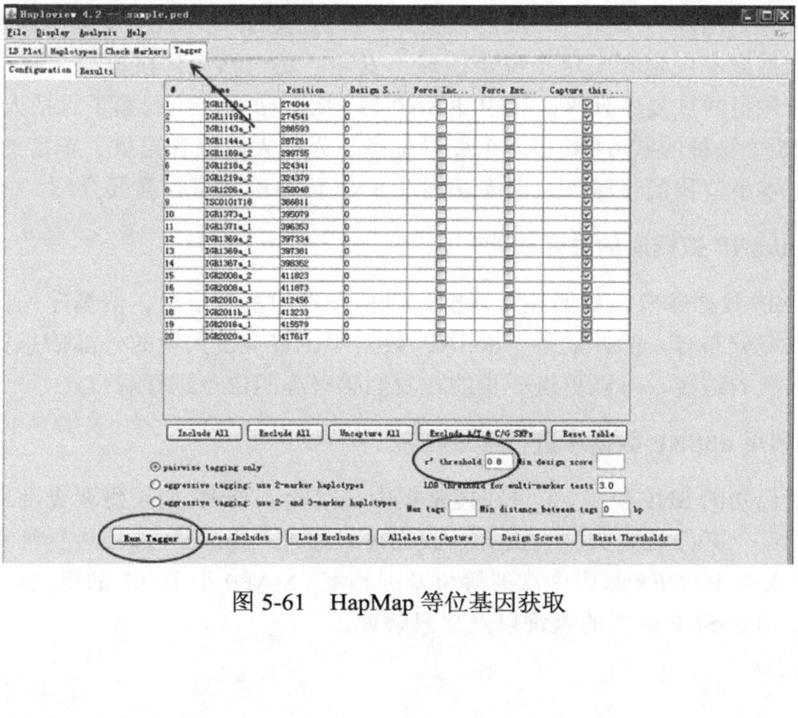

图 5-61　HapMap 等位基因获取

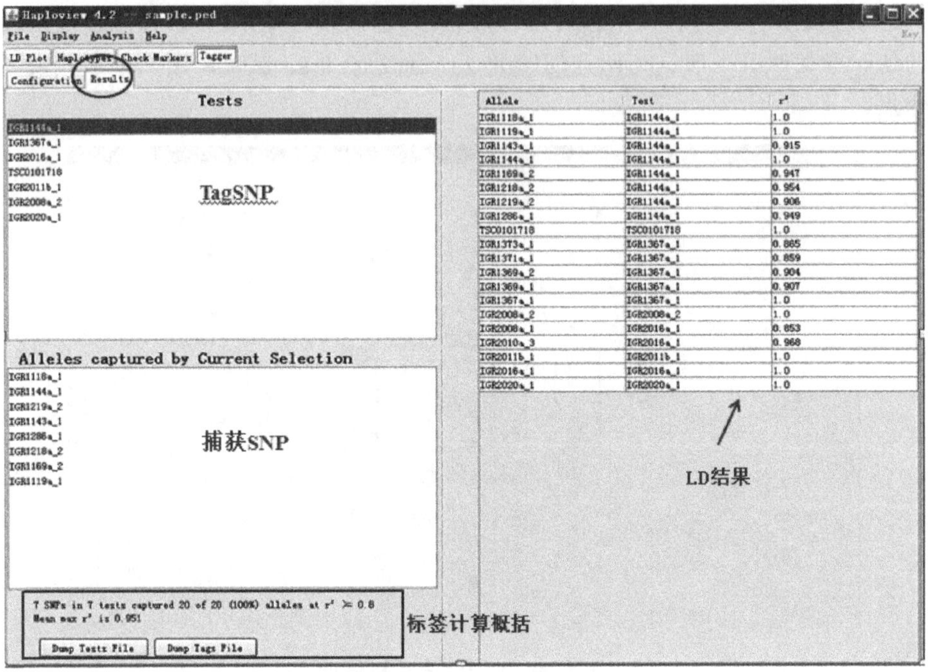

图 5-62　HapMap 结果显示

3. dbSNP 数据库

dbSNP 数据库一个免费开放的数据库，它由 NCBI 与 NHGRI 协作创建的数据库。该数据库不仅包含了单个位点的碱基变异，还包括短片段的插入缺失、微卫星标记和短串联重复序列等。其中 dbSNP 131 期数据库已经积累了包括人、小鼠、水稻等 55 个物种的共 6400 多万个变异位点，为广大研究者提供了丰富的 SNP 位点信息。本小节我们将对该数据库功能及 SNP 信息检索进行简要介绍。

1）dbSNP 数据库的主要功能

dbSNP 数据库有很好的注释功能，包括位点的基本信息、侧翼序列信息以及人群中频率分布等。除此之外，dbSNP 数据库还整合了大量的外部信息资源，通过点击相关的链接，可以更进一步的对我们感兴趣的位点进行研究。

2）利用 dbSNP 数据库进行信息检索

对于已知的 SNP 位点，可以在搜索框中直接输入查询；如果想要查询未知 SNP 位点，如某一基因特定类型的变异，我们可以通过“limits”选项进行筛查。下面以查找“人类 *MTHFR* 基因中次要等位基因频率（MAF）小于 0.2 的错义突变位点”为例，介绍 dbSNP 数据的查询以及信息解读。

（1）运用‘limits’筛选

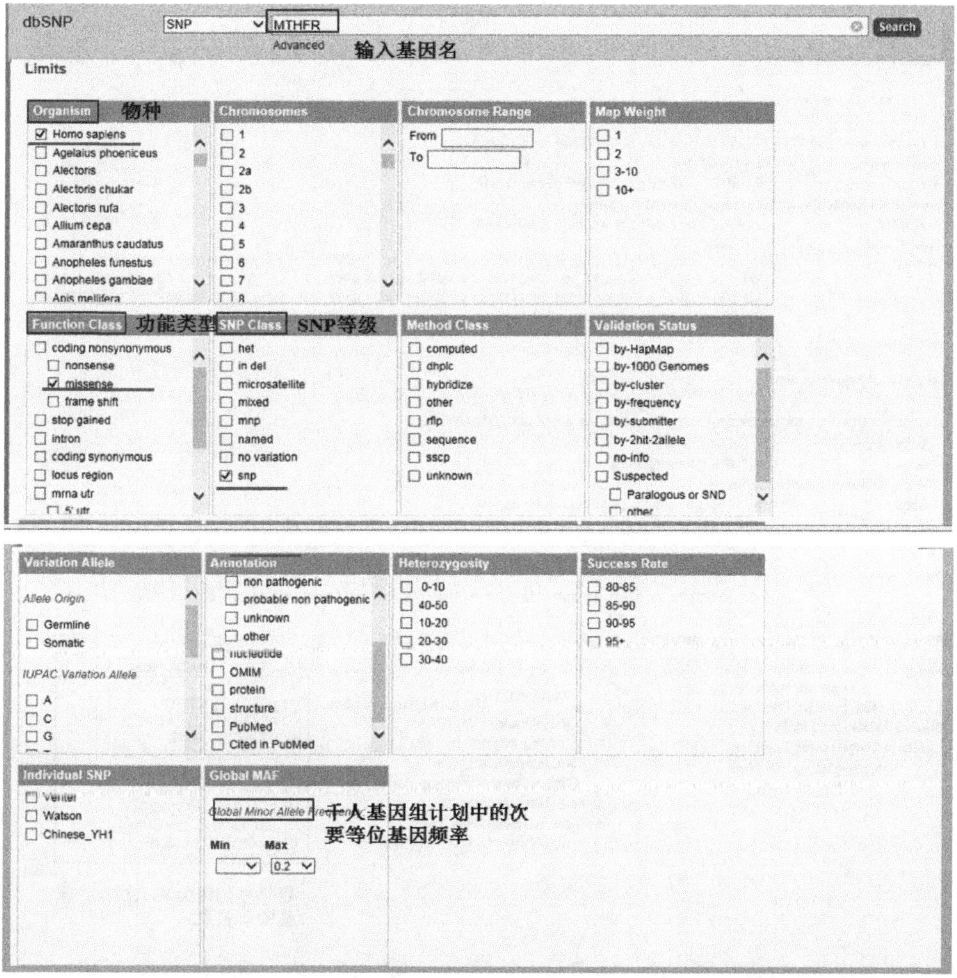

图 5-63　HapMap 基因筛选

（2）获取结果通过设置选项查询，共有 43 个结果符合筛选标准。点击进入即可获取该位点更多的注释信息。

（3）位点注释信息解读

除了 HapMAP 数据库以及 dbSNP 数据库，还有一些网站根据不同需求提供相关信息。总体上说，各类 SNP 数据库间都有外部资源的链接网址，且大多是以 HapMap 和 dbSNP 中的信息为核心。例如，SNPedia 数据库是一个基于 wiki 的生物信息学网站。对于 SNP 报道的每篇文章都提供了一个简短的描述，并有链接到科学论文和个人基因组学的网站以及 SNP 基因芯片信息等。截至 2014

年 8 月 8 日，网站上有 57 190 个 SNP 在其数据库中，这些位点很多是具有重要功能意义的位点（图 5-64 和图 5-65）。

图 5-64　基因组 DNA、cDNA 和氨基酸位置及位点所在的基因信息

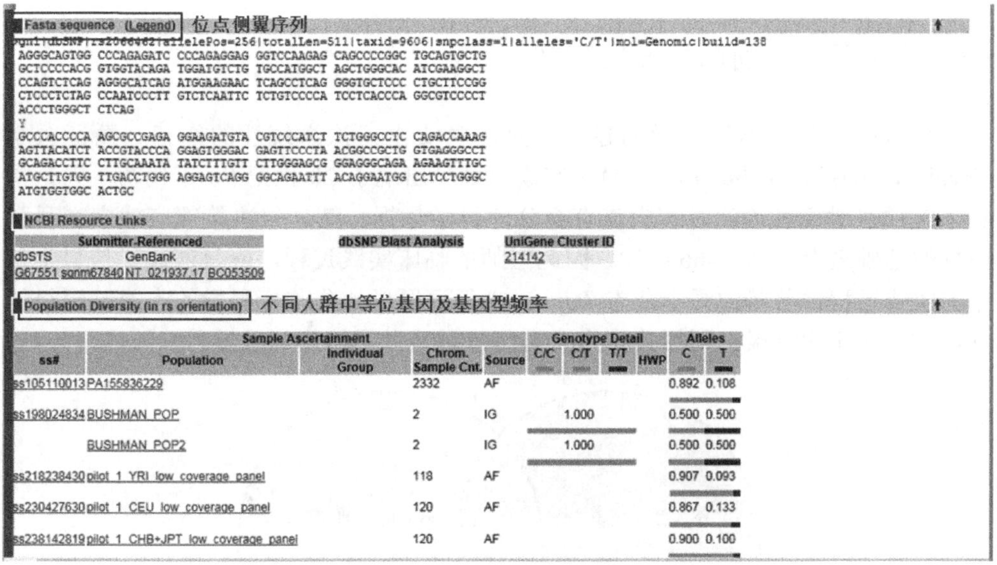

图 5-65 位点侧翼序列、等位基因及基因型频率

4. 小结

SNP 研究是人类基因组计划走向应用的重要步骤。研究人员利用 SNP 这一强有力的工具，可以实现高危群体的发现、疾病相关基因的鉴定、药物的设计和测试以及生物学的基础研究等。本章介绍了 SNP 的相关基础知识、SNP 检测技术、SNP 数据资源利用以及基于 SNP 的关联研究定位策略。对于 SNP 检测的方法，根据研究的需要，学生应能够熟知采用何种平台进行 SNP 分型；对于 SNP 数据库资源及软件的使用，学生应在课后上机进行操作以巩固其使用方法，通过网站相关链接的学习并结合生物信息学基础知识，相信在实验设计及临床工作中会有更多的收益。

第六节 循证医学及相关信息资源

人类基因组计划完成后，随着基因测序技术的发展及其成本的不断下降，基因信息呈爆炸式增长，而我们也正经历着循证医学的“个体化”订制——后基因组学的重点已转向功能基因组学、药物基因组学等致力于个体化健康的研究。在实验室向临床的转化过程中循证医学理论体系中的诸多方法学都具有指导意义，即基因健康信息在运用到个体化医疗前，都应有充分的证据。本节将重点介绍循证医学的理念、相关的数据库及其基因组健康信息的查询方法，旨在为临床及科研工作者提供更可靠的基因健康信息证据。

一、循证医学的国内外发展现状

从传统医学到循证医学的建立，是医学史上一次系统性的修正。循证医学（Evidence-based medicine，EBM）的概念最早出现于20世纪90年代初，它是指临床医师在对患者诊治时都应该有充分的科学依据，其任何决策都应建立在科学证据的基础之上（图5-66）[33]。因此医师的临床实践过程，应是遵循最佳科学依据的实践过程。著名的医学杂志*Lancet*把循证医学比作临床科学的人类基因组计划，美国《纽约时报》则将其称为“震荡与影响世界的伟大思想之一”。

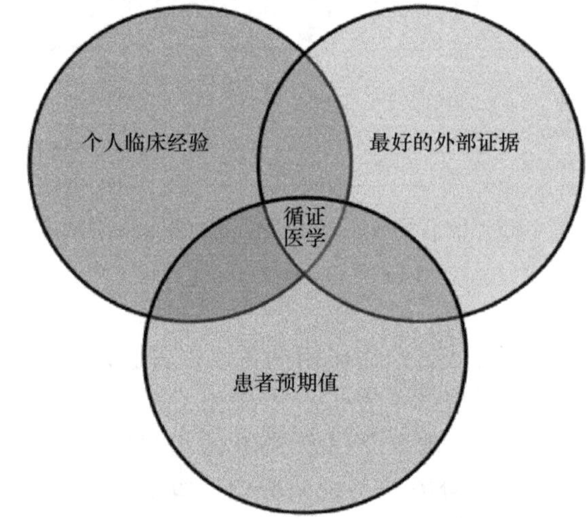

图5-66 循证医学是医生的个人经验、外部最佳证据以及患者价值观的有机结合

20世纪90年代中期，循证医学（EBM）这一临床思维方式在欧美发达国家得到前所未有的重视和普遍应用。国外的EBM教育已深入到医学教育中，并成为很多院校的必修课程；日本也开设EBM教育，在临床课绪论中进行或在统计学课程中讲授，也有专题讲座的形式等。我国循证医学研究起步并不算晚，1997年7月卫生部批准在华西医科大学成立中国Cochrane中心，开展循证医学方法学的研究和普及推广工作。一年后中国Cochrane中心在成都华西医科大学正式成立，标志着我国临床医学迈入EBM时代。近年来虽然部分院校也在相应的本科及研究生教育中对EBM作以介绍，但仍有部分医学院校还处于空白状态。总体来看，EBM在我国临床实践、撰写论文、开展临床科研等方面的应用还非常薄弱。

近20余年来，在全世界医学及生物学专家的共同努力下，循证医学、基因组学乃至后基因组学都取得了巨大的成就。循证医学的理论体系日益完善，研究方法更趋成熟，循证医学的模式也越来越受广大科学工作者的推崇，并渗透到各个相关学科。进入到21世纪以来，社会的发展促进了人们生活水平的不断提高，疾病谱也发生了重大变化。人们已不再满足于传统的寻医治病，而更多关注的是如何预防疾病的发生，进而提高生活品质。临床医学开始逐渐强调个体化医疗模式，这种模式的提出是基于人类基因组计划的完成以及新医疗模式（生物-心理-社会-环境-精神）的出现，充分体现了以人为本的理念。循证医学时代对个体化医疗的理解和要求促进了对个体化医疗的实践研究，真正使外部研究证据、医师的个人经验与患者有机结合，作出明确、合理的决策。循证医学与个体化医学的关系是宏观与微观，群体证据与个体应用的关系，两者实际上是一致的。许多发达国家相继启动了国家级的个体化医疗项目，尤其是在肿瘤的靶向治疗及药物敏感性研究等方面。早在2003年日本就启动了个体化医疗计划（personalized medicine project），此外，美国、英国、瑞典等国家也有相关项目的实施。西方的个体化医疗计划主要研究内容包括建立高质量的生物资源库（如复杂疾病易感基因数据库）和临床信息数据库，旨在发现复杂重大疾病的易感基因和各种药物的敏感基因；鉴定特定的分子靶标位点，研发新药，提出新的诊疗方案；研究基因-环境交互作用，并用于基因导向下的疾病预防；提高药物疗效，减低药物副作用等。虽然已有一定的研究成果，但我们也应当充分认识到这些努力仍处于探索阶段：很多新的研究并未在大样本人群得到重复结果，无法作为循证证据；此外动物实验证实有效的药物在人体内是否可用，仍是未知，基因导向下的个体化医疗距离广泛的临床应用尚有一定距离。考虑到这些问题的存在，我们可以清楚地看出，只有遵循循证医学这一理念，通过不同种族、多样本获取的可重复性结果才可以作为最佳、可信的证据，也是实现基因导向下个体化医疗的基础。

二、循证医学的研究方法

1. 循证医学的实践步骤

（1）确定拟弄清的临床问题：遵循国际通用的PICO原则设计研究策略。

（2）检索相关文献：收集资料，寻找最佳证据。

（3）严格评价文献：应用临床流行病学及EBM质量评价标准，从证据的真实性、可靠性、临床价值及其适用性作出具体的评价。

（4）应用最佳成果用于临床决策中：将获得的真实可靠的并有临床应用价值的最佳证据，用于指导临床决策；否定经严格评价认为乏效甚至有害的治疗措施；对于尚难定论并有期望的治疗措施，可为进一步研究提供信息。

（5）不断提高改进：通过对患者的实践，总结经验教训，从中获益，促进学术水平和医疗质量的提高。由此可见，循证医学是与时俱进的，它强调所有决策应是基于最新的科学证据。

2. 循证医学的证据

近年来生物信息量的剧增，使得循证医学的证据并不仅仅限于临床证据。实验室的基础研究成果就是对循证医学证据的有力补充，如基于SNP的基因分型能够发现个体对药物治疗的敏感性，进而决定药物治疗的效果和副作用，这些证据已经在肿瘤靶向治疗中已得到初步的应用（图5-67）[34]。

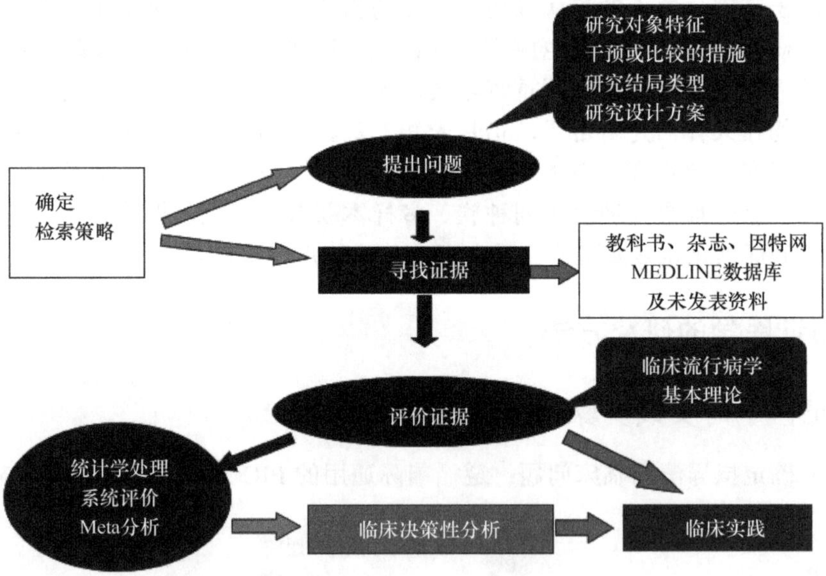

图5-67　循证医学的实践步骤

1）循证医学的证据分类

循证医学提供的证据，按照研究方法可分为原始研究证据和二次研究证据。原始研究证据是直接对单个患者所进行的有关病因、诊断、预防、治疗和预后等实验研究所获得的第一手数据，通过统计学处理、分析、总结后得出的结论。主要包括单个的随机对照实验（randomized controlled trial）、队列研究（cohort study）、病例-对照研究（case-control study）等。

二次研究证据是尽可能全面地收集某一问题的全部原始研究证据，进行严格评价、整合处理、分析总结后得出的综合结论，是对多个原始证据再加工后得到的更高层次的证据，如系统评价、Meta 分析（Meta-analysis）等。

2）循证医学的证据分级

临床或是实验室基础试验为疾病诊断治疗提供了依据，虽同为临床证据，但其可靠性是不同的。循证医学的证据经历了从最初针对有效性的老五级到 2001 年英国循证医学中心修订的过渡阶段的混合新五级分级，再到 2004 年美国学者提出的新九级分级等阶段（图 5-68）。

证据分级：老五级→新五级→新九级

老五级证据

一级	收集所有质量可靠的 RCT 后作出的系统评价或 Meta 分析结果 大样本多中心随机对照试验
二级	单个大样本的 RCT 结果
三级	设有对照但未用随机方法分组的研究 病例对照研究和队列研究
四级	无对照的系列病例观察
五级	专家意见、描述性研究、病例报告

新五级证据

等级	研究类型：治疗/预防，病因/危害
1a	同质 RCT 的 SR
1b	单个 RCT（可信区间窄）
1c	全或无病案系列
2a	同质队列研究的 SR
2b	单个队列研究（包括低质量 RCT，如随访<80%）
2c	结果研究：生态学研究
3a	同质病例对照研究的 SR
3b	单个病例对照
4	病例系列研究（包括低质量队列和病例对照研究）
5	基于经验未经严格论证的专家意见

三、循证医学资源及数据库

循证医学资源的主要类型为系统综述（systematic review）、实践指南（practice guideline）、随机临床试验（randomized controlled trial，RCT）等。随着循证医学的迅速发展，其信息资源逐渐丰富且分布广泛。这些数据库内容的丰富及时地在为循证医学服务方面做了许多改进：各种循证医学新数据库或网站的涌现，或是在原有综合性数据库的基础上增加了与循证医学有关的检索功能。目前有关循证医学数据库的类型既有光盘数据库，也有网络数据库；有文摘索引型数据库，也有事实型或全文型数据库。欧美等发达国家在数据库建设方面也是走在前端，尤其是 Cochrane Library 的出现，对世界范围内循证医学实践和卫生管理科学决策的迅速发展起到巨大的推动作用。本节就对 Cochrane 等循证医学专业数据库以及 PubMed 综合数据库中的循证医学证据检索作以介绍。

图 5-68　循证医学证据的分级

1. Cochrane Library（考克兰图书馆）

Cochrane 数据库是获取循证医学证据的主要来源。1992 年以流行病学、内科专家 Archie Cochrane 命名的 Cochrane 中心在英国牛津大学成立，并于 1993 年成立了 Cochrane 协作网，该数据库中高质量的系统综述是世界各国医学人员获取科学证据的最佳来源。Cochrane 数据库是由 John Wiley & Sons 国际出版社出版，每季度更新一次，可免费获取文摘 http：//www.thecochranelibrary.com。

其下包含 6 个子数据库：The Cochrane Library 循证医学数据库，包括六个子数据库内容：Cochrane Database of Systematic Reviews（Cochrane Reviews）；Database of Abstracts of Reviews of Effects（Other Reviews）；Cochrane Central Register of Controlled Trials（Clinical Trials）；Cochrane Methodology Register（Methods Studies）；Health Technology Assessment Database（Technology Assessments）；NHS Economic Evaluation Database（Economic Evaluations）。这里主要介绍前三个数据库的内容（图 5-69）。

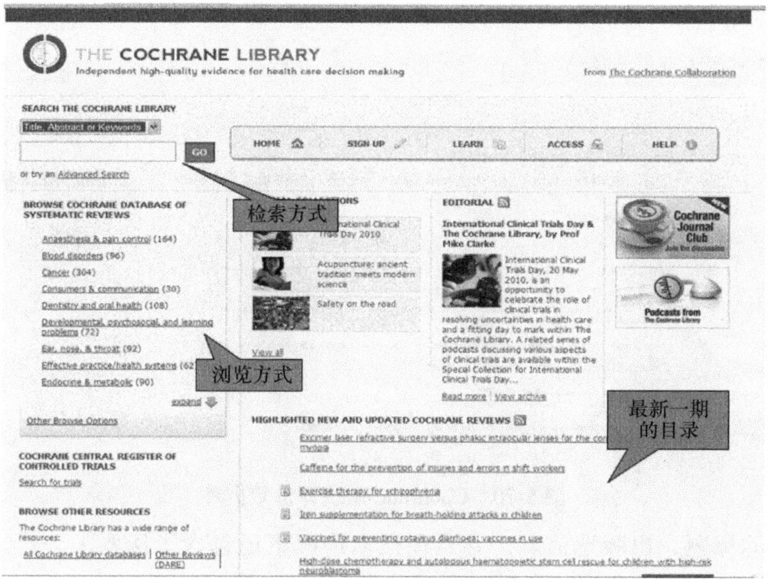

图 5-69　Cochrane 数据库界面

1）Cochrane 系统评价数据库（Cochrane Database of Systematic Reviews，CDSR）

该数据库是医学保健领域系统评估的领先资源，由 Cochrane Collaboration 内部的 Cochrane Review Groups 经过严格的审核发布，2013 年影响因子 5.939。研究在某种医疗状况下为防治、治疗和康复进行的干预效果，旨在帮助面临医疗保健问题的医生、患者、决策者和其他人士作出选择。每个评价的主题均针对一个明确界定的问题，例如，抗生素能够减缓咽喉疼痛的症状吗？根据严格的指导方针进行评论，以确定是否就某种特定疗法具有决定性的证据。

该库收录由 Cochrane 协作网系统评价组在该系统统一工作手册（The Reviewer's Handbook）的指导下完成，包括系统评价和研究方案，并不断补充和更新读者的建议和评论以及新的临床试验。共有 51 个系统评论小组，针对特定的疾病或其他健康卫生方面的问题给予系统评论定义，并判定治疗方法是否有效（图 5-70）。

2）疗效评价文摘数据库（Database of Abstracts of Reviews of Effects，DARE）

该库由英国约克大学的国家卫生服务部（NHS）评价和传播中心提供。是唯一收录经过严格审核标准的系统评论摘要数据库。不同之处是只收集了评论性摘要、题目及出处，没有全文。

3）Cochrane 临床对照实验数据库（Cochrane Central Register of Controlled Trials，CENTRAL）

包括摘自书目数据库和其他出版资源已发表论文的详情。CENTRAL 包括

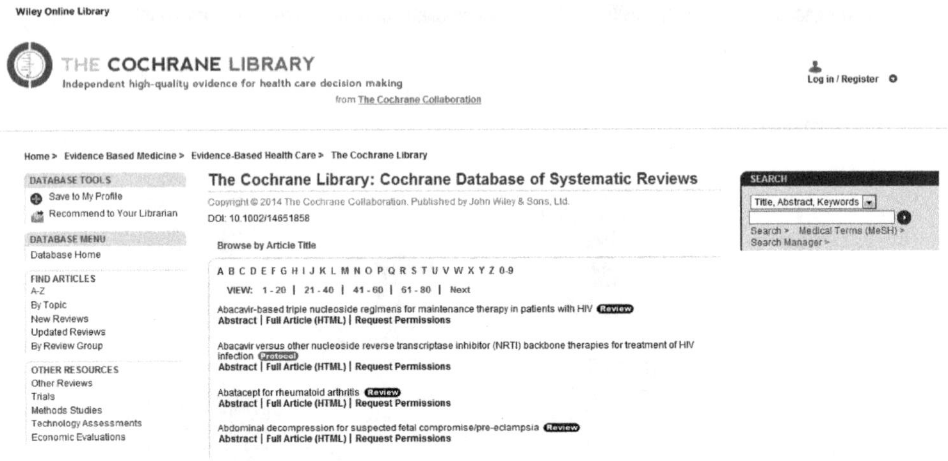

图 5-70 Cochrane 系统评价数据库

每篇论文的标题、出版地信息，并且在很多情况下还包含了摘要。

4）Cochrane 的检索方式

基本检索规则：①支持布尔算符，优先运算用括弧，如（colchicine AND liver）AND(fibrosis OR cirrhosis)；②默认空格为 AND 运算，强迫空格加“ ”，如“clodronate therapy”，OR 可用“，”替代；③*号可用作截词、？号可用作替代检索，如 meniere* or ménière*，m？ni？re*都可查到 Meniere's or Ménière's；④$：通配符，表示 0～1 字母，如 colo$r 检出 color or colour；⑤大小写不敏感。

对于感兴趣的用户可通过浏览、快速检索、高级检索，以及医学主题词(MeSH)检索等多种形式进行查找（图 5-71）。

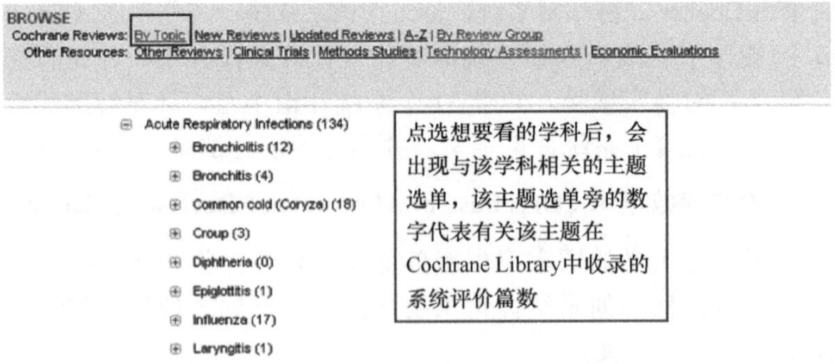

图 5-71 浏览检索

如何通过该数据库查找基因健康信息呢？我们以乳腺癌 *BRCA1* 的基因检测为例进行高级检索（图 5-72）。

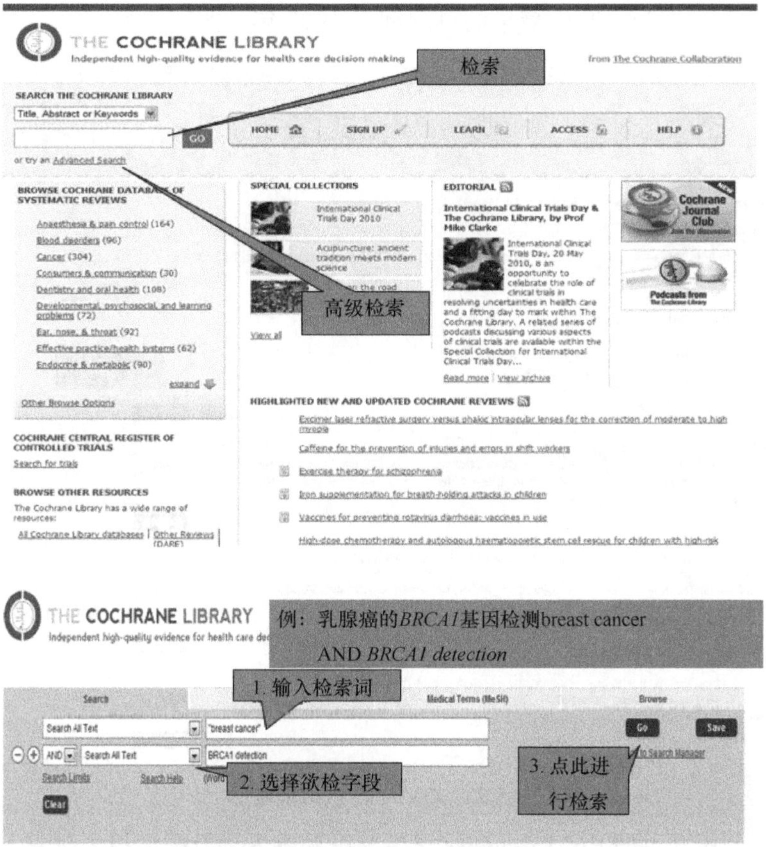

图 5-72　快速检索和高级检索

此外，还可以通过主题词的检索进行更专业的查找。主题词作为一种受控的人工语言，直接选择专有的名词，检索更准确。美国国立医学图书馆编制的权威性主题词表——Medical Subject Heading（MeSH）。它的优势是：容易排列概念、简明专指、词语和概念一一对应，避免同义多义词，能显示概念间关系等。在进行检索时，用户输入一个主题词后，系统会自动显示该主题词所能组配的副主题词。副主题词（subheading）又称限定词（Qualifier），与主题词进行组配，对某一主题词的概念进行限定或复分，使主题词具有更高的专指性，如诊断（diagnosis，DI）、药物治疗（drug theray，DT）等。

2. OVID 数据库

OVID 公司是世界著名的数据库提供商，目前已包含医学、生物等多领域上百个数据库，如临床各科专著及教科书（Book@Ovid）、循证医学（EBM）、MEDLINE、EMBASE，以及医学期刊全文数据库（journals@Ovid full Text）等。后者集中了上千种重要的医学期刊，其中最早的可回溯至 1993 年（图 5-73）。

图 5-73 OVID 检索结果显示

OVID 公司开发的 EBM Reviews 是专为医药界人士及医学相关研究人员研发的数据库。它收录了医学研究中具有临床实证基础的资料，供临床医师、研究者使用，可节省他们大量阅读医学文献的时间。它主要由 ACP Journal Club（ACP）、Cochrane Central Register of Controlled Trials（CENTRAL）、Cochrane Database of Systematic Reviews（CDSR）和 Database of Abstracts of Reviews of Effects（DARE）4 个数据库组成。ACP 包括 *ACP Journal Club* 与 *Evidence-based Medicine* 2 种期刊。*ACP Journal Club* 由美国内科医师学会出版，*Evidence-based Medicine* 由 ACP 与英国医学期刊集团公司联合出版。ACP 的编辑人员定期对 50 种以上的核心临床医学期刊进行筛选，搜寻最佳的原始和评论性文章，对所选文章进行结构化整理后，摘出其中重要的医学实证，并提供有临床实践价值的评论。

除了 Cochrane Library、OVID 外，专业的循证医学数据库还有 EMBASE（http：//www.embase.com/）、BMJ Clinical Evidence（http：//www.clinicalevidence.com/）、Uptodate（http：//www.uptodate.com/home）、MD Consult（http：//www.mdconsult.com/）等（图 5-74～图 5-77）。这些数据库的检索方式基本和 Cochrane Library 相似，不同之处在于个别数据库根据特殊的需求在证据资源提供的基础上，附加了

用户感兴趣的内容以及相关外部资源的链接。例如，EMBASE 数据库能查到其他地方无法查到的参考文献，这归功于 EMBASE.com 独特的索引形式；BMJ Clinical Evidence 数据库专门设置了药品安全提醒功能；MD Consult 提供了临床医师参与病例分析，在线记录个人见解的个性化服务等。

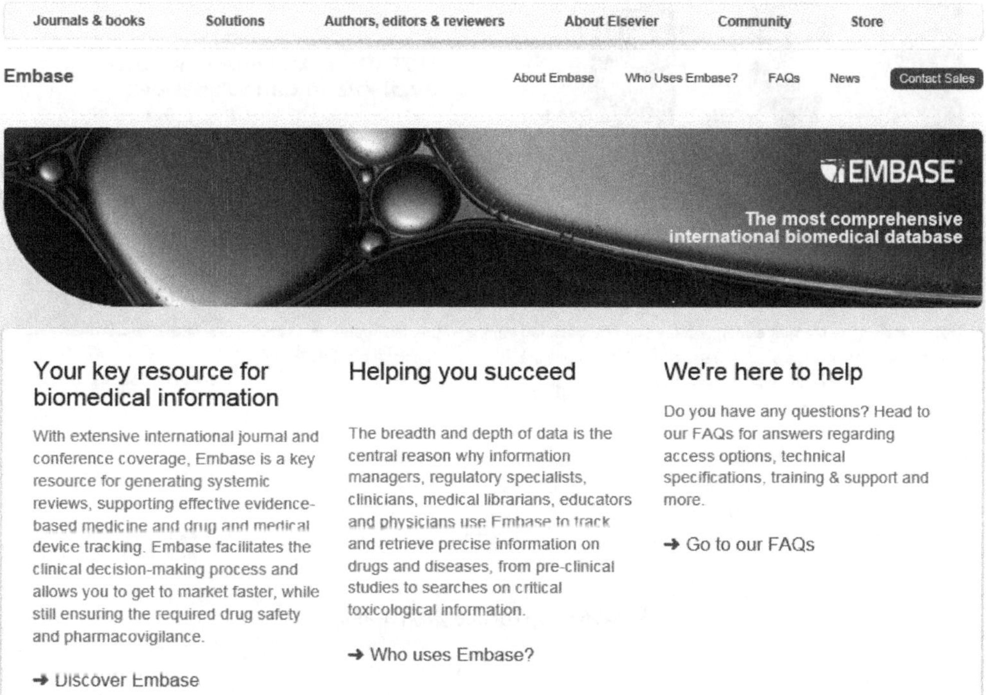

图 5-74 EMBASE 数据库界面

图 5-75 BMJ Clinical Evidence 数据库界面

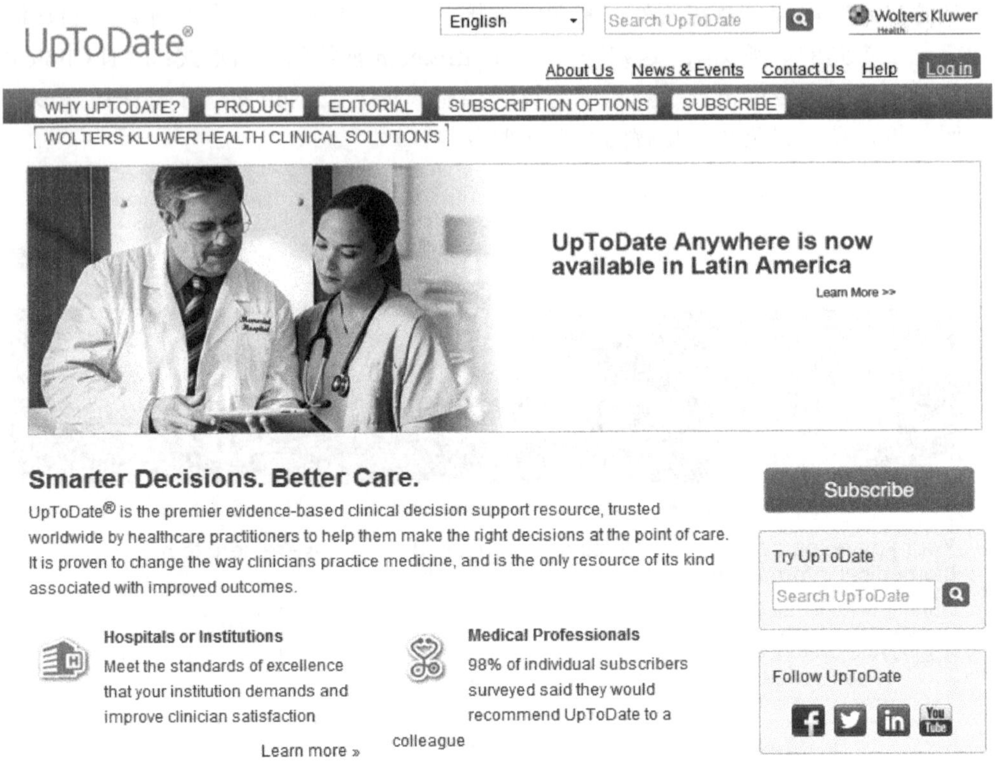

图 5-76 UpToDate 数据库界面

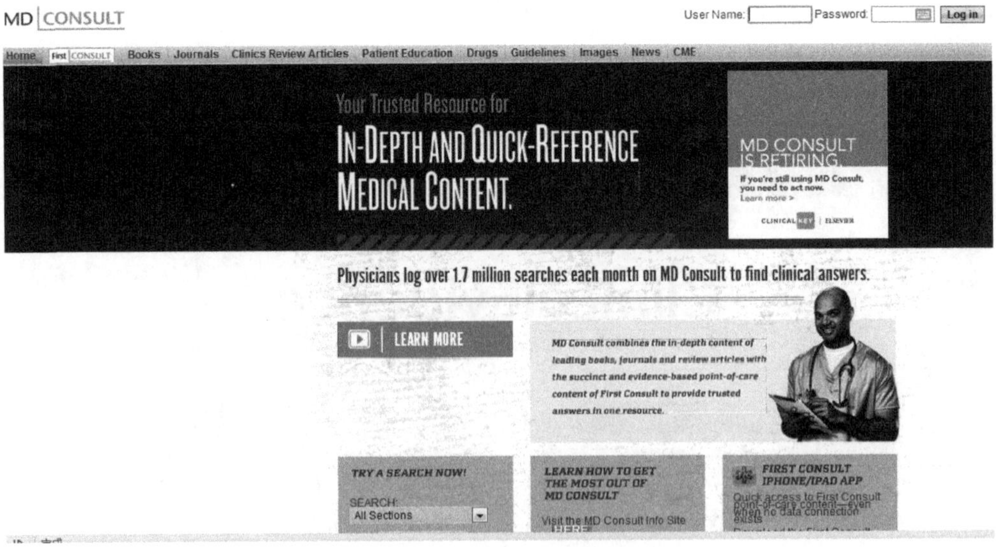

图 5-77 MD Consult 界面

3. 综合数据库 PubMed 中循证资源的查找

PubMed 是美国医学图书馆下属国家生物技术信息中心开发的基于 Web 的检索系统，是 NCBI Entrez 目录式检索系统中的重要组成部分。该系统收录了 1948 年以来 19 000 000 条生物医学文献记录，并且提供部分文献的全文链接以及相关资源的链接站点，PubMed 中有 7395 种期刊可提供网络版全文，其中 1070 种期刊提供免费全文（部分免费或全部免费），是国际上公认的最具权威的生物医学文献检索系统。

通过 PubMed 数据库查找基因健康相关的循证信息，可以通过三种渠道获得：特殊字段的限定、Clinical Queries 以及 Limits 中的文献。其中 Clinical Queries 是 PubMed 数据库提供的根据预先设计好的检索策略而建立的嵌入式过滤器，能够让临床医师方便快捷地获取可靠循证证据（图 5-78～图 5-80）。

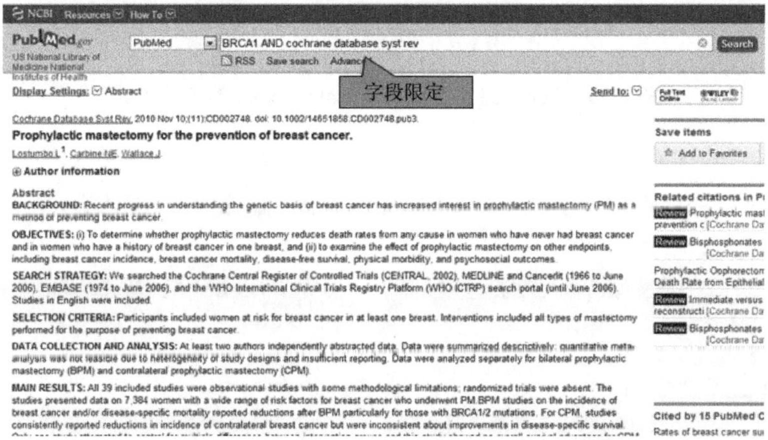

图 5-78　通过字段限定查找 *BRCA1* 基因相关循证证据

4. 小结

循证医学是近几十年来在医学实践中发展起来的一门新兴学科，随着循证医学在世界范围内的发展和普及，它越来越成为广大临床医生和科研人员普遍关注的问题。人类基因组计划的完成以及高通量测序技术的发展促进了生物信息的爆炸式生长，而这些信息能否成为循证证据并运用到临床实践中还需要系统的评价和大量重复实验的验证。虽然目前已有循证医学数据库包含了大量循证医学证据，但有关基因健康信息的证据仍很少，可见实验室的数据在应用到临床实践前仍有很长的路要走，基因导向下的个体化医疗任重道远。本节介绍了循证医学的基本理念以及相关数据库的检索，旨在指导读者无论是在临床研究还是在基础研究过程中，都应坚持以循证理念为基础。

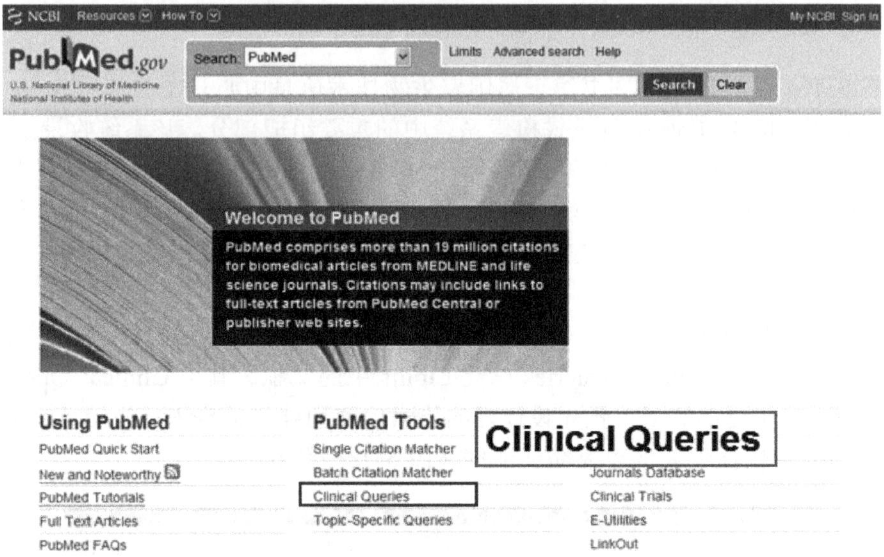

图 5-79　PubMed 界面中 Clinical Queries 的查找方式

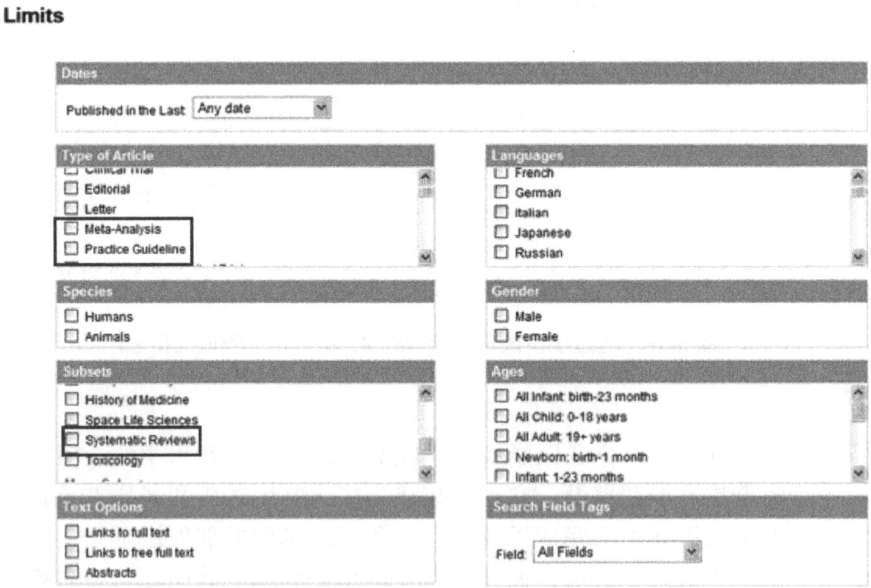

图 5-80　PubMed 中通过 Limits 限定文献类型

参 考 文 献

[1] Orlando V, Strutt H, Paro R. Analysis of Chromatin Structure by<i>in vivo</i>Formaldehyde Cross-Linking. Methods, 1997, 11(2): 205-214.

[2] 侯琳, 钱敏平, 朱云平, 等. 转录因子结合位点生物信息学研究进展. 遗传, 2009, 31(4): 365-373.
[3] 李婷婷, 蒋博, 汪小我, 等. 转录因子结合位点的计算分析方法. ACTA BIOPHYSICA SINICA, 2008, 24(5).
[4] 李松倍. 生物分子网络的相似子网搜索算法研究及应用. 上海大学, 2009.
[5] 刘天婵, 余应年. 生物信息学在基因转录调控研究中的应用. 中国病理生理杂志, 2004, 20(4): 668-672.
[6] Rakyan V, Whitelaw E. Transgenerational epigenetic inheritance. Current Biology, 2003, 13(1): R6.
[7] Ehrlich M, Gama-Sosa M A, Huang LH, et al. Amount and distribution of 5-methylcytosine in human DNA from different types of tissues or cells. Nucleic acids research, 1982, 10(8): 2709-2721.
[8] Bird A. DNA methylation patterns and epigenetic memory. Genes & development, 2002, 16(1): 6-21.
[9] Hanahan D, Weinberg R A. The hallmarks of cancer. cell, 2000, 100(1): 57-70.
[10] Peterson C L, Laniel M A. Histones and histone modifications. Current Biology, 2004, 14(14): R546-R551.
[11] 张耀, 宋陆茜, 吴凌云, 等. 骨髓增生异常综合征患者p15^(INK4B)基因甲基化与疾病进展的Meta分析. 肿瘤防治研究, 2013, 6: 006.
[12] Weber M, Davies J J, Wittig D, et al. Chromosome-wide and promoter-specific analyses identify sites of differential DNA methylation in normal and transformed human cells. Nature genetics, 2005, 37(8): 853-862.
[13] Tycko B. Epigenetic gene silencing in cancer. Journal of Clinical Investigation, 2000, 105(4): 401.
[14] Baylln S B, Herman J G, Graff J R, et al. Alterations in DNA methylation: a fundamental aspect of neoplasia. Advances in cancer research, 1997, 72: 141-196.
[15] Ehrlich M. DNA methylation in cancer: too much, but also too little. Oncogene, 2002, 21(35): 5400-5413.
[16] Mittag F, Kuester D, Vieth M, et al. DAPK promotor methylation is an early event in colorectal carcinogenesis. Cancer letters, 2006, 240(1): 69-75.
[17] 张松, 孔维佳. 死亡相关蛋白激酶基因启动子区过甲基化与喉癌的关系. 中华肿瘤杂志, 2004, 26(8): 469-471.
[18] 钱波, 朱立新, 耿小平, 等. 肝细胞癌 MGMT, DAPK, THBS1 和 RIZ1 基因甲基化研究. 中华普通外科杂志, 2005, 20(5): 291-294.
[19] 杨少辉, 戴冬秋. 胃癌 DAPK 基因甲基化的初步研究. 中华肿瘤防治杂志, 2007, 14(2): 93-95.
[20] Levine A J. p53, the cellular gatekeeper for growth and division. Cell, 1997, 88(3): 323-331.
[21] Fraga M F, Esteller M. DNA methylation: a profile of methods and applications. Biotechniques, 2002, 33(3): 632-649.
[22] Frühwald M C, Plass C. Global and gene-specific methylation patterns in cancer: aspects of tumor biology and clinical potential. Molecular genetics and metabolism, 2002, 75(1): 1-16.
[23] 张俊杰, 张立坚, 刘春安, 等. 组织中全基因组 DNA 甲基化的液相色谱-串联质谱分析. 质谱学报, 2010, 31(6): 326-330.
[24] 张华, 府伟灵, 黄庆, 等. 重亚硫酸盐修饰直接测序技术检测 p16 基因甲基化的研究. 重庆医学, 2006, 35(3): 222-223.
[25] 裴傲, 张亚卓, 万伟庆, 等. 甲基化特异性 PCR 法和限制性内切酶-PCR 法检测脑胶质瘤 hMLM1 基因启动子区甲基化. 神经疾病与精神卫生, 2006, 6(4): 247-249.
[26] 凡时财, 张学工. DNA 甲基化的生物信息学研究进展. 生物化学与生物物理进展, 2009, 36(2): 143-150.
[27] Hirschhorn J N, Daly M J. Genome-wide association studies for common diseases and complex traits. Nat Rev Genet, 2005, 6(2): 95-108.
[28] Kruglyak L. Power tools for human genetics. Nat Genet, 2005, 37(12): 1299-1300.
[29] Docherty S J, Butcher L M, Schalkwyk L C, et al. Applicability of DNA pools on 500 K SNP microarrays for cost-effective initial screens in genomewide association studies. BMC Genomics, 2007, 8: 214.
[30] Meaburn E, Butcher L M, Schalkwyk L C, et al. Genotyping pooled DNA using 100K SNP microarrays: a step towards genomewide association scans. Nucleic Acids Res, 2006, 34(4): e27.
[31] Bansal A, van den Boom D, Kammerer S, et al. Association testing by DNA pooling: an effective initial screen. Proc Natl Acad Sci U S A, 2002, 99(26): 16871-16874.
[32] Barratt B J, Payne F, Rance H E, et al. Identification of the sources of error in allele frequency estimations from pooled DNA indicates an optimal experimental design. Ann Hum Genet, 2002, 66(Pt 5-6): 393-405.
[33] Sackett D L. Evidence-based medicine. Semin Perinatol, 1997, 21(1): 3-5.
[34] Kaklamani V. A genetic signature can predict prognosis and response to therapy in breast cancer: Oncotype DX. Expert Rev Mol Diagn, 2006, 6(6): 803-809.

第三篇

应　用　篇

第六章　基因健康信息学系统应用体系

第一节　基因健康信息系统目标用户

如前所述，基因健康信息学涉及基因组信息的获取、处理、存储、分配、分析和解释等所有方面。具体而言，就是要构建研究基因组的数据库，发展包括算法、软件、硬件在内的有效的信息分析工具以及完善与基因组研究相关的国际互联网络。基因健康信息学的主要目标就是配合人类基因组计划的各项实验研究，测定人类基因组的完整核苷酸序列，确定约 10 万个人类基因在染色体上的位置，以及研究包括基因在内的各种 DNA 片段的功能，也就是“读懂”人类基因组。

BBC Research 预测基因检测的 2018 年全球市场达到 117 亿美元，未来 5 年 CAGR 达到 21.2%。在美国每年接受各类基因检测的人数超过 700 万人次。*Markets and-markets* 预测中国的基因测序产业 2012～2017 年 CAGR 达到 20%～25%。从基因健康信息的产业链来说，上游是设备和试剂供应商；中游是基因测序服务提供商；下游则是信息分析服务商以及医疗机构。基因健康信息系统的目标用户有如下几类。

1. 基因病筛查需求人群

目前，无创产前检查最为成熟，其中包括婚检孕检（检测夫妇双方是否携带致病基因，约 70 亿元以上市场规模）；人工授精（挑选健康受精卵植入母体）；产前检查（例如，针对高危人群唐氏筛查等，100 亿元以上市场规模）；新生儿早期基因检测等。

2. 个性化药物诊疗需求人群

借助基因诊断的差异化治疗有望提升治疗效果，减少副作用。研发增值服务，为药企研发带来福音，通过基因筛选药物反应人群进入临床实验，加快药品开发进程，加大获批可能性。

如抗癌药——吉非替尼，是一种选择性表皮生长因子受体（EGFR）酪氨酸激酶抑制剂，适用于治疗既往接受过化学治疗或不适于化疗的局部晚期或转移性非小细胞肺癌（NSCLC）。在该药的临床试验中，仅有约 10%的患者对吉非替尼有反应，表现为肿瘤迅速减小，且减小幅度很大。研究人员发现凡是对该药起反应的患者，他们的上皮细胞生长因子（EGF）都发生了一种特殊的突变。据此发展出鉴别该类突变的诊断测试方式和对其有反应患者的标准治疗方法。

3. 遗传疾病风险评估需求人群

已知自己的易感疾病，在生活中注意预防，注意环境因素，在患病前可以靶向性的“治未病”。

2013 年，美国影星安吉丽娜•朱莉通过基因检测发现自己是 *BRCA* 突变基因的携带者，进而选择接受了一系列的预防性切除手术。

在遗传性的卵巢癌和乳腺癌中，*BRCA* 基因的突变是一个主要的发病因素。*BRCA* 是人体内一种发挥抑癌作用的基因，正常情况下，它表达的蛋白质会帮助修复受损的 DNA，减少组织癌变的风险[1]。而当这个基因出现特定的突变时，抑癌作用无法正常发挥，突变基因携带者的患癌风险就会随之上升。除了 *BRCA* 基因以外，*TP53*、*PTEN* 等基因突变也与这些遗传性的癌症有关。表 6-1 总结了一些与乳腺癌、卵巢癌相关的基因。

表 6-1　疾病相关基因与主要异常表现

基因	相关综合征	主要异常
BRCA1	遗传性乳腺癌和卵巢癌	乳腺，卵巢，输卵管；男性乳腺，胰腺，前列腺
BRCA2	遗传性乳腺癌和卵巢癌	乳腺，卵巢，输卵管；男性乳腺，胰腺，前列腺
TP53	Li-Fraumeni	乳腺，软组织和骨骼肉瘤，白血病，脑肿瘤，肾上腺皮质恶性肿瘤，肺癌
PTEN	Cowden/PTEN hamartoma	错构瘤，唇乳头瘤和黏膜乳头瘤，肢端皮肤角化症，单发性毛鞘症，巨头症，内膜癌，乳腺癌，非髓样甲状腺癌，结肠癌，肾癌
CDH1	遗传性弥漫性胃癌	胃癌，乳腺癌
STK11	Peutz-Jeghers	消化道错构瘤样息肉，黏膜色素沉着，乳腺癌，小肠癌，胃癌，结直肠癌，肺癌，内膜癌，卵巢癌，性索间质肿瘤
Mismatch repair genes (MSH2,MLH1,MSH6,PMS2,EPCAM)	Lynch(hereditary nonpolyposis colon cancer)	结肠癌，内膜癌，卵巢癌，胃癌

虽说 *BRCA* 突变基因携带者发生卵巢和乳腺癌的风险增加，但并不代表有了这个基因突变就一定会得癌。表 6-2 列出了基因突变与癌症风险的对应关系。从中可以发现，有 *BCRA1* 基因突变的人发生乳腺癌的风险是 55%～65%，携带者还有 40%左右的可能性不会发病。

基因检测确实可以帮助我们发现一些癌症的高危人群，但它只是癌症风险评估和预防的一个方面，而且这些基因突变在人群中出现的频率并不高，在不同种族之间也存在着差异。以 *BCRA* 基因为例，*BCRA1* 的突变基因在非西班牙裔白人中的携带率大约为 0.25%[2]，而在犹太裔人群中突变基因更加常见，他们携带 *BRCA1* 或 *BRCA2* 高危突变的几率可达 2%以上[3]。因此，基因检测应该有针对性地进行，并不是所有人都需要接受这样的检测。

表 6-2　*BRCA* 突变发生乳腺癌/卵巢癌的风险

肿瘤类型	普通人群风险	*BRCA1* 突变的人的风险	*BRCA2* 突变的人的风险
乳腺	12%	55%～65%	45%
卵巢	1.4%	39%	11%～17%

在进行基因检测之前，医生需要首先了解种族、既往肿瘤病史、家族中近亲患有乳腺癌/卵巢癌的病史，对这些信息进行综合分析，然后确定哪些人真正需要检测。基因检测不能提供一个绝对的癌症风险的结论。阳性的结果不代表一定会发生癌症，更无法说明什么时候会发生。检测结果如果是阴性的（没有发现突变），或者发现一个或者多个意义不确定的突变，也很难得出确定的结论。广泛的基因检测结果带来的社会心理影响以及基因测序结果的私密性也是不容忽视的。大家可以设想，如果未来社会求偶、求职者都有基因数据，该引起多么复杂的波澜。

对于携带 *BRCA* 高危基因的女性来说，进行预防性的切除手术确实可以大幅减少癌症风险，例如，卵巢和输卵管的预防性切除可使这些女性死于卵巢癌的风险下降约 80%[1]。不过需要指出的是，这种手术并非十全十美。

首先，它并不能完全杜绝癌症的发生，因为预防性手术也不能保证将所有有癌变风险的组织全部清除。而且，除了乳腺和卵巢以外，*BRCA* 基因也与其他癌症风险相关，高危基因的携带者输卵管、腹膜、前列腺、结直肠、胰腺等部位可能也有更高发生癌症的风险。

比如说，在做了预防性切除卵巢的患者中，仍然有 2%的患者发生腹膜癌，而通过预防手术把腹膜完全清除掉是不现实的。换句话说，能切的器官切了，确实能预防这部分器官癌症的发生，但切不了的器官和组织依然会存在。

其次，预防性手术也会带来风险，并且会对患者的生活造成一些负面影响。为尽可能杜绝癌变，一般会建议选择做预防性切除的高危患者尽早手术，往往在 35～40 岁之前就要进行切除，年龄越大做切除手术，预防效果越差。而较早的乳腺和卵巢切除就带来了个人形象改变和提早绝经的问题。在切除卵巢之后，女性体内的雌激素水平下降，从而带来提早绝经的症状，骨质疏松等健康风险也随之而来。对于预防性切除卵巢输卵管的患者是不建议进行激素替代治疗的，因此潮热、烦躁、阴道干燥、皮肤松弛等问题就成了这些女性的一大负担。

图 6-1　基因健康信息学的应用价值

第二节　基因信息健康系统整体架构和功能分析

基因健康信息学作为一个交叉学科，其衍生的学科包括结构基因组学、功能基因组学、比较基因组学、蛋白质组学、药物基因组学、中药基因组学、肿瘤基因组学、分子流行病学、环境基因组学、微生物基因组学、植物基因组学等。下图显示了基因健康信息学的研究路线和研究方法。

广大客户对自身健康关注度和消费水平的不断提高对基因健康产业提出了更高的要求。集基因检测、遗传分析、遗传咨询和终生健康管理为一体的综合健康管理机构不仅能使消费者在同一商家最大限度满足其健康管理需求，同时还可使商家不断扩大经营规模和商品种类，形成一站式基因组导向下健康管理服务，提高利润产出率，最终实现消费者和商家“双赢”。而遗传分析中央工作站（以下简称中央工作站）则正是嫁接上游基因检测和中、下游基因体检以及健康管理的有效整合平台，是基于基因健康信息学的具体应用。

中央工作站作为客户遗传信息管理的核心系统和遗传分析报告生产的载体，使检测数据及遗传分析高度自动化，提高遗传分析效率。中央工作站包含一系列数据处理软件，主要负责分析处理来自上游基因检测机构的数据，为下游健康管理师提供个性化的健康管理建议，同时还负责制定与之相关的技术及质量标准，

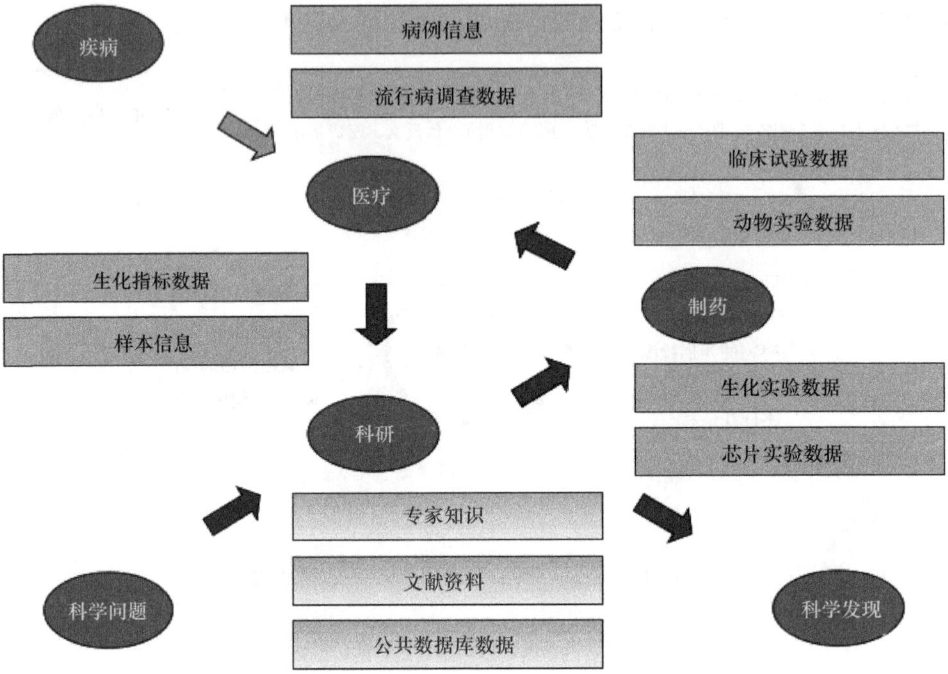

图 6-2　研究路线和方法

力求服务质量的科学性、准确性和稳定性。

生物信息平台有分子注释系统、生物数据分析系统、序列功能分析系统、病毒序列综合分析系统、疾病生物信息系统等。系统功能涉及基因表达谱分析、代谢网络分析、基因芯片设计和蛋白质组学数据分析、序列进化分析、序列功能分析等。基于我们的生物信息系统平台，我们可以提出了疾病基因组研究、植物基因组研究、病毒微生物基因组研究中的生物信息学解决方案。

中央工作站服务对象除了遗传分析师外，还要接口基因检测机构，生物信息数据库，健康管理师、客户，以及企业内部运营模块。这就对中央工作站的软件系统提出更高要求：不仅要涵盖客户信息管理、遗传分析模型、基因组导向下健康管理方案等关键技术，还要考虑到用户界面是否友好、信息保密及操作权限、数据共享等问题。在实际运行中，还应对中央工作站进行定期升级和维护。来自上游的基因检测分型结果、体检者个人生活习惯、体检者疾病家族病史等信息被输入工作站，工作站自动生成疾病风险指数、电子版健康管理报告，避免了人工操作可能引入的误判等错误。随着有价值的新数据的出现，中央工作站会定期进行更新升级，对客户的服务也随之跟踪升级。健康管理报告的生成是一个系统工程，它涉及基因检测部、生物信息部、遗传分析部、运营部和健康管理中心等多个部门的分工协作。

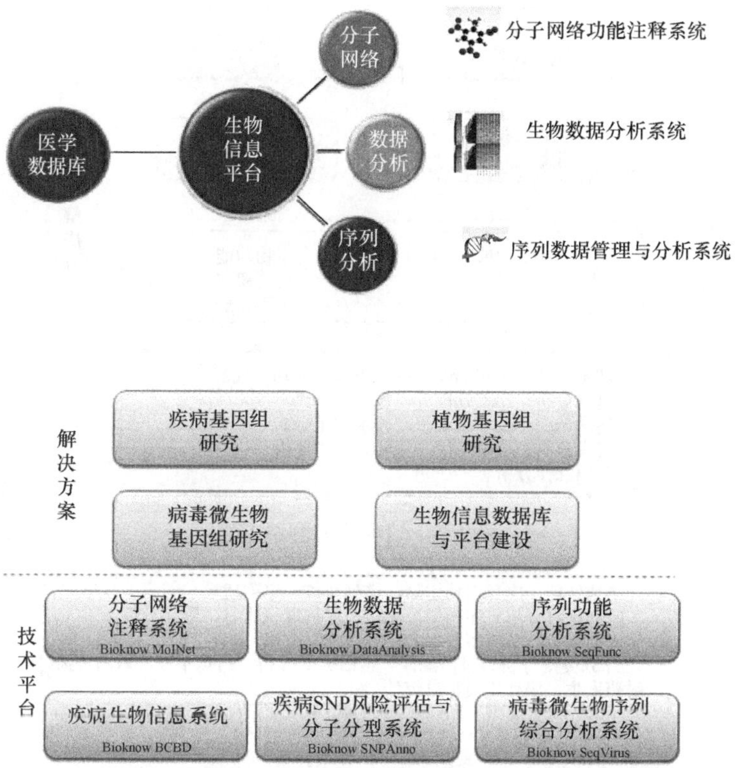

图 6-3　生物信息系统平台

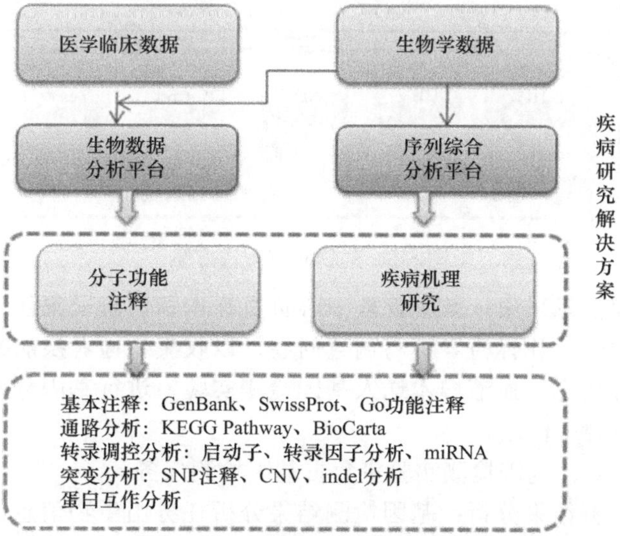

图 6-4　人类疾病研究解决方案

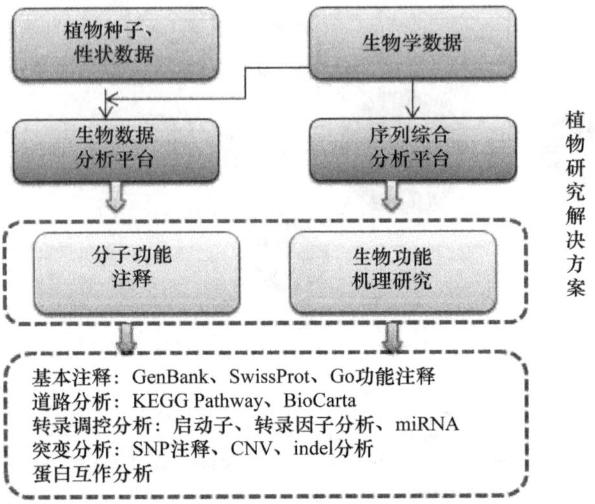

图 6-5 植物研究解决方案

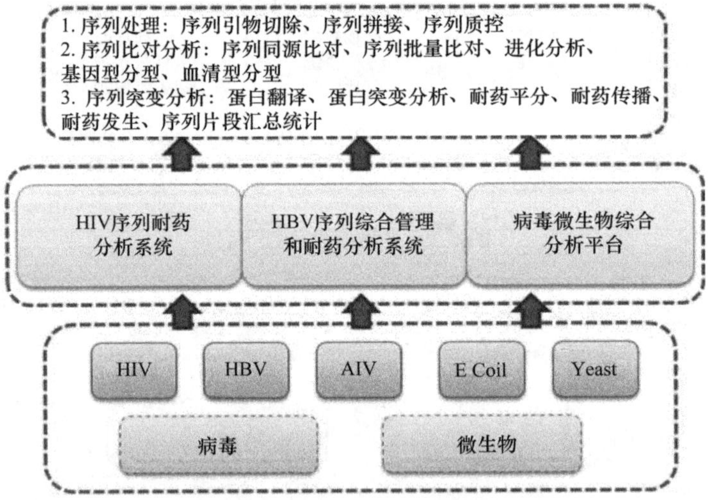

图 6-6 药物研究解决方案

（1）样本和信息采集：健康管理中心负责样本和信息采集任务。在抽取体检者血液样本的同时，让体检者填写调查问卷，以收集体检者疾病家族病史、患病史和生活方式等信息。血液样本送人基因检测实验室进行基因分析。调查问卷经扫描后上传至中心工作站。

（2）基因检测：基因检测实验室负责基因检测任务。

（3）基因检测结果分析：基因检测结果分析任务由生物信息部负责完成。检测实验室将检测结果传至生物信息部，由生物信息部进行基因序列分析。

（4）疾病风险判定：疾病风险判定任务由遗传分析部来完成。遗传分析部将体检者的姓名、年龄、性别、疾病家族病史、患病史、基因型等信息上传至中心工作站，由工作站根据基因分型结果进行疾病风险指数评估。最后由首席遗传分师根据疾病风险指数、疾病家族病史等信息进行疾病高风险判定，随后遗传分析师制备高风险疾病判定通知单并上传至中心工作站。

（5）高风险疾病外因评估：高风险疾病外因评估任务由健康管理中心负责完成。健康管理中心访问工作站，根据高风险判定通知单上所列的高风险疾病，填写高风险疾病风险因素评估表，并上传至中心工作站。高风险疾病风险因素评估表内容主要包括患病史、疾病家族病史、遗传风险因素、生活方式与环境危险因素、体检结果，其他相关疾病等。

（6）健康管理建议：健康管理建议任务由遗传分析部负责完成。遗传分析部根据高风险疾病外因评估结果和风险基因携带情况，给出包括如何改善不良生活方式和如何消除或改善遗传相关风险因素在内的个性化健康管理建议。

（7）健康管理报告的生成：健康管理报告的生成由遗传分析部负责完成。遗传分析部访问中心工作站，下载体检者健康管理报告半成品，并整合入高风险疾病外因评估表、健康管理建议，风险基因文库，制成完整版健康管理报告。报告的具体板块内容如下：①全基因组扫描与遗传分析结果。进一步可分为（i）基因检测报告，包括序列检测结果示意图和疾病相关检测位点基因分型结果等内容；（ii）遗传分析报告，包括疾病遗传风险分析和高风险疾病深度遗传分析等内容。②高风险疾病健康管理建议。③声明。④专业名词。

总之，中央工作站的建立使健康管理报告的生成部分实现自动化，提高了遗传分析的效率，是基因健康信息技术在基因导向下健康管理方面的具体应用。深入理解和研究基因健康信息学有助于我们提高疾病防治的效率和水平。

参考文献

[1] Domchek S M, Friebel T M, Singer C F, et al. Association of risk-reducing surgery in BRCA1 or BRCA2 mutation carriers with cancer risk and mortality. JAMA 2010,304(9): 967-975.

[2] Kar S P, Tyrer J P, Li Q, et al. Network-based integration of GWAS and gene expression identifies a HOX-centric network associated with serous ovarian cancer risk. Cancer Epidemiology Biomarkers & Prevention, 2015, 24(10).

[3] Struewing J P, Hartge P, Wacholder S, et al. The risk of cancer associated with specific mutations of BRCA1 and BRCA2 among Ashkenazi Jews. New England Journal of Medicine, 1997, 336(20): 1401-1408.

第七章　基因健康相关合作计划及信息资源库

第一节　在线人类孟德尔遗传数据库

随着人类基因组计划的实施及分子生物学的快速发展，人们对遗传病的认识达到了前所未有的高度。越来越多的疾病被证明与遗传有关，其中包括很多的常见病，如心脑血管疾病、肿瘤等。如果不了解遗传的分子机制，则很难找到遗传病发生的本质。为了与现代医学的发展相适应，及时地掌握最新的研究成果，为患者提供正确的医疗服务，是从事遗传咨询或诊断的专业人员与其他专业的医师都要面对的问题，人类孟德尔遗传在线数据库（Online Mendelian Inheritance in Man，OMIM，http：//www.ncbi.nlm.nih.gov/omim/）提供了一条重要的途径。

一、OMIM 数据库简介和特点

1. OMIM 的简介

人类孟德尔遗传在线数据库（Online Mendelian Inheritance in Man，OMIM）是一部及时、准确、权威的医学遗传学电子百科全书。OMIM 涵盖关于人类遗传病与基因座位等相关信息和文献，从 1966 年建立至 2013 年，已收集到 19 230 个单基因突变引起的 4970 种遗传性疾病。OMIM 是世界医学遗传学权威，它由美国国立生物技术信息中心（NCBI）提供的大型、更新及时的人类基因和基因调控失调数据库，主要为研究遗传失调的医师、遗传学科研人员及医科专业的研究者等提供有关基因、遗传性状和失调等方面的信息，是一个公认的高效信息平台。OMIM 的前身是印刷版的人类孟德尔遗传，由世界医学遗传学权威美国 Johns Hopkins 大学医学院 McKusick 教授主编。1985 年，美国国家医学图书馆和 Johns Hopkins 大学 Welch 医学院图书馆合作，开始尝试实现 OMIM 的在线更新和检索；1987 年 9 月，从互联网进入 Johns Hopkins 大学 Welch 医学院图书馆可进行 OMIM 的检索；1995 年 12 月 1 日起，由 NCBI 提供 OMIM 的免费查询与浏览，OMIM 是最早利用互联网优势的电子资源之一。目前，OMIM 数据可是在约翰霍普金斯大学医学部（Johns Hopkins University School of Medicine）内萨斯遗传医学研究所（McKusick-Nathans Institute of Genetic Medicine）的 Ada Hamosh 博士的指导下，不断进行更新。

OMIM 包括所有已知的遗传病、遗传决定的性状及其基因，除了简单的描述各种疾病的临床特征、诊断、鉴别诊断、治疗与预防外，还提供已知有关疾病的连锁关系、染色体定位、组成结构和功能、动物模型等资料，并附有经缜密筛选的相关参考文献。OMIM 制定的各种遗传病、性状、基因的编号，简称 OMIM 号，为世界所公认。有关疾病的报道必须是冠 OMIM 号，已明确所讨论的是哪一种疾病。

2. OMIM 的特点

OMIM 最显著的特点就是其疾病遗传学信息的及时性和免费可检索性，可以轻易查询到最新的 OMIM 信息。OMIM 不仅仅是一个人类基因和遗传性疾病的数据库，更重要的是一个永远膨胀的知识库。因为诸如 DNA 序列库等，一旦测序全部完成、数据公布，其历史使命便结束。但对于 OMIM 这样一个反映疾病遗传学发展的“数据库”，则必须要求它及时、全面、权威、准确、合理而又不成为教科书，所以 OMIM 只能是一部不断更新的百科全书。具体特点如下。

1）及时性

OMIM 的内容几乎每日更新，及时更新是它的基本特点。每个收录条目的 Edit history 都记录了更新的历史，使读者对于每一条日的新的程度心中有数。

2）权威性

OMIM 的编写由设在 Johns Hopkins 大学医学院总部的专家负责，撰稿人均为 PhD 或 MD，并且拥有良好的遗传学知识背景。一旦遇到涉及某一新遗传性疾病的论文，只有经过几位高级临床医师的严格审查讨论后，才可载入 OMIM。这样保证 OMIM 的准确性和权威性。

3）全面性

OMIM 不仅收录了以孟德尔方式遗传的所有单基因病的相关资料，而且还收录了染色体病、多基因病、线粒体病方面的资料，所涵盖的病种异常丰富，具体到每一条目也即是每一种疾病，OMIM 都提供了从基础到临床的全方位的信息。基础方面的信息涵盖 mapping（基因定位）、molecular genetics（分子遗传学）、pathogenesis（病理机制）、inheritance（遗传方式）、animal model（动物模型）等；临床方面的信息则包括 clinical feature（临床特征）、diagnosis（诊断）、clinical management（临床治疗方案）等。

4）实用性

对于每种疾病，OMIM 中的文献经过专家的细致遴选，使科研工作者从浩瀚的文献中解脱出来，快速掌握某种疾病的遗传学知识。此外，此数据库还与其他数据库建立了广泛的链接，如通过链接到 NCBI 的 Medline，可直接链接到相关的参考文献；通过 Entrez Gene 及其子链接 RefSeq、GenBank、Protein 等数据库获得疾病相关基因的 DNA 序列、蛋白质和表达谱等信息，获得人类复杂性疾病或者性状的基因多态性的相关信息。

总之，利用该数据库可以查找到疾病基因定位的详细资料。例如，临床医生可以将患者的临床表现输入数据库中查找相关的疾病信息，还可以针对某些感兴趣的基因或者疾病进行搜索。在 OMIM 中搜索基因和疾病时，同时查询到基因和疾病相关的信息，如基因序列、染色体位置以及相关的参考文献。

二、OMIM 的使用方法

OMIM 是人类基因与遗传性疾病目录，是人类基因及其相关疾病与性状的百科全书，也是内容极其丰富的知识库。

1. OMIM 登录号及含义

1）OMIM 登录号

在 OMIM 数据库中，每一个记录都会有唯一的 6 位数编码，这种编码可以表示这种遗传病是常染色体显性（隐形）遗传，X 连锁还是 Y 连锁等（表 7-1）。

表 7-1　OMIM 登录号及含义

MIM 编码范围	遗传方式
100000～19999	常染色体显性遗传或表型
200000～29999	常染色体隐性遗传或表型
300000～39999	X 连锁位点或表型
400000～49999	Y 连锁位点或表型
500000～59999	线粒体位点或表型
600000～	染色体位点或表型

2）登录号前的符号含义

OMIM 登录号前的符号具有特殊的含义，具体含义如下：“*”表示该条目是一个基因，没有加“*”号表示其遗传模式虽然已有推测，但没有被证实或者这是一个基因与其他记录所包含的基因位点的分离情况还不清楚；“+”表示该条目包括一个已知序列的基因和表型；“#”表示通常有表型的描述，但不意味着仅与一个位点相关，在条目正文的第一段解释了使用该符号的原因，并罗列了与此表型相关的其他基因；“%”表示该条目描述了一个证实的孟德尔表型或位点，但其分子机制未知；登录号前无符号表示主要表型是否为孟德尔表型尚未确定；“^”表示该条目由于从数据库中移走或并入其他条目中而不再存在。

2. OMIM 检索方法

1）利用主题检索

主题检索（search OMIM）是大多数用户查找 OMIM 的方法。OMIM 提供有基本检索（basic）、高级检索（advanced）和布尔逻辑检索（complex Boolean）三种。

（1）基本检索

只需用户简单地在 OMIM 主页的提问框中输入检索词。因这种检索只是在各记录的标题和文本中寻找相应的检索术语，返回的结果有时不尽如人意。

（2）高级检索

包括 Limits、Advanced 等功能的使用。用户利用这些功能可实现指定字段或组配检索。

（3）布尔逻辑检索

是主题检索中查找 OMIM 的最有效方法。它只需用户通过命令语言的使用将检索限制在特定字段而无需选择字段或从 Limits 功能中选择其他条件。但用户采用此种方式的前提是熟悉一些常用字段代码，如标题字段是[TI]或[TITL]，染色体字段是[CH]或[CHR]，基因名字段是[GN]或[GENE]。此外，逻辑运算符 AND、OR 和 NOT 需采用大写。

2）OMIM 主页查询

登录 http：//www.ncbi.nlm.nih.gov/omim/或点击 NCBI 页面上 All Databases 下拉框中选择 OMIM 进入，后点击“Search”（图 7-1），出现一个检索框，下面有 3 栏，分别是 OMIM 的使用、OMIM 的工具、相关链接。点击“Getting Starting”输入“colorectal cancer”后，点击“Search”（图 7-2），共出现了 3368 条记录，有的条目后面有“Gene Tests”，可以直接点击查看基因检测的信息及其在诊断、使用管理和遗传咨询等信息。点击“＃114500”（图 7-3），可以看到该疾病的 OMIM 号，同时前面加“#”，则表示通常有表型的描述，同时在该页面的最后我们可以看到该数据的更新日期（图 7-4）。根据研究需要，如果想进一步了解该疾病的一些信息，点击“Clinical Synopsis”后，我们就可以了解到关于该疾病的一些特征（图 7-5）。

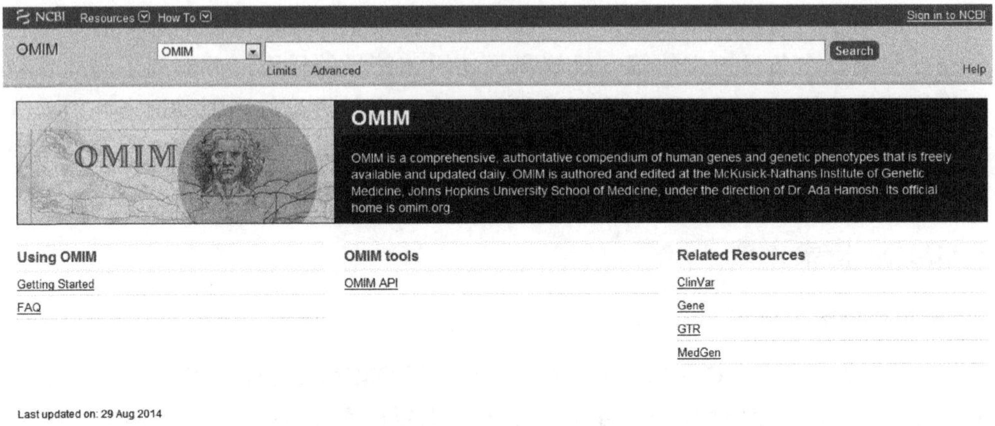

图 7-1　OMIM 网站界面

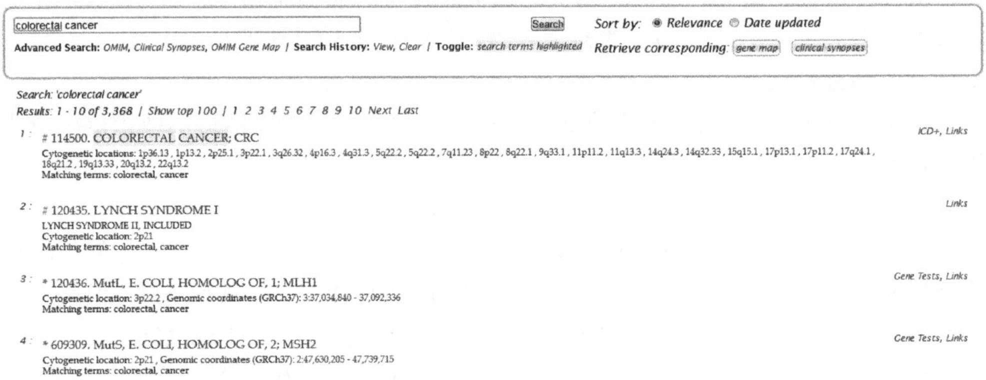

图 7-2　OMIM 搜索“colorectal cancer”界面

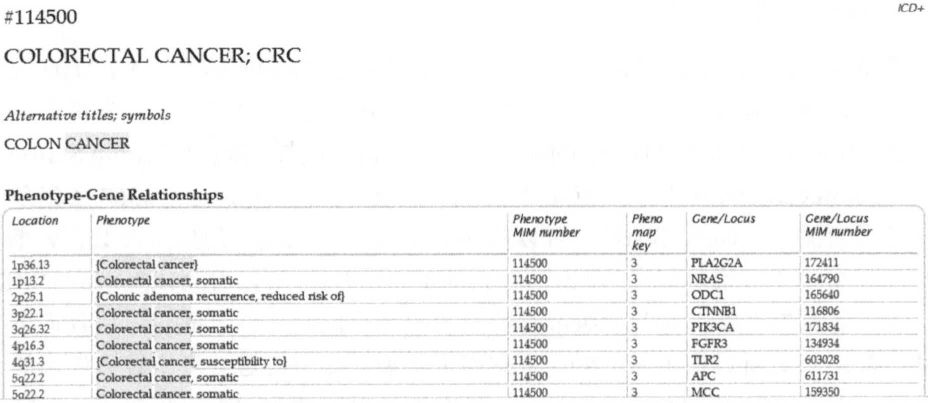

图 7-3　OMIM 查询基因检测信息

▸ Contributors:	Ada Hamosh - updated : 12/06/2013
Creation Date:	Victor A. McKusick : 6/4/1986
▸ Edit History:	alopez : 12/06/2013

图 7-4　OMIM 数据更新日期

#114500　ICD+

COLORECTAL CANCER; CRC

CATEGORY	FEATURES
Oncology	Hereditary nonpolyposis colorectal carcinoma Associated endometrial carcinoma, atypical endometrial hyperplasia, uterine leiomyosarcoma, bladder transitional carcinoma, gastric, biliary and renal cell carcinoma APC, RAS, DCC or KRAS gene mutations Allele loss on chromosomes 5, 6, 12q, 15, 17, 18, or 22
Inheritance	Autosomal dominantly acting oncogene plus loss of suppressor gene(s)

图 7-5　OMIM 查询 CRC 的临床信息

如果我们想进一步了解 *MCC* 基因在 CRC 中的作用或者目前的研究情况，可以在 OMIM Gene Map 中输入“MCC”，点击“Search”（图 7-6），可以了解到该基因的位置、表型、MIM 号、相关的疾病，以及该基因目前的动物模型等。

Search: 'MCC'
Results: 1 - 2 of 2

Genomic context table	Location (genomic start, cyto location) (from NCBI)	Gene/Locus	Gene/Locus name	Gene/Locus MIM number	Phenotype	Phenotype MIM number	Pheno map key	Comments	Mouse symbol (from MGI)
1:	5:112,043,201 5q22.2	APC, GS, FPC, BTPS2	Adenomatous polyposis coli	611731	Adenoma, periampullary, somatic		3	150kb distal to MCC	Apc
					Adenomatous polyposis coli	175100	3		
					Brain tumor-polyposis syndrome 2	175100	3		
					Colorectal cancer, somatic	114500	3		
					Desmoid disease, hereditary	135290	3		
					Gardner syndrome	175100	3		
					Gastric cancer, somatic	613659	3		
					Hepatoblastoma, somatic	114550	3		
2:	5:112,357,795 5q22.2	MCC	Mutated in colorectal cancers	159350	Colorectal cancer, somatic	114500	3		Mcc

图 7-6　OMIM 查询 *MCC* 基因在 CRC 中研究进展

Gene Map 检索技巧有以下几点：①查看某特定染色体所有基因的排列顺序，只需在提问框中输入染色体号即可。对于染色体 X 和 Y，必须用大写。②查找 Gene Map 时最好使用染色体号、染色体位点或基因符号。由于 Gene Map 不支持词组检索，用户在进行疾病名关键词检索时，只能采用单个的词，如用 alzheimer 代替 alzheimer disease。③Location：各基因的细胞遗传学图谱位点。如位点 5p21.3 来说，5 是染色体号，p 代表染色体的短臂，21.3 指染色体上的特定带。④Symbol：各基因的官方命名及其他符号。大多数情况下，第一个符号都是经国际人类基因组组织（The Human Genome Organisation，HUGO）基因命名委员会批准的官方、唯一的基因符号。⑤MIM#：OMIM 各条目的唯一 6 位数号码，该号码与 OMIM 的基因完整条目相连接。

三、OMIM 在医学遗传学中的应用价值

OMIM 的主要意义在于是一部完整、权威的疾病遗传学百科全书，为遗传咨询和遗传病的鉴别诊断提供依据。OMIM 也以其庞大的读者群证明着自己的价值[5]。统计表明，全世界每日有 4000 位读者查询 OMIM，每天的检索次数高达 22 000。具体 OMIM 在医学遗传学教学中用途较大的几点作简单介绍。

1）利用 OMIM 数据库获得遗传病诊断、咨询及治疗的资料

科研工作者教师和学生借助于 OMIM，可快速掌握某一疾病的遗传学知识，如想了解孟德尔遗传病乳腺癌的相关信息，可在 OMIM 主页的检索框中输入 Breast cancer，点击检索结果中的 #114480 条目，即可获得关于该疾病的多方面信息，包括基本描述、基因定位、分子遗传学等，并且每一方面的描述都提供了相应参考文献的链接，可供进一步查阅，非常全面的信息，使我们可以快速而全面地把握某种疾病的主要信息。

2）在遗传病的基因诊断和治疗中的应用

随着医疗水平的提高，遗传病的基因诊断不再神秘，甚至某些遗传病也可以进行治疗，由于遗传病的种类繁多和单一病种的罕见性，以及分子遗传学的迅速发展，要想掌握一种遗传病的最新诊断和治疗技术，必须借助 OMIM。可以从“诊断”和“分子遗传学”两个链接中了解到该病的基因诊断和治疗的情况。

因此，OMIM 数据库在疾病的准确诊断与咨询中就显得非常重要了，遗传病使人们能进一步洞察正常人的遗传组成，了解遗传方式可成为寻找遗传病根本缺陷的有用指导。OMIM 可辅助医学遗传学教学。在医学研究进入分子医学的今天，OMIM 必将对医学遗传学的教学及科研做出更大贡献。

第二节　国际肿瘤基因组计划及相关数据库

肿瘤是由环境因素和遗传因素交互作用而引起基因损伤，从而激活原癌基因或灭活抑癌基因，引起细胞异常表达，克隆细胞无限增生的基因病变，可以分为良性和恶性肿瘤。良性肿瘤一般不转移、不复发，对组织、器官危害较小，只有挤压和阻塞的作用，一般可以清除干净。恶性肿瘤亦称癌症，能够在患者体内无限增殖，易转移、易复发，并释放多种毒素，使机体产生一系列并发症，不仅损伤组织和器官，更是危害人类生命的一大杀手。在最新发布的世界十大致命疾病排行榜中，恶性肿瘤高居第二位。同时，在百余种的恶性肿瘤中，尚

未发现有特效的治疗方法，所以肿瘤的风险评估、早期干预、特效治疗、术后监测不仅关系着人类健康，而且是肿瘤领域研究的攻坚项目。随着分子生物学的发展，以及高通量基因测序技术的快速发展，众多肿瘤标志物被逐个挖掘出来。同时，人类基因组计划的完成对人类认识肿瘤的发生和发展起了至关重要的作用。而2010年由包括中国在内的多国科学家共同发起的国际肿瘤基因组计划与人类基因组计划一脉相承，致力于找出困扰人类的所有致癌基因，是目前最大的基因组项目，其作用相当于100余个人类基因组计划，将会是人类基因组研究的新丰碑。

1. 肿瘤与健康

在最新发布的世界十大致命疾病排行榜中，恶性肿瘤高居第二位。在我国最新发布的《2013年中国肿瘤登记年报》指出，我国恶性肿瘤新增病例增长300余万例，全国发病率为235.23/10万，其中男性患者发病率达268.65/10万，女性患者发病率达200.21/10万，均高于世界平均水平。随着我国经济建设的快速增长，人们的生活质量有了显著的改善，但较快的工作节奏和较大的工作压力，以及人们趋向高脂肪、高热量、高糖分的饮食方式，抽烟、饮酒、不规律的作息等不良生活习性都是导致恶性肿瘤发病率居高不下的主要原因。按平均74岁寿命计算，人一生中罹患恶性肿瘤的发病风险为22%，已经成为威胁人类健康的常见病和多发病。其中，肺癌、乳腺癌、胃癌等是最常见的恶性肿瘤。同时恶性肿瘤的致死率也呈现上升趋势，在新增的300余万例患者中，有大约190万患者不幸离世，死亡/发病比例超过0.61。其中，肺癌、肝癌、胃癌等是致死率最高的恶性肿瘤。

由此可见，恶性肿瘤给我国人民的健康造成了极大的危害，恶性肿瘤的防治刻不容缓。

2. 肿瘤基因组学与恶性肿瘤防治

恶性肿瘤早期症状不明显，常出现漏诊、误诊等而延误治疗。病情发展迅速并且易转移、易复发，针对目前百余种恶性肿瘤尚未找到特效的治疗方案。可以说恶性肿瘤不仅对患者健康产生严重的危害，更是对患者心理造成重大打击。同时，恶性肿瘤治疗周期较长，治疗效果微弱，费用高昂，给人类战胜肿瘤疾病带来巨大阻力。根据廖先珍等研究，2011～2014年常见的九种恶性肿瘤年均一年的住院总费用分别为25 000元、23 000元、27 000元、30 400元，预计在2015年恶性肿瘤住院治疗费用将达到334 000元。这无疑给居民家庭造成了巨大的健康财产损失，也给国家带来了沉重的经济负担和潜在的社会压力。

综上所述，我国目前恶性肿瘤面临的挑战依然严峻。一般认为，恶性肿瘤是多基因、多步骤累积基因突变造成的。因此，从基因组学的角度去了解、认识、掌握其发生和发展的规律，有利于居民进行肿瘤风险评估、早期干预、诊治方案，以及术后监测。降低居民罹患恶性肿瘤的概率，提高肿瘤的治愈率，延长肿瘤患者的生存期。同时，为科研工作者研发肿瘤特效药及诊治方案提供理论依据和思路，为患者减轻身心负担，减少诊治花销，更是为国家减轻了经济负担。

3. 国际肿瘤基因组计划

国际肿瘤基因组计划（international cancer genome project）是继国际人类基因组计划、国际人类基因组单体型图计划之后人类基因组研究领域的又一个里程碑式的研究计划。国际肿瘤基因组计划于 2008 年 6 月启动，该计划由中国、美国、加拿大、英国、澳大利亚、西班牙、法国、德国、印度、日本、意大利等多个国家不同研究机构发起和参与。该计划希望通过对更多癌症患者进行基因图谱测绘，甄别主动和被动基因突变，并最终确定致癌的基因突变；并在 2020 年以前找到致使人类罹患恶性肿瘤的所有致癌基因，旨在为癌症的风险预警、早期诊断、化疗放疗等提供理论依据，并为抗癌特效药的研发提供新的思路。

我国科学家也积极参与了这一里程碑的计划，由中科院北京基因组所携手组建了“中国肿瘤基因组研究协作组”，并启动了中国肿瘤基因组研究重大课题。目前由浙江大学郑树教授领衔的团队承担着结直肠癌项目的基因组学研究。

该计划自实施以来不断的取得了令人瞩目的研究成果，不仅率先破译了肺癌、皮肤癌和乳腺癌的全部基因密码，并绘制出相应的肿瘤基因图谱。以肺癌为例，在肺癌细胞的基因中含有22 910个突变，导致皮肤癌的恶性黑色素瘤中含有33 345个突变，但是其中绝大多数突变是被动的，不会导致癌症，而小部分主动突变会引发恶性肿瘤的发生。

4. 国际肿瘤基因组计划数据库应用

为了存储和分析该项目进行过程中的基因组、蛋白质组等相关数据，由英国桑格实验中心承建了国际肿瘤基因组计划数据库。该数据库应用于肿瘤与基因组学在计算机领域的科学交流，极大地促进了生物信息学的快速发展。同时，该项目的所有数据都将免费向公众发布（http：//hapmap.ncbi.nlm.nih.gov/），包括：个体的肿瘤基因图谱、基因分型结果、SNP 位点及单体型在每个人群中的频率以及用于鉴定单体型的标签 SNP；随着测序技术的提高及样本的增多，新确定的 SNP 位点也被纳入。

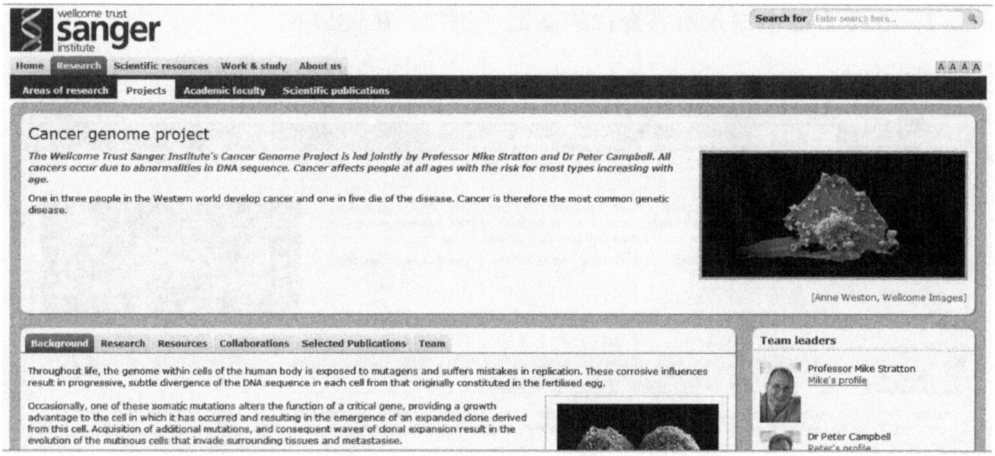

图 7-7　国际肿瘤基因组计划数据库

1）登陆国际肿瘤基因组数据库

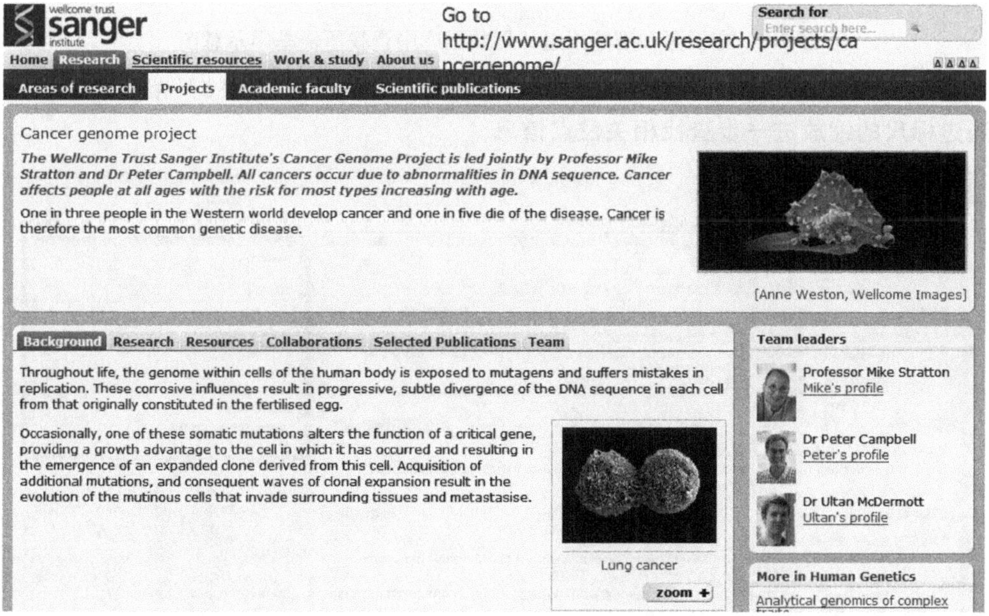

图 7-8　国际肿瘤基因组计划数据库登录示意图

2）在搜索栏中输入所需查找的基因（例如：RASSF6）

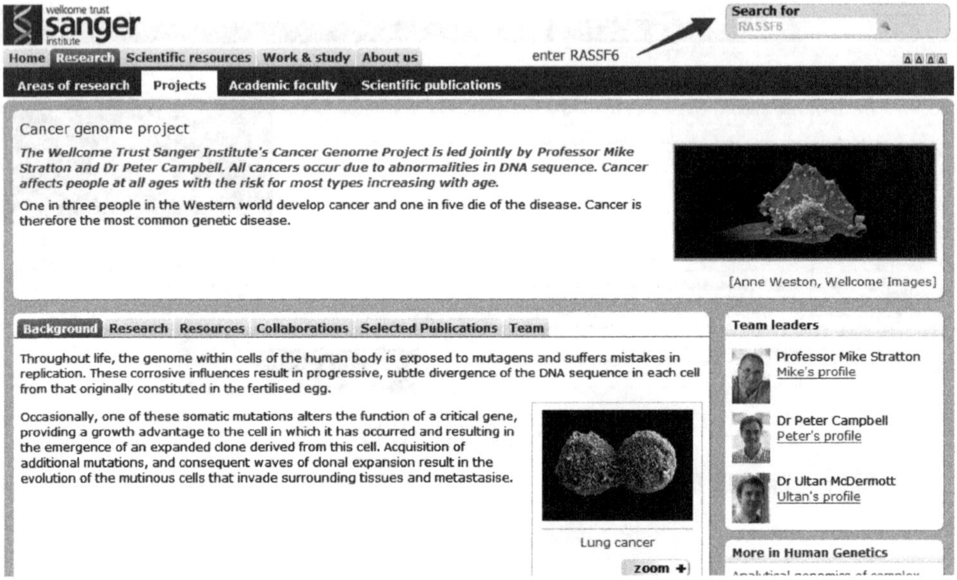

图 7-9　在国际肿瘤基因组计划数据库中查找所需基因示意图

3）搜索总览显示所收录的来自不同数据库的基因（RASSF6）相关的信息，通过标尺的缩放进一步查找相关位点信息

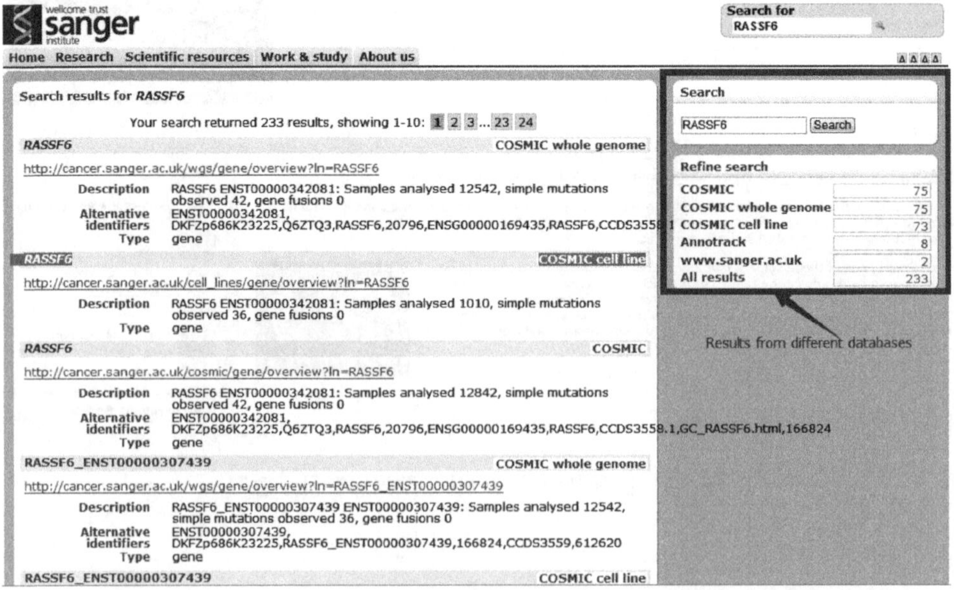

图 7-10　国际肿瘤基因组计划数据库基因查找结果示意图

4）信息总览

（1）选择一个搜索结果进行查看（RASSF6），可以看见此基因的全部基本信息，包括基因名、基因编号、所处染色体位置、相关转录本信息和收集的样本人群数目。

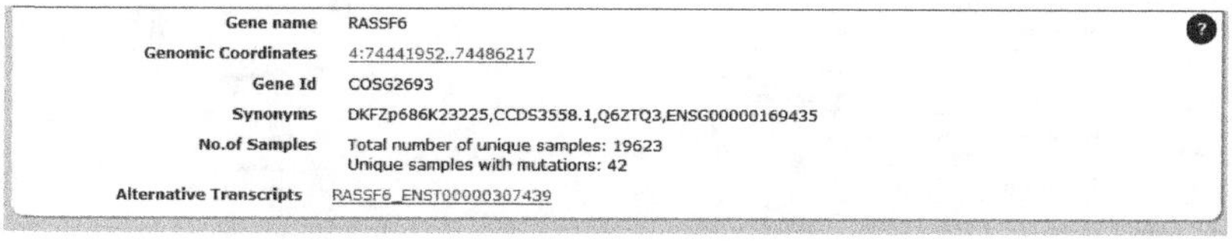

图 7-11　RASSF6 基因基本信息

（2）通过标尺的缩放进一步查找相关位点信息以及基因序列信息，包括基因 cDNA 序列、基因编码蛋白序列以及转录本的序列信息。

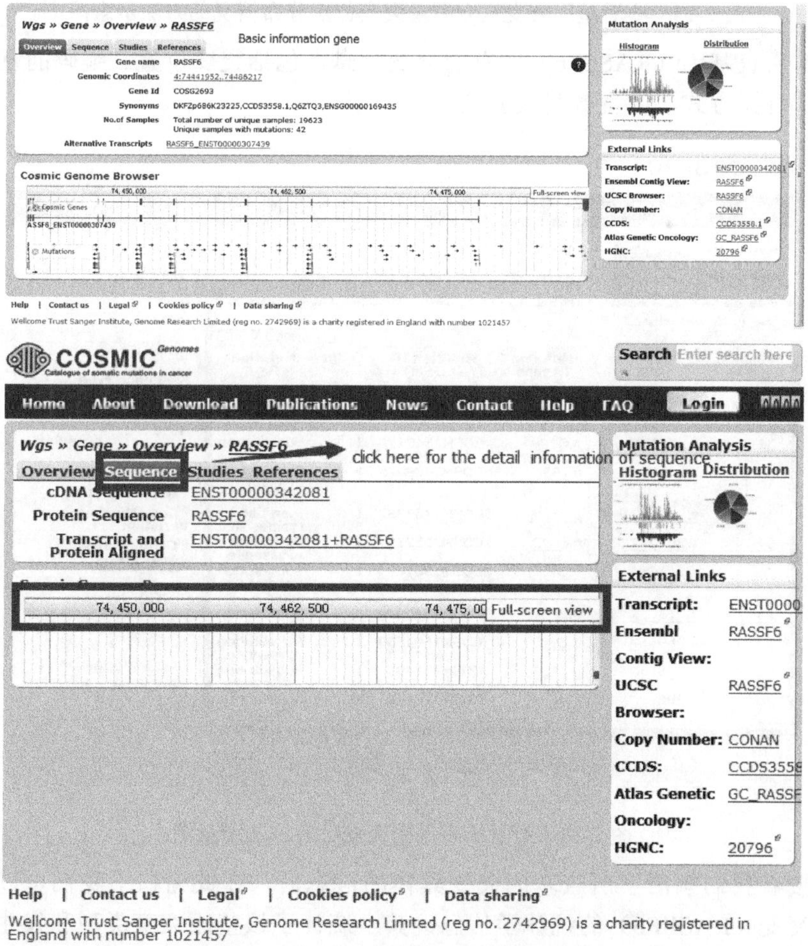

图 7-12　获取基因详细信息方法示意图

（3）查看具体的突变信息，包括基因突变直方图以及突变位点的分布情况

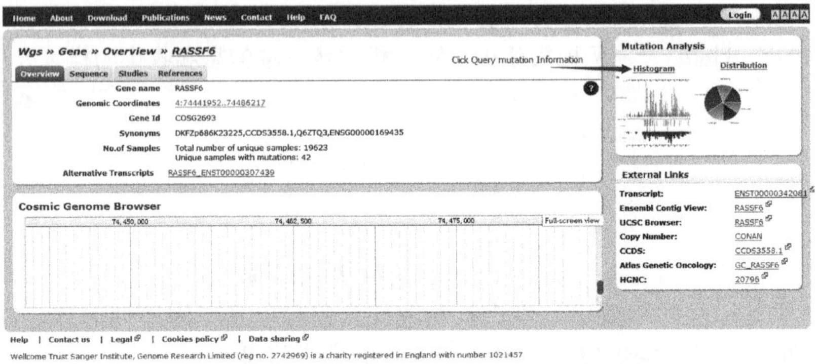

图 7-13　查看基因突变直方图及突变位点分布情况的方法示意图

查看所查基因（RASSF6）所有的突变信息，包括突变位置、编码的氨基酸类型、碱基替换方式、突变数目及其突变的类型。

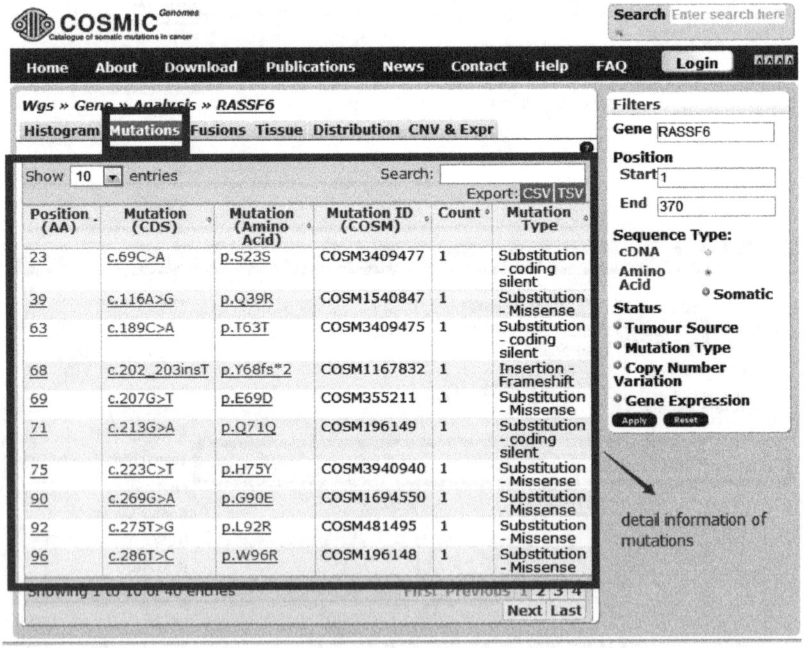

图 7-14　查看所有基因突变信息方法示意图

紧接着我们搞清了所查基因突变具体的信息后，在此窗口下我们可以看到所查基因突变（RASSF6）的统计学信息，其中统计了该基因突变类型和发生突变的样本数以及各类突变所占的比例。

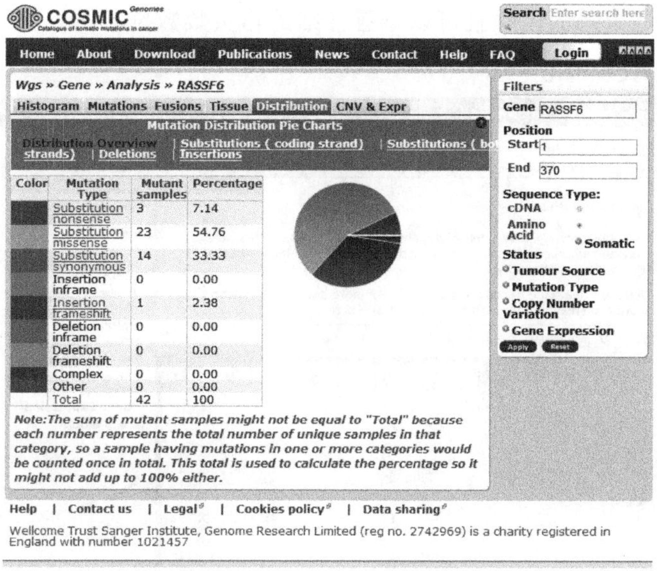

图 7-15　基因突变的统计学信息

之后，我们可以查看该基因突变在不同组织中有报道的相关信息，包括其突变频率、病例对照的样本数据以及拷贝数信息。

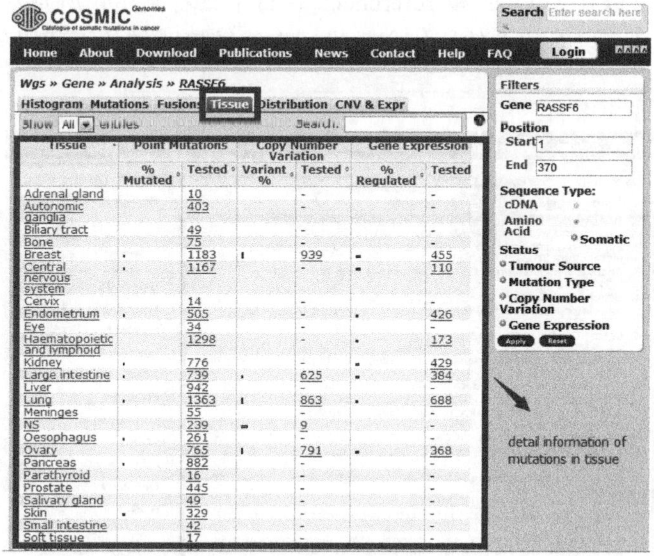

图 7-16　基因突变在不同组织中有报道的相关信息

对于拷贝数我们可以在拷贝数栏目中具体查看，显示基因拷贝数的数据，但是该表目前只显示高值的拷贝数数据。拷贝数段被排除在外，总的拷贝数和次要等位基因的值是未知的，并且可以查看详细的拷贝数数据。

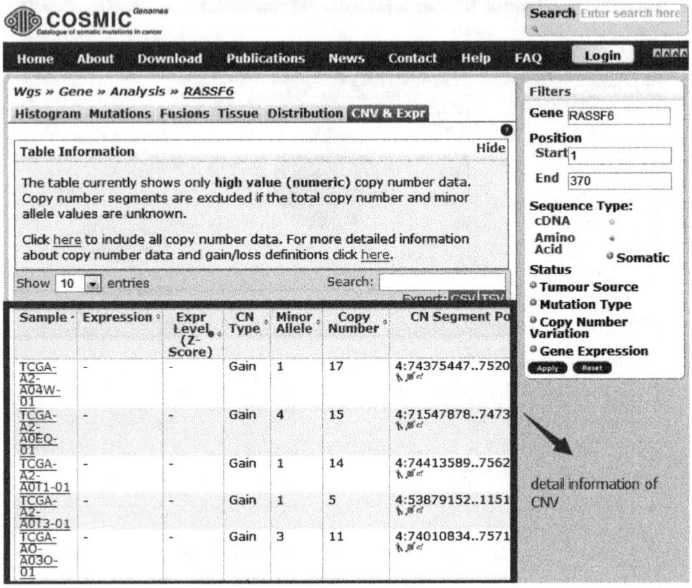

图 7-17　CNV 详细信息

最后我们可以在 studies 和 references 栏目中查看到用户所查基因所有的相关研究报道，并且可以对相关的原始文献进行在线链接跳转的下载服务。

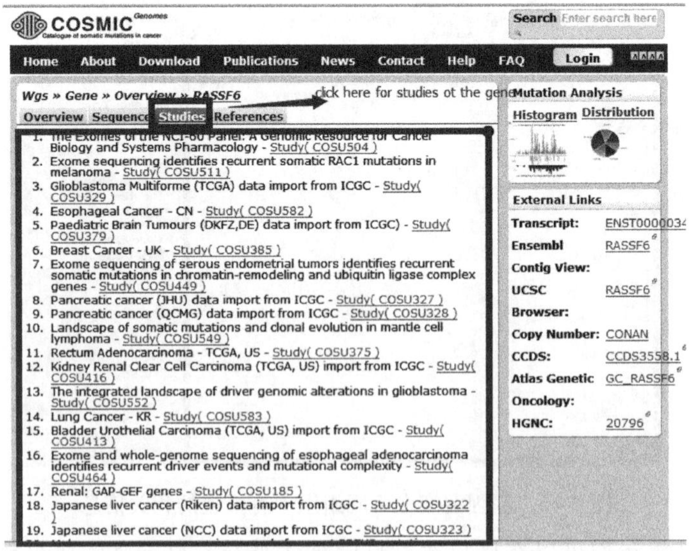

图 7-18　获取所查基因相关研究报告方法的示意图

图 7-19　获取基因外部资源的方法示意图

除了国际肿瘤基因组数据库以外，还有一些网站根据不同需求提供相关信息。总体上说，各类基因相关数据库间都有外部资源的链接网址，且大多是以桑格实验室提供的数据库中的信息为核心，如 SNPedia 数据库是一个基于 wiki 的生物信息学网站。对于 SNP 报道的每篇文章都提供了一个简短的描述，并有链接到科学论文和个人基因组学的网站以及相关基因芯片信息等。

5. 小结

本节阐述了恶性肿瘤在世界范围内给人们带来身心上的损害，以及在经济上给个人和国家带来的沉重负担，就近年来肿瘤基因组学领域的发展与研究成果作一综述，并探讨国际肿瘤基因组计划为肿瘤防治带来的机遇。

随着大数据时代的到来，一代测序、二代测序和各种组学技术得到了长足的发展，并收集了海量的生物信息。本节重点介绍了国际肿瘤基因组数据库的使用，旨在帮助科研人员在大数据时代充分利用计算机技术，对海量的生物信息进行捕获和分析，为肿瘤基因组学与生物信息学等相关学科深入解析恶性肿瘤的发病机制，并最终为个体罹患恶性肿瘤进行风险评估、早期干预、个体化医疗，以及新型特效药物的研发提供理论依据和生物靶标。

第三节　人类宏基因组计划

人类生活在一个到处都有微生物存在的世界里，而人体微生物种类繁多、数量巨大，它们的组成和活动与人类的生长发育，健康和疾病息息相关，例如，人类肠胃的腹泻、溃疡等常常与寄生在胃里的微生物的致病作用有关。要想了解生命的起源、本质、进化和相互作用及影响，就必须对彼此密切相关的生物进行各个基因组学及其相互关系的研究。因此人体微生物的宏基因组发展迅速，深入系统地研究人类宏基因组具有重要的意义。

人类宏基因组（human metagenome）指的是人体内共生的菌群，包括肠道、口腔、呼吸道、生殖道等菌群基因组的总和。而人类宏基因组计划（human metagenome project，HGP）的目标则是测定人体内共生菌群的基因组序列信息，研究与人体发育和健康有关的基因功能。随着人类基因组计划的完成，将从结构基因组学进入以功能性基因组研究为主的后基因组时代，而随着人类基因组计划的实施而诞生的人类宏基因组学（human metagenomics），现也已成为后基因组时代一门重要的生命科学学科。

2004 年，美国国立卫生研究院专门设立“利用宏基因组学研究口腔微生物”的研究项目。2005 年 10 月 27～29 日，美国、巴西、法国、德国、英国、日本和中国等 13 个国家 80 余名代表参加了人类宏基因组计划第一次协调会议。2006 年春季召开会议，正式成立人类宏基因组计划国际联盟，启动人类宏基因组计划，成为协调这一宏大科学计划的国际组织。之后，2010 年两百多位国际顶尖科学家齐聚鹏城，召开“MetaHIT（人类肠道宏基因组计划）国际会议”。此次计划的完成势必极大地推动宏基因组学研究的快速发展，使得大规模的宏基因组学研究相继展开，大量的新微生物种群的核心基因得以发现。

人类宏基因组计划的实施是因为人体的生理代谢和生长发育不仅受自身基因控制，还与其他生物基因组相关。现已证明体内菌群的组成和活动与人的生长发育、生老病死息息相关。因此，对人类宏基因组的研究有助于认识自身、掌握生老病死规律、疾病的诊断和治疗，使人类更加健康。

人类宏基因组计划的主要任务是深入研究人类宏基因组的结构和功能、相互之间关系、作用规律和与疾病的关系。通常以人体内共生菌群为研究对象，采用基因功能筛选和测序分析等研究工具，把人体内共生菌群的基因组序列信息都测定出来，从而研究与人体发育和健康有关的基因功能。其研究步骤包括分离所有人体内共生菌群的 DNA，对纯化大分子量 DNA 进行克隆，将带有宏基因组 DNA 的载体通过转化方式转入模式微生物建立各自的无性繁殖系，对宏基因组文库的

DNA 进行分析。

1. 分离人体内共生菌群的 DNA

采用合适的方法，直接收集能够代表人体内共生菌群生物多样性的样品，之后抽提样品中的 DNA。此过程既要尽可能地完全抽提出样品中的 DNA，又要保持较大的片段以获得完整的目的基因或基因簇，因此提取原则是在最大提取量和最小剪切力之间折中。常用的抽提方法有直接裂解法和间接裂解法。

2. 人类宏基因组文库的建立

通过酶切或者超声打断处理 DNA，并与合适的载体 DNA 进行连接，构建重组体，之后将带有宏基因组 DNA 的载体通过转化方式转入模式微生物建立各自的无性繁殖系。此过程中需要选择合适的克隆载体和宿主菌株。

3. 宏基因组文库的筛选

根据不同的研究目的，选择合适的筛选技术。筛选技术大致可分为四类：①基于核酸序列差异分析；②基于目的克隆功能的特殊代谢活性；③基于底物诱导基因的表达；④基于包括稳定性同位素和荧光原位杂交在内的其他技术。

在人类基因组学研究中，人类宏基因组计划测序工作量相当于 10 个人类基因组计划，将有可能发现超过 100 万个新基因。不同的筛选技术有各自的优缺点，因此选择合适的筛选技术尤为重要。

基于核酸序列差异分析的筛选技术是根据已知相关功能基因的保守序列设计探针或 PCR 引物，通过杂交或 PCR 扩增筛选阳性克隆。用这种方法有可能筛选到某一类与已知序列相近的新基因，这一策略可以分离已知基因家族的新成员和含有高度保守区的酶基因。此筛选技术的优点是不必依赖宿主菌株来表达克隆基因，缺点是必须对相关基因序列有一定的了解，文库中那些和现有基因序列完全不一样的基因无法被筛选，故难以发现全新的活性物质，对鉴定新的基因成员有一定的局限性，也很难获得全序列。

基于目的克隆功能的特殊代谢活性的筛选技术以活性测定为基础，通过建立和优化合适的方法从基因组文库中获得具有特殊功能的克隆，然后通过序列和生化分析研究这些克隆。这种方法不需要已知序列的信息，能较快地找到可用于工农业和医药的蛋白质和天然产物。优点是筛选过程比较简单、快速，只要基因能表达，就可以根据基因表达特性进行筛选，不需要复杂的实验过程。缺点是这种筛选方法依赖于目的基因在新的宿主中表达，但使用模式微生物并不能把所有的宏基因组 DNA 表达出来，而且要求克隆到基因或基因簇的全长，一旦克隆过程中破坏基因某个组件将使得基因没法表达，也就不能根据功能进行筛选，故检出的概率很低，工作量大。

底物诱导基因表达筛选（SIGEX）是用于能利用各种底物诱导的分解代谢型基因的检出，并结合生物发光技术用来筛选代谢相关基因及酶基因。由于编码相关代谢基因或酶基因通常呈簇存在，通常与该物质诱导的启动子和同源转录调控序列毗邻，往往在有底物诱导的条件下才表达，反之则不表达。此筛选技术的优点是不需要对在颜色筛选中使用的底物进行修改，不需要担心因修改底物而产生毒性，提供了一个有效的和经济的检测手段，同时也增加了筛选的容量和效率，节省了时间。缺点是目标基因的结构性和适应性很敏感，无法用于分析不能进入细胞质的底物，有些基因的表达除了受底物诱导外，还可能受其他因子的诱导，或者并不需要诱导，是本底水平表达的。

基于稳定性同位素技术筛选方法是用稳定同位素去标记、鉴定和分析复杂样本中进行有特殊代谢功能的微生物。稳定同位素（stable isotope probing，SIP）是指具有相同原子序数但不同中子数目且不具放射性的元素。

荧光原位杂交技术是利用荧光标记的特异核酸探针与细胞内相应的靶DNA分子或RNA分子杂交，通过在荧光显微镜或共聚焦激光扫描仪下观察荧光信号，来确定与特异探针杂交后被染色的细胞。

除了以上筛选技术，常规的 PCR、分子杂交、抗原抗体反应等技术也可以用于筛选，也有公司开发出了专门筛选某些酶、蛋白质等的试剂盒。虽然人类宏基因组计划的进行和人类宏基因组学的研究都还处于初期发展阶段，但是已经在食品工业、医药等领域有较好的应用。

人类宏基因组与健康和疾病息息相关，因此人类宏基因组学可以帮助我们对人类的健康有更进一步的了解。Breitbart[1]等利用宏基因组方法分析了人粪便中不可培养的病毒群体，发现该群体中包含 1200 个病毒基因型，对其序列分析表明大多数是之前没有报道的；Walter[2]等对小鼠大肠微生物群构建了宏基因组文库，并对表达β-葡聚糖酶活性的克隆进行了筛选，发现 2 个克隆是来自不可培养微生物；Diaz-Torres[3]等利用宏基因组学方法，对口腔细菌群体中耐药基因进行了分析，结果证明用宏基因组学方法进行耐药情况调查和研究是可行的；Gill[4]等建立了人肠道微生物群的宏基因组，并对其代谢特征进行了分析；Manichanh[5]等利用宏基因组方法对比研究了正常人和节段性回肠炎病人肠道微生物多样性，发现病人肠道微生物多样性大大降低，尤其是硬壁菌门的细菌种类大大减少。

人体微生物作为人体的重要组成部分，其作用逐渐被人们认识，对其研究越加深入。人类宏基因组计划的提出将使人们加深、修正或改变对人体微生物、微生物系统及人体自身的认识，帮助我们发现新的感染性疾病。例如，临床存在很多不明原因的发热病人，他们中是否有被不可培养微生物感染的可能，值得深入探讨；可以进行正常人及某些疾病患者的肠道生境中微生物群体多样性分析，了解微生物与疾病的可能关系；可以进行不可培养微生物耐药情况及其机制分析，研究微生物在耐药传播机制中的作用；可以研究特殊微生物群体的致病机制，如生物膜的研究；也可以从微生物生境中发现有医学应用价值的生物活性新物质。因此，人类宏基因组计划勇担大任、适时而行，必将对人类产生深远影响。

第四节　人类泛基因组计划

人类泛基因组（human pan-genome）这个概念最早是在微生物基因组研究中提出来的。由于微生物基因组的高度变异性，单个菌株的基因组序列很难代表整个物种的全部遗传信息，从而缺少适合的参考基因组用于完备的比较基因组学分析，因此需要用泛基因组的概念来概括遗传信息的总集。泛基因组包括核心基因组（core genome）和非必须基因组（dispensable genome）。其中，核心基因组指的是在所有菌株都存在的基因，非必须基因组指的是仅在部分菌株中存在的基因。而人类泛基因组定义为人类基因组序列的非冗余总和，是全球第一个通过新全基因组组装方法对多个人类个体基因组进行拼接，发现了个体独有的DNA序列和功能基因，对人类参考基因组序列进行补充，指出了人类基因组中存在“有或无”型的基因变异的概念。

在研究中，科研人员运用第二代测序技术和自主研发的基因组组装工具，对“炎黄一号”基因组——首个亚洲人个人基因组进行了进一步的深度测序（约66X）和拼接；同时对已发表的非洲人基因组（测序深度约 45X）进行了重新组装。将“炎黄一号”基因组及非洲人基因组与NCBI公布的人类基因组参考序列进行比对分析，检测出 novel sequence。另外，采用 PCR 扩增的方式鉴定了 164 条 novel sequence 在覆盖41个国家的351例人样本中出现的频率。

首次发现了人类基因组参考序列中不存在的 novel sequence，其中从炎黄一号基因组中检测出 5.0Mb novel sequence，从非洲人基因组中检测出 4.8Mb novel sequence。系统进化及群体遗传架构分析发现 novel sequence 在世界范围内的种群分布聚为六个大类，与已知的非洲、欧洲、中东/南亚、大洋洲、美洲的地理分布一致。并且初步推算出了完整人类泛基因组的大小，含有 19～40Mb novel sequence，比人类基因组之间的直接序列差异（即不包括序列重排）的估计值要高出一倍[6]。

国际人类基因计划基于欧洲人DNA完成的参考基因组序列，是目前绝大多数人类基因组学研究的数据基础。多年来，大多数科学研究都认为每个个体的基因组均与这一参考基因组相似，仅有替换或重排性质的变化。

而人类泛基因组概念的提出改变了人们对个人基因组和个性化医学的认识，它首次从数据上无可辩驳地证明了一个人的完整遗传信息只有通过对他自己的全基因组测序和组装才能够得出，而无法通过与参照基因组比较找差异得出，这是对现有基于芯片技术的全基因组关联分析的一个挑战。无论是研究疾病易感性差异，还是药物反应性差异，抑或其他具有个人特性的医学与健康研究，我们都需要考虑这一点。

这一研究树立了新的人类基因组测序标准，进一步证明自主构建中国人群医学基因组学图谱、推进个人基因组研究和个体化医学研究的必要性，是中国科学家在人类基因组研究领域的又一重要贡献。

分析人类泛基因组中的新序列，其中最关键的技术是第二代测序技术的组装算法。第二代测序技术的核心思想是边合成边测序，即通过捕捉新合成的末端的标记来确定 DNA 的序列。在 Sanger 等测序方法的基础上，通过技术创新，用不同颜色的荧光标记四种不同的 dNTP，当 DNA 聚合酶合成互补链时，每添加一种 dNTP 就会释放出不同的荧光，根据捕捉的荧光信号并经过特定的计算机软件处理，从而获得待测 DNA 的序列信息。操作流程包括下面几个步骤：

1）测序文库的构建（library construction）

首先准备基因组 DNA，然后将 DNA 随机片段化成几百碱基或更短的小片段，并在两头加上特定的接头（adaptor）。如果是转录组测序，则文库的构建要相对麻烦一些，RNA 片段化之后需要反转成 cDNA，然后再加上接头，或者先将 RNA 反转成 cDNA，然后再片段化并加上接头。片段的大小对于后面的数据分析有影响，可根据需要来选择。对于基因组测序来说，通常会选择几种不同的 insert size，以便在组装的时候获得更多的信息。

2）锚定桥接（surface attachment and bridge amplification）

Illumina 测序的反应在叫做 flow cell 的玻璃管中进行，flow cell 又被细分成 8 个 Lane，每个 Lane 的内表面有无数被固定的单链接头。上述步骤得到的带接头的 DNA 片段变性成单链后与测序通道上的接头引物结合形成桥状结构，以供后续的预扩增使用。

3）预扩增（denaturation and complete amplification）

添加未标记的 dNTP 和普通 *Taq* 酶进行固相桥式 PCR 扩增，单链桥型待测片段被扩增成为双链桥型片段。通过变性，释放出互补的单链，锚定到附近的固相表面。通过不断循环，将会在 flow cell 的固相表面上获得上百万条成簇分布的双链待测片段。

4）单碱基延伸测序（single base extension and sequence）

在测序的 flow cell 中加入四种荧光标记的 dNTP、DNA 聚合酶以及接头引物进行扩增。在每一个测序簇延伸互补链时，每加入一个被荧光标记的 dNTP 就能释放出相对应的荧光，测序仪通过捕获荧光信号，并通过计算机软件将光信号转化为测序峰，从而获得待测片段的序列信息。读长会受到多个引起信号衰减的因素的影响，如荧光标记的不完全切割。随读长的增加，错误率也会随之上升。

5）数据分析（data analyzing）

测序得到的原始数据是长度只有几十个碱基的序列，要通过生物信息学工具将这些短的序列组装成长的 contigs 甚至是整个基因组的框架，或者把这些序列比对到已有的基因组或者相近物种基因组序列上，并进一步分析得到有生物学意义的结果。

第五节　人类古老基因组计划

随着人类基因组计划的完成，人们对于人类基因组组成的研究已有了初步的进展。在此基础上，理解人类基因组如何起源、分化、降解是进化生物学家最感兴趣的问题之一。从最简单的真核生物到人类，经历在地球上生活的漫长时间，各个物种的基因组都必然经历许多变迁。从远古人类进化到现代人，遭遇的外在环境的挑战以及由此导致的内在结构与功能的调整非常之多，基因也必须不断地变化以适应环境。一些与生存竞争有密切关系的序列变化速率比那些与生存竞争关系不那么密切的序列的进化速率更高。从进化的角度来讲，现代人类的基因组是经过漫长的进化过程而产生的，不能直接揭示古人类基因组的遗传多态性和组成，为进一步挖掘古人类进化到现代人的过程中基因组所发生的改变并通过比较基因组学的手段揭示这些改变身后所隐藏的生命奥秘，古人类基因组测序是必不可少的。

古代基因组是指已从地球上灭绝的生物种群的基因组，它们的基因组中所包含的特异性位点信息可以解释为何它们只能生存在当时的环境下，从而揭示基因对于物种生存能力的具体影响。对于人类而言，古人类的基因组将有助于解释人类进化史中基因所发生的变化对于人类的生存和健康所造成的影响，具体表现为以下几点：①人类基因组中的特异性 SNP 位点中包含直接影响基因开关的位点，直接导致性状的有无，通过对比古代与现代人基因组可研究具体变异对生存和健康的影响；②古人类基因组中的特异性 SNP 位点直接影响人体对于外界环境因素的耐受能力，根据当时生存环境的变化情况可以找出这类位点，帮助寻找现代人基因组中的同源位点，借此研究现代人类具体环境因素的耐受能力；③古人类基因组中特异性表观修饰位点影响古人类基因的表型，根据古人类的生存环境可推断这些修饰如何影响古人类对环境的适应能力，有助于解释现代人表观遗传学修饰对于表型及健康的影响；④研究古人类基因组流动方向，可以获得现代人种群的祖先信息，绘制不同人群同源基因的遗传图谱，将有助于避免同源系数较高的民族之间进行通婚导致人类性状的退化。

虽然 DNA 在生物体死后会快速降解，但仍有一部分会在特殊环境下（如低温干燥环境下）保留 100 000 年以上，这使得科学家得以从古人类遗骸中提取到的古人类 DNA。在 20 世纪 80 年代起就有人通过 PCR 或细菌克隆的方式来扩增这些保留下来的 DNA，使了解古人类基因组成为可能。但这些古人类 DNA 作为基因组测序的材料是面临诸多问题的。首先，古人类 DNA 并不只包含取自靶基因的内源 DNA，而是来自于很多途径的混合物，最常见的便是在地层中发生沉淀时进入化石的微生物和环境 DNA 及现代物种的 DNA，而且，DNA 污染也可在收集样本 DNA 后造成。其次，由于古人类 DNA 自身的降解导致提取到的 DNA 大多是几十个碱基对的小片段，且含量极其微小，通常不足以覆盖整个基因组。最后，在 DNA 扩增及测序时化学修饰会对 DNA 分子造成损伤。因此在研究古人类 DNA 的最初几年中，各项权威指标就已被确立以界定测序结果是否精确，并以此提出了严格的实验规范：样本采集、分析、扩增都与现代 DNA 实验严格分离并在绝对干净的屋子内独立进行，全程设立对照组严格监控各步骤污染情况，通过多组、多方案及重复试验筛选有效扩增等[7,8]。然而，由于有限的化石材料，经典的 PCR 方法——即使是用多种方法，也只允许最多几千个碱基对测序，而高通量 DNA 测序则在对古 DNA 测序中显示出了可观的优势[9]。

高通量方法没有必需的固定的扩增步骤（如直接 PCR），提取的 DNA 在每个 DNA 片段末端加上人工接头序列后可以直接进入 DNA 测序库，这样可以很快得到模板测序的结果。特定样本的接头可以用于检测来自于其他库的未知 DNA 污染。通过使用接头引物的位点，这些人工接头使得库中所有 DNA 片段在一个 PCR 反应中扩增。完整的扩增库可以再次被扩增，这为 DNA 测序提供了一个可更新的模板来源[8,10]。这种有效的步骤和全库扩增使得能从少于 50 mg 的化石材料中获得几乎全部古基因组 DNA。相比之下，使用以前的方法测序前几百个尼安德特人线粒体 DNA 碱基对则需要几乎 1g 骨骼。而且对于小片段而言，高通量测序技术更加有效[11,12]。借助高通量测序技术，Poinar 等对从一根永久冻土中发掘出的猛犸象骨骼中提取出的 DNA 进行了测序，成功得到了 1 300 000 个碱基对序列，这一标志性的研究成果决定性地说明了高通量测序技术可以胜任古人类 DNA 的测序工作[13]。

Green 等从一根尼安德特人的骨化石中提取 DNA 进行了高通量测序，但最终结果却被怀疑 DNA 受到严重污染，近 80%的 DNA 来自现代 DNA，即使最终作者表示污染接近 40%，也无法让人满意[14]。

2010 年 Rasmussen 等成功测绘萨克塔克人基因组无疑成为了古人类 DNA 研究

以来最引人注目的事件。他们从格陵兰岛发掘出的保存在永久冻土中 4000 年前的爱斯基摩人的一束头发中提取 DNA，并成功测出了其 79%的基因组，成为了世界上首个测序完成的古人类基因组[15]。毛发的渗水性低，不容易被现代 DNA 所污染，因而成为了提取古人类 DNA 的最佳材料[14]。研究者通过推断检测只应该出现在现代欧洲人群中而不应该在萨克塔克族人中出现的 SNP 位点，情况发现萨克塔克人毛发 DNA 被现代 DNA 所污染的程度仅为 0.8%，保证了测序的成功[15]。研究人员采用 Illumina 测序技术对提取的古人类 DNA 进行测序，测序结果为 20 倍覆盖率、平均 55 个碱基对的阅读长度，阅读到的 DNA 序列中有 84%被精确检测为人类起源，其中有一半被精确定位在基因组图谱上，覆盖全基因组约 84%的部分，修正后最终得到萨克塔克人 79%的精确基因组序列。通过测定胸腺嘧啶含量估算其基因组胞嘧啶甲基化水平，绘制基因组甲基化草图[15,16]。研究人员根据其基因信息绘制了毛发主人的肖像，男性、粗短身材、深色皮肤、褐色眼睛、铲状门牙、Rh 阳性 A 型血、深褐色粗发、已开始斑秃、酒精耐受度高，产生尼古丁依赖的危险比常人高，此外，毛发中的化学物质表明他经常服用海产品[15]。

在测序完成之后，研究人员将这些序列与现代人类的基因组序列进行了 2 次深入的比对分析。通过对比萨克塔克人基因组序列中约 220 万个 SNP 位点信息与 dbSNP 数据库中现代人 SNP 位点信息，研究人员找出约 300 000 个古人类特有位点，经过筛选挑选出高质量的新位点 24 000 个，并以此推测萨克塔克人基因组中所包含特有 SNP 位点总数应在 150 000 左右[14]。这表明最初所找出的 30 万个位点中有一半都源于测序错误，再次提出了古人类 DNA 测序中所面临的考验，不仅较短的测序片段对基因组信息的重排带来困难，要进行高质量的精确测序也需要大量的投入[14]。

萨克塔克人基因组 SNP 信息接下来被用于人类种群分析以研究萨克塔克人的进化历史，这些遗传信息成为解开古代美洲人进化起源的关键。研究人员在这个人的基因中发现，他有一组在西伯利亚人群中最常见的 DNA 变异，从而结束了关于格陵兰古爱斯基摩人发源地的长期争论。在确定他的祖籍为北亚后，研究团队就从 DNA 中解读出了现代亚洲人中与褐色眼睛相关的四个基因里的一些 SNP 位点；他们采用同样的方法解读出了与铲状门牙和干性耳垢相关的多个 SNP，这两个性状在现代亚洲人和美洲土著中十分普遍；另外四个 SNP 表明他的肤色可能很深；还有一组在适应寒冷气候的人群中很典型的变异表明他矮个结实，有丰富的脂肪[17]。这些发现为爱斯基摩人是 5500 年前从西伯利亚迁徙到新大陆提供了有力的证据[18]。

同年不久后，德国马克斯·普朗克研究院莱比锡人类进化研究所提交了第一份尼安德特人基因草图，所用数据来自克罗地亚一个洞穴中发现的 3 根尼安德特人的骨头[19]。当年他们又在西伯利亚南部丹尼索瓦发掘出一块趾骨，从该趾骨中提取出 0.038g 的 DNA，利用高灵敏技术经过两年多的测序分析，于 2013 年绘制出了来自一个尼安德特女性的基因组序列。对女性尼安德特人的脚趾骨的基因测序显示了在她们的较近祖先中，近亲交配可能非常普遍，因为她的父母是近亲，很可能是同胞。科学家因此推测，尼安德特人可能因为近亲交配而灭绝。

他们此后将这一基因组与其他尼安德特人和洞穴中的一小块丹尼索瓦人手指骨基因数据进行了对比，发现他们有着近缘关系[20, 21]。数据显示了一个树状关系图，将这一基因组和来自克罗地亚、德国和高加索地区的尼安德特人，以及丹尼索瓦人的基因组联系在一起。通过对比现代人类、尼安德特人和丹尼索瓦人的基因，研究人员鉴别了现代人类与尼安德特人和丹尼索瓦人的 31 000 处基因变化。这些变化可能与现代人类存活下来所需的大脑发育有关。基因组还显示早期人类物种与其他人族相互杂交。我们其中很多人都携带尼安德特人或者神秘的丹尼索瓦人的基因。

萨克塔克人、尼安德特人和丹尼索瓦人基因组的测绘完成激发了研究古人类基因组的热潮，更多关于欧洲古人类、非洲古人类和亚洲古人类的研究不断取得突破，并绘制出了大量古人类基因组图谱；从中发现了大量与现代人类得以生存下来相关的遗传位点信息，这些位点信息将被用来解释人类进化、生存、发育中至关重要的生理功能；并以此解释基因是怎样通过具体的代谢对人类健康产生影响、基因和环境因素又是如何相互作用来影响人类表型。这个不断探索的过程将揭示人类是怎样通过进化克服自然界的种种变化而生存至今，也将引导我们利用基因改变人类自身的健康状况，引导人类未来的进化方向，与自然相和谐，在不断完善自身的同时改善我们所生存的这个世界，让人类在地球上长久地繁衍生息。

第六节　药物基因组相关数据库

研究影响药物作用相关的基因以及它们与药物作用的有效性和安全性之间的关系是基因组与健康领域研究的主要内容之一，也是基因健康信息学研究和重要解决的问题。药物基因组学（pharmacogenomics）和药物基因组计划（pharmacogenomics project，PGP）是在人类基因组计划（human genome project，HGP）基础上发展起来的功能基因组内容之一。早在 20 世纪 50 年代，人们就发现，不同的遗传背景会导致药物反应的差异，特别是药物代谢酶基因的差异可引起药物的不良反应。所以，基因的多态性导致药物反应的多样性，从而为从基因组水平研究药物反应的个体差异奠定了基础，药物基因组学随之脱颖而出。药物基因组学将在药学研究中，特别是药物作用机制、药物代谢、提高药物疗效及新药研发等方面发挥重要作用，并将从根本上改变药物临床治疗模式和新药开发方式，对于深入解释药物治疗的个体差异、减少药物不良反应、提高药物疗效等有重大意义。

一、药物基因组学

药物基因组学是以提高药物的疗效及安全性为目标，研究影响药物吸收、转运、代谢、消除等个体差异的基因特性，以及基因变异所致的不同病人对药物的不同反应，并由此为平台开发新药，指导合理用药，提高药物作用有效性、安全性和经济性的一种新兴科学[22]。

目前广为提倡的个体化医学的理论基础就是药物基因组学。而最近提出的 4P 医学模式[预防性（preventive）、预测性（predictive）、个体化（personalized）和参与性（participatory）]也和药物基因组学分不开。药物基因组学是继人类基因组计划而派生的一个新学科，它融汇了药理学、基因组学、生物信息学等学科的特质，是一种跨领域的交叉学科。

药物基因组学阐述了从基因水平研究基因序列的多态性与药物效应多样性之间的关系。它不是以发现新基因、探明疾病的发生机制和预见发病风险为目的，而是利用已知的基因组学理论，研究遗传因素对药物反应的影响，或者说是以药物效应和安全性为主要目标，研究药物动力学和药效学差异的基因特征，以及基因变异所致的不同个体对药物的不同反应[23]。

早在多年以前，人们已注意到个体对某一物质的反应不尽相同。20 世纪 50 年代，逐渐发现遗传因素对药物效应具有重要影响，如药物代谢酶的效应差异会引起药物在不同个体的效应差异。80 年代，随着分子生物学、分子遗传学的进展，研究发现基因序列的差异对药物效应有不同的影响。90 年代启动人类基因组计划后，提供了更多的基因变异与药物在个体不同效应之间的证据，特别是人类基因组全序列的初步绘制，以及大量药物作用相关基因的克隆和鉴定、单核苷酸多态性（single nucleotide polymorphism，SNP）的检测与发现，大规模基因分型技术、DNA 测序技术及生物信息学的发展，为从基因水平研究药物反应的个体差异提供了物质基础和技术支持[24]。

药物基因组学的启动归功于各大制药公司的参与，Genset 和 Abbott 两公司共同发起了药物基因组计划[25]，随后又有大批制药公司进行基因组开发。如 Incyte 公司计划对人类基因组测序和构图，并应用于药物基因组学的遗传多样性资料的构建[26]，包括投入 2 亿美元对人类全基因组的蛋白编码区测序；在计算机图谱上定位和捕获所有 SNP 和人类 100 000 个基因及用 SNP 跟踪遗传疾病和为每个个体寻找有新靶点的药物等。

当前药物基因组学主要包括 3 个方面的内容：①药物作用与机体基因组之间的关系；②药物作用与产生药物的基因组之间的关系；③药物作用与病原生物基因组之间的关系。目前的研究工作主要集中在药物作用与机体基因组之间的关系上。

药物基因组学的研究大体可分为 3 个阶段：①检测一些候选基因，寻找等位缺失及其造成的生物学后果；②借助现有分子遗传学等技术，进行更多候选基因的研究；③进行基因组水平的关联分析[27]。

为了研究患者的某些基因差异，药物基因组学需要效率高且极为有效的检测方法，只花少量的费用就可获得病人某个药物相关基因的变异情况，这样才有实用价值。基因检测技术的发展已经给鉴定遗传变异对药物的作用的影响提供了前提条件，利用一些高效的测定手段如凝胶电泳技术、包括聚合酶链反应、等位基因特异的扩增技术、荧光染色高通量基因检测技术来检测一些与药物作用的靶点或与控制药物作用、转运、消除等相关的基因变异。随着人类基因组计划，DNA 阵列技术（DNA array technology），高通量筛选系统及生物信息学的发展，为药物基因组学研究提供了多种手段和思路[28]。近几年发展起来的以高度并行性、高通量、微型化和自动化为特点的 DNA 芯片（DNA chip）技术及质谱分析已作为基因检测的最新技术开始广泛应用于药物基因组学研究[29]。

二、药物基因组计划

毋庸置疑，随着分子生物学的发展和人类基因组序列的破解，药物基因组学技术在新药研发中所产生的作用将远远超出我们现有的想象，各大制药公司对药物基因组学研究的兴趣也日益强烈，主要有三个方面的原因：①对基因组的研究为开发新的治疗药物和诊断试剂提供机会；②将等位基因多态性的分析方法用于药物临床试验可缩短试验时间，降低开发成本；③药物基因组学研究应用于临床能够降低医疗费用，提高治疗效率。

1997 年 6 月，Genset 和 Abbott 两大制药公司共同发起了药物基因组计划，标志着药物基因组学时代的到来。1998 年 6 月 9～10 日，美国国立普通医学科学研究所（NIGMS）建议启动药物基因组学计划，即从表现型到基因型药物反应的个体多样性的研究：①支持对药物反应的个体多样性的重要机制的研究；②建立决定个体药物反应的蛋白质多样性的数据库；③鉴定重要序列多样性，重点研究对药物反应表现型相关的基因型。

PGP 主要研究的课题有：①药物效应与遗传学关系；②抗癌药物基因组学；③根据杂合性缺失性设计的抗癌治疗；④以药物为目标的个人基因序列鉴定；⑤诊断与药物基因组学试剂盒；⑥酶基因突变检测方法。药物基因组计划研究发现与疾病相关的基因靶点和药物作用的靶点，将改变对疾病的认识。

三、药物基因组学相关数据库

近 10 年来，药物基因组学在药物研发及个体化用药中越来越受重视。2005 年，国际“遗传药理学研究网络”（NGRN）正式成立，明确地阐释了药物基因型与药物应答的关系，使用药物基因组学的研究结果改善疾病的治疗方案，将人类基因数据囊括到疾病预防、个体化用药的日常临床规范中[30]。同年，“遗传药理学与药物基因组学知识库”（PharmGKB）也建立完善，该数据库为研究者们及临床医生提供了众多药物基因组学信息[31,32]。2007 年，以“药物基因组学，生物标记与新药开发的管理决策”为主题的“第四届美国食品药品监督管理局（FAD）- 制药企业研讨会”在 Bethesda 召开，此举由美国食品药品监督管理局（FAD）、药物基因组学工作组（PWG）、美国药品研究和生产协会（PhRMA）、美国生物技术工业组织（BIO）和药品信息协会（DIA）等组织共同联合发起，旨在将药物基因组学与生物标记全面应用于新药开发的管理决策。

近年来，由于试验方法的提高以及高通量检测技术手段的涌现，产生了极大数量的科研数据。那么有效的分类管理这些“灾难性”数据就成了生物学家们当务之急必须要进行的事宜。而数据库的存在和发展大大满足了生物工作者这一迫切需求。数据库实际上就是伴随电脑而产生的数据保存系统。其本身可视为电子化的文件柜（数据空间），用于存储各类电子格式的数据。用户可以查询、浏览、获取这些内容，也可以进行添加、截取、更新、删除等操作。

目前，已经有一些药物基因组数据库相继出现在 Internet 网上，并且大部分是免费访问，这极大地促进了药物基因组方面知识的传播和交流，并为药物的研发和病人的个体化用药提供了一定的理论依据和指导。其中，相关数据库主要有：PharmGKB、CYP450 Allele Nomenclature Committee、人类糖基转移酶基因命名数据库（UGT Nomenclature Commitee）、人类氮-乙酰基转移酶基因命名数据库（NAT Gene Nomenclature）、人类膜转运体遗传药理学数据库（PMT）、PharmaADME 等。现在，主要介绍其中几个具有代表性的主要相关数据库[33]。

1. 药物基因组学知识数据库

PharmGKB 全称 Pharmacogenomics Knowledge Base，始建于 2000 年，主站位于斯坦福大学，隶属于PGRN的一部分，由美国国家医学研究院（National Institute of General Medical Sciences，NIGMS）管理和维护，并由多个 NIH 的研究机构共同参与，包括 NHLBI、NIDA、NCI、NIEHS、NHGRI、NIMH、NLM 等。它主要提供人类遗传变异如何影响药物反应的各种信息，可以说是目前成立最早、最具权威的药物基因组数据库。该知识库融汇了多学科力量来解决遗传药理学和药物基因组学所提出的各种问题，并最终为每个患者制定安全有效的用药方案。

PharmGKB 的核心任务就是捕捉各研究机构并收录与药物基因组学相关的原始基因型、表型数据。这些表型可能发生在分子（结合）、细胞（表达）、组织（转化）、或整体的级别（疾病，症状），所有的注释被编码分类以便于查询获取，并且每周从所出版的文献中挖掘基因、突变、药物、表型间的关系，以求在稳定的维护数据机制上达到最新、最全的目的。PharmGKB 对基因和突变采用人类基因组命名委员会的推荐指南来命名；对药物则在 RcNorm 药物命名的基础上进行药物术语的统一；表型术语的统一标准则使用医学主题词（MeSH）和统一医学语言系统（UMLS）。目前，已经有超过 2500 条药物相关的人类突变记录（除了大部分的 SNP，还包括少部分的插入缺失、拷贝数变异、结构改变、单倍型等）。PharmGKB 分为查询模块和提交模块。查询模块主要分为 5 个基本内容：基因、变异、药物、疾病以及通路，并把数据的种类分为五类：临床结果（clinical outcome，CO）、药效学（pharmacodynamics，PD）、药代动力学（pharmacokinetics，PK）、分子及细胞功能分析（molecular and cellular functional assays，FA）以及基因型（genotype，GN）。PharmGKB 的记录都是经由人工注释的，其目的就是以更加结构化的方式来呈递基本的突变注释和它们潜在的临床表型[33]。

PharmGKB 鼓励研究者将临床科班数据集中起来，以建立大型的数据管理系统，以期达到增加样本量的作用，并使得样本管理和使用更加方便。该数据库的网址为 http：//www.pharmgkb.org/。

2. 人类膜转运体遗传药理学数据库

PMT（Pharmacogenetics of Membrane Transporters Database）由 NIH 发起，属于 PharmGKB 的一部分，主站位于加州大学旧金山分校。主要收录膜转运体的两个超家族（SLC 和 ABC）在遗传突变和药物反应方面的内容。整个数据库包括基因注释信息模块和芯片数据访问模块。其中基因注释模块字段主要收录基因编码和非编码区的 SNP 以及插入、缺失（但不涉及单倍型信息）等突变。具体字段包括 OMIM 表型、核苷酸、蛋白参考序列、Entrez 编号、转录本数、千人计划数据等。目前收录约 430 个基因，并且有些非膜转运基因也包括在内（MAOAn PXR、POR 等）。PMT 芯片模块主要提供单基因在多组织的表达数据图（gene Plot）、自定义组织的基因数据图（mixed Plot）以及单组织的多基因数据图（tissue Plot）的浏览[33]。

3. PharmaADME

PharmaADME 主站位于加拿大蒙特利尔大学，主要目的是收录整理影响药物吸收、分布、代谢和消除的基因突变目录，以协助药物研发和临床实验进行遗传因素的研究。PharmaADME 提供三种基因列表：①由 267 种与药物代谢相关基因组成的 ADME（absorption、distribution、metabolism、excretion）基因目录；②由 32 种基因组成的核心标记基因目录（和药物代谢最为相关）；③由 74 种基因组成的非药物代谢影响的相关基因目录。目前，这些列表仅包含很少量的基因或表型信息[33]。该数据库的网址为 http：//www.pharmaadme.org/joomla/。

4. 药物基因组命名数据库

药物基因组命名数据库是由特定组织依据命名指南，对一些家族的基因突变进行统一的标准化命名，以期规范化不同的命名方式所造成的科研报告、成果的混乱，并由此减少由于命名的不同而导致的科研重复。例如标准化对细胞色素 P450 酶命名的人类细胞色素 P450 酶基因命名委员会，始建于 1999 年，主站由瑞典的 Karolinska 研究所维护，包含大约 29 个 CYP 亚家族，一个 NADPH cytochrome P450 reductase（POR）人类糖基转移酶基因命名数据库由加拿大药物基因组学研究中心管理，负责 UGT1A 和 UGT2B 的命名和维护；人类氮-乙酰基转移酶基因命名数据库由美国路易斯维尔大学建立和维护，提供 NAT1，NAT2 单核苷酸突变和单体型信息，以及 NAT 假基因 *NATP1* 的信息查询。

5. 药物银行数据库

DrugBank 由加拿大亚伯达大学开发并维护。数据库整合了药物的化学结构、药理作用、作用蛋白 IE 点、生理通路、药物间相互作用等信息。数据库包含约 6711 条药物记录。其中包括：1447 种经由 FDA 批准的小分子药物、131 种 FDA 批准的生物类药物、85 种保健类药物、5080 种实验性药物。除此之外，还收录了 4227 种非冗余的和药物相关的蛋白质序列。药物银行数据库信息含量巨大，每条记录都由 150 多个字段组成。其中一半的字段记录了药物的理化性质，另一半则记录了和基因组相关的药物靶点和蛋白数据信息。

另外，和药物银行数据库并存的同样由亚伯达大学开发并维护的姐妹库：Human Metabolome Database（HMDB）、Toxin and Toxin Target Database（T3DB）、FooDB 也包含了部分的基因组学信息。该数据库的网址为 http：//www.drugbank.ca/。

人类基因组计划的圆满结束标志着后基因组时代的开始。药物基因组学在这个重大的历史转折期得到迅猛发展。自此，人类从传统经验式的用药时代大幅迈向基因导向的个体化医学纪元。目前，针对各个科研机构日益产生的天文数字般的药物基因组学数据，迫切需要药物基因组数据库进行统计。因此，之前介绍的数据库对药物基因组学的研究以及药物基因组计划的实施有重要意义。

药物基因组学的研究内容涉及药物作用和影响药物作用的多个方面，具有广泛的应用前景，可应用到药物研究和药物应用的各个阶段。因此，药物基因组学为最终阐明人类健康与疾病的多基因因素提供了一个强有力的工具，在临床合理用药、个体化医疗及新药开发等方面带给人们的将是一次极大的挑战和机遇，并将引导 21 世纪药物开发的方向。

总之，药物基因组学的研究结果是基因健康信息学研究的重要内容之一，它的研究内容与人类的健康和疾病息息相关。预计在未来的发展中，药物基因组学将会得到快速的发展，并逐渐应用于临床。

第七节　环境及毒理基因组计划数据库

一、环境基因组的概念

2003 年 4 月 14 日，人类基因组计划顺利完成，成功地绘制出了遗传图谱、物理图谱、序列图谱和转录图谱 4 张图谱。这标志着人类基因组计划的所有目标全部实现[34,35]。至此，HGP 的研究发生了翻天覆地的变化，已从结构基因组学研究时代进入了功能基因组（后基因组）时代。HGP 正朝着生物信息科学、计算机生物技术、数据处理、知识产权及社会伦理学研究等多方面发展，对生命科学、环境科学、医疗卫生、食品制药、人文科学各领域产生了广泛而深远的影响。

疾病尤其是环境相关疾病（如肿瘤）的发生和发展过程往往都是环境危险致病因素作用于具有遗传易感基因的个体所致。环境暴露危险因素作用于机体的应答反应基因由环境应答基因（environmental response gene）体现。环境应答基因的多态性是造成人群易感性差异的重要原因。环境基因组是在人类基因组（HGP）基础上发展起来的后基因组时代功能基因组研究的重要内容之一，指基因组中环境应答基因的总和。随着环境相关基因研究的逐步开展，目前国际上已开始形成环境基因组学，环境基因组学是一个通用的名词，所有探讨环境条件对基因转录、蛋白质水平、基因组稳定性或一个群体中基因组多样性的影响的研究都属于这一范畴。其主要目的是进行环境应答基因的多态性研究，探究这些多态性基因的功能及其与患病风险的关系，并在病因学研究中探索基因与环境的相互作用[36,37]。基因组时代的到来，给环境科学的研究提供了新的思路、新的研究方法，环境生物信息学和环境蛋白组学更为环境基因组学的飞速发展插上了翅膀。

二、环境基因组计划

突变的本质即 DNA 的改变。要了解基因型和表型之间的确切关系，就必须彻底了解相关的基因及其功能，而这正是人类基因组计划的目标。基因组计划能为突变研究提供信息资源、技术方法和相关的仪器设备，突变研究则可利用这些资源来了解基因及其功能，了解突变是如何积累演化成疾病的。人类健康状况受多种因素影响，如遗传易感性、环境的暴露和衰老等。快速发展的分子遗传学使人们认识到对环境暴露的易感性存在不同个体遗传背景的差异。1997 年 10 月由美国国立环境卫生科学研究所（NIEHS）首先提出，并于 1998 年投资 6000 万美元正式启动的环境基因组计划即是专门研究与环境相关疾病的遗传易感性，推进有重要功能意义的环境应答基因的多态性研究，确定其引起环境暴露致病危险性差异的遗传因素，并以开展和推动环境-基因相互作用对疾病发生影响的人群流行病学研究为最终目的[38]。

此计划在美国人群中选择具有不同年龄、性别和种族背景的 10 个群体中 1000 个个体，并应用人类基因组计划所使用的方法，鉴定与环境相关疾病易感基因的等位片段多态性，建立这些基因多态性的中心数据库，并服务于疾病流行病学中基因与环境相互作用的人群研究。通过鉴定影响个体对环境成分反应的基因和等位片段多样性，科学家们将能准确地预测出影响人类健康的危险度和帮助政府制定出环境保护策略。

1. 环境基因组计划研究的环境相关疾病和候选基因

环境基因组计划研究的部分环境相关疾病和缺陷有 7 类。包括癌症（肺癌、膀胱癌、乳腺癌及前列腺癌等）、呼吸系统疾病（哮喘、纤维囊性肿等）、退行性神经系统疾病（早老性痴呆、帕金森综合征、肌萎缩内侧硬化症等）、发育障碍（智力低下、注意力缺陷——多动症等）、先天缺陷（口面裂等）、生殖系统疾病（不育、子宫肌瘤、子宫内膜异位、青春期早熟等）、自身免疫疾病（全身性红斑狼疮、多发性硬化等）。

尽管 HGP 已鉴定出人类约有 3.5 万个基因，环境基因组计划在众多环境相关基因中确定了 10 类候选基因拟进行多态性研究，具体如下。

有毒物质代谢和解毒相关基因：环境基因组计划拟分析的候选基因中大约有 100 个左右的代谢及解毒基因，主要是指药物在人体内活化、灭活中相关基因，如调控细胞色素 P450 家族、*N*-乙酰化酶（NAT）、谷胱甘肽-*S*-转移酶（GST）、葡萄糖醛酸转移酶、磺基转移酶、甲基转移酶、金属硫蛋白酶、二乙基对硝基苯磷酸酯酶等。

DNA 修复基因：EGP 拟分析大约有 50 个 DNA 修复基因，DNA 修复基因可纠正 DNA 匹配、核酸切除、碱基切除及重组过程中发生的错误。例如 *MSH3* 基因；

信号传导基因：如 PTCH，纤维连接素受体 beta 亚基样基因（*FNRBL*）等；

受体基因：毒物受体基因包括那些可改变毒物反应的基因，如芳烃受体、雌激素受体、孕激素受体等基因、成纤维生长因子受体 3 型（*FGFR3*）基因 *FGFR3*、雌激素相关受体 1（estrogen-related receptor（ERR）alpha-1）基因 *ERRa1*、糖皮质激素受体基因等；

代谢基因：如 GST 基因、乙醇脱氢酶基因；

免疫和感染应答的介质基因：如缺乏抗胰蛋白酶的基因、巨噬细胞弹性蛋白酶（macrophage elastase）的基因 *MMP*-12 、白细胞介素 5 的基因等；

参与氧化过程的基因：谷胱甘肽半胱氨酸连接酶酶促亚单位（glutamate-L-cysteine ligase catalytic（*GLCLC*）subunit）的基因 *GLCLC*、前列腺素 H 合成酶/环氧化酶（cyclooxygenase）基因 *COX* 等；

细胞周期调控基因：鸟尿酸脱羧酶（ornithine decarboxylase，ODC）基因 *ODC* 等；

营养因素的基因：次甲基四氢叶酸还原酶（methylenetetrahydrofolate reductase，*MTHFR*）基因 *MTHFR*、维生素 D 受体（vitamin D receptor，VDR）基因 *VDR*；

细胞内药物敏感基因：联合用药耐药（multidrug resistance，MDR）基因 1（*MDRI*）、联合用药耐药相关蛋白（multidrugresistance-associated protein，MRP）基因等。

2. 环境基因组计划研究的主要内容

1）DNA 序列分析和测定

环境基因组计划的主要目标是推进有重要功能意义的环境应答基因的多态性研究，而 DNA 序列的分析是发现和认识多态性的前提，所以 DNA 序列的分析和测定就显得尤为重要。环境基因组计划包含的 DNA 序列分析项目包括：序列测定或序列分析；以确定遗传变异为目的再测序（resequencing，再测序是指对一个已知序列基因所在位点上的所有其他等位基因进行序列分析，以获得该位点上基因多态性资料）；同源性鉴定；载体构建；旁侧序列及内显子外显子区域分析；增强子及其他调控区域的分析。个体易感性与基因组中 DNA 序列变异相关，最常见的 DNA 序列变异是单核苷酸多态性（single nucleotide polymorphism，SNP）。目前，识别 SNP 的方法主要有 2 种，一种是分析数据库中已有的 DNA 序列，但它不能提供 SNP 出现频率信息；另一种方法是对群体样本进行大规模测序，鉴定人群 SNP 和评估 SNP 出现频率。此外，如果群体样本和特定基因组合适，所获得信息还有助于环境——基因相互作用的临床流行病学研究。

2）多态性功能分析

由于环境暴露对人体健康的影响受到人体许多基因功能的影响，因此，功能分析是目前环境基因组计划的重点内容[39]。到目前为止，环境基因组计划共接受并资助以基因多态性的功能分析为主要内容的项目超过 60 项。研究内容涉及结构与功能研究、酶学研究、细胞内定位、蛋白质折叠、组织–器官特异性基因表达模式、功能基因组学分析、转基因与其他实验动物模型，以及体外与细胞系培养等多方面的研究。

3）流行病学研究和人群研究

将遗传学的理论及概念与流行病学方法相结合大大扩展了流行病学的研究领

域，近来发展的分子流行病学对公共卫生的最大贡献是更好地认识常见慢性病及肿瘤的遗传病因，认识基因与环境相互作用的分子机制。流行病学与分子毒理学的结合更拓展了流行病的应用前景，使分子流行病学将在疾病危险性评估、发展卫生政策等方面起到中心作用。该研究包括环境、分子和遗传药理学流行病学研究，也包括有关疾病风险因子、生物标记和 SNP 基因分型研究。

4）环境基因组计划研究技术的研究

为了更好、更快地分析基因多态性，有必要进一步发展基因研究分析的方法，该项目主要发展一些用于基因或蛋白质功能研究的技术，涉及 DNA 微阵列（基因芯片）、质谱、毛细管电泳、高效液相色谱、全细胞蛋白质内容分析等。目前在遗传和物理图谱方面有了一些新进展。

5）其他领域研究

环境基因组计划研究也设计其他相关领域的研究。如生物信息学方面的研究，该研究主要涉及与环境作用有关的细胞大分子 DNA 、RNA、蛋白质的数据库的建立，这也包括网上相关资源的发展与利用。此外环境基因组计划还鼓励由此而引起的伦理、法律及社会问题的讨论与探索。如何保护那些参与研究的个体、研究结果的利用以及研究发现如何为社会上的大多数人服务，这些问题目前没有得到足够的重视。

3. 环境基因组计划的研究方法

1）DNA 微阵列在环境基因组学的应用

DNA 微阵列技术自 1995 年由 Schena 创立以来，已逐渐发展成为功能基因组学研究的最有力的工具之一。DNA 微阵列技术在环境科学领域已广泛应用于快速筛选毒物，鉴别毒性作用相关基因，揭示毒作用的基因表达谱；检测基因多态性和基因突变、进行安全性评价等，从而为解决化学物的联合作用、高通量的筛选化学物、研究毒作用机制等问题提供了方法。

Hossain 等[40]应用 cDNA 微阵列技术成功地鉴别出一种铅诱导神经毒性的潜在的作用方式，这种神经毒性的作用机制是破坏血脑屏障的完整性。应用同样的技术，Hossain 等还证明了铅能诱导脑星形细胞 annexin-V 基因表达水平的显著提高，而 annexin-V 正是铅毒性作用的细胞靶位点。Yoneda 等[41]将 cDNA 微阵列技术运用于研究人上皮细胞暴露于过氧化氢等氧化剂时基因表达的时序变化，实验中观察到了三个明显不同的时序变化阶段。Franke-Whittle 等[42]利用 16S rRNA 的可变区域制成的 DNA 微阵列来检测堆肥中微生物的丰度与多态性。通过微阵列检测发现堆肥中含有链球菌（Streptococcus）洛菲不动杆菌（*Acinetobacter lwoffii*）和破伤风梭状芽胞杆菌（*Clostridium teteni*）等多种微生物。Michael Wagner 等[41]应用DNA 微阵列技术对活性污泥中微生物的群落结构进行了研究。微阵列分析结果显示活性污泥中多种菌胶团微生物、硝化细菌、反硝化细菌和聚磷菌且污水处理系统中反硝化作用非常活跃。

2）差异显示反转录 PCR 在环境基因组学的应用

差异显示反转录 PCR（differential display of reverse transcriptional PCR，DDRT-PCR）是一种新的显示 mRNA 差异表达的技术，1992 年由梁鹏和 Pardee等[42]建立。它是以 PCR 和聚丙烯酰胺凝胶电泳为基础经过 V 端和 C 端引物的合理设计和组合，通过对不同细胞或组织的总 RNA 反转录生成的 cDNA 进行 PCR 扩增，将不同细胞或组织中表达的基因片段在 DNA 测序胶上电泳分离，从而筛选出不同细胞或组织中表达有差异的 cDNA 片段。

Van Beneden 等[45]将 DDRT-PCR 技术应用于对环境内分泌干扰物四氯二苯并-p-二恶英（TCDD）诱导缅因州软壳蛤性腺肿瘤的病理学研究。通过分析比较染毒前后基因表达的改变，共筛选出 14 个差异显示的 cDNA 片段。Corsinia[46]应用该方法进行了 SDS 和二硝基氯苯皮肤试验，从中筛选出两个选择性调控基因，它们分别是*ADRP*（一种 53kDa 细胞膜结合蛋白）和 *KIAA0368*。

3）基因表达系列分析技术在环境基因组学的应用

基因表达系列分析（serial analysis of gene expression，SAGE）是一个非常有效的分析基因表达的方法，通过比较分析来自 cDNA C 端特定位置的一段 9～11bp长的基因表达系列分析标签（SAGE tag）来区分基因组中差异表达的基因[47]。SAGE方法在环境科学的应用主要集中在各种环境污染作用下机体的毒理学研究以及生物对逆境胁迫抗性的功能基因组研究。通过对不同环境、不同生理病理状态下表达图谱的构建，对不同状态下基因表达水平进行定量或定性比较，探究基因表达与机体各种癌变、免疫以及抗逆性之间的关系。

Cushman 等[48]将 SAGE 技术应用于研究在盐胁迫和正常环境下松叶菊（*M. crystallinum*）叶片细胞间基因表达的差异。通过对两者表达图谱差异的分析显示，与正常环境下相比，发现有 15%新的未知基因在盐胁迫下表达，仅有 13%的非冗余 EST（expressed sequence tag）是从已建好的 cDNA 库中随机取出一个克隆，从N 端或 C 端对插入的 cDNA 片段进行一轮单向自动测序，所获得的 60～500bp 的一段 cDNA 序列在盐胁迫和无胁迫下都表达。

三、相关网站

NIEHS 与美国犹他州大学的犹他州基因组中心共同创建了单核苷酸多态性数

据库网页，即 GeneSNP。美国环境基因组计划在美国人群和个体中建立的环境相关基因的单核苷酸多态性（single nucleotide polymorphism，SNP）中心数据库对于世界环境基因组研究具有重要意义。这一网上资源所包含的人类基因均是在环境暴露易感性方面起着一定作用的基因，它将 NIEHS 发起的环境基因组计划涉及的基因、序列及多态性资料融为一体。GeneSNP 搜寻整理 GenBank 中有关的 cDNA、基因组及单核苷酸多态性序列的信息，为 SNP 的发掘及分析提供资料。

在环境基因组学发展的短短几年时间里环境基因组计划推动了分子毒理学、分子流行病学等学科乃至整个预防医学的发展，对人类疾病的预防、人口素质的提高起到巨大的推动作用，并促进了预防医学研究宏观与微观的有机结合。从表面看，EGP 所研究的关于环境暴露的人群易感性问题，似乎又把疾病的预防从群体预防转向个体预防。但依据辩证唯物主义观点，此个体非彼个体，在医学发展的螺旋式上升过程中，这种个体预防的意义已与早期个体预防的意义完全不同，这种个体预防是建立在全社会人口素质提高的基础之上，是以群体预防为基础、以群体预防与个体预防相结合为宗旨、以“健康为人人，人人为健康”为目的、以提高全人类健康水平为最终目标的。通过 EGP 筛选易感个体，采取有力的医学和行为干预措施，制定有效的预防方案，能更好地保护易感亚群。

参 考 文 献

[1] Breitbart M, Ian H, Ben F, et al. Metagenomic Analyses of an unculturedviral communiry from human feces. Journal of Bacteriology, 2003, 185(20): 6220-6223

[2] Walter J, Mangold M, Tannock GW. Appl Environ Microbiol, 2005, 71: 2347-2354

[3] Diaz T, Villedieu A, Hunt N, et al. Determining the antibiotic resisrance potential of the indigenous oral microbiota of humans using a metagenomic approach. FEMS Microbiology Letters, 2006, 258(2): 257 -262

[4] Gill S R, Mihai P, Beboy R T, et al. Metagenomic analysis of the human distal gut microbiome. Science, 2006, 312(5778): 1355-1359

[5] Manichanh C, Rigottier G L, Nnaud F, et al. Rcduccd diversity of faccal microbiota in Crohn's discase revealed by a metagenomic pproach, 2006, 55(2): 205-211.

[6] Li R, Li Y, Zheng H, et al. Building the sequence map of the human pan-genome. Nature biotechnology, 2010, 28(1): 57-63.

[7] Green R E, Krause J, Ptak S E , et al. Analysis of one million base pairs of Neanderthal DNA. Nature, 2006, 444 : 330-336.

[8] Pääbo S, Poinar H, Serre D, et al. Genetic analyses from ancient DNA, Annual review of genetics, 2004, 38: 645-679.

[9] Margulies M, Egholm M, Altman W E, et al. Genome sequencing in microfabricated high-density picolitre reactors, Nature, 2005, 437(7057): 376-380.

[10] Hofreiter M, Serre D, Poinar H N, et al. Ancient DNA, Nat Rev Genet, 2001, 2(5): 353-359.

[11] Green R E, Malaspinas A S, Krause J, et al. A complete Neandertal mitochondrial genome sequence determined by high-throughput sequencing, Cell, 2008, 134(3): 416-426.

[12] Green R E, Briggs A W, Kraus E J, et al. The Neandertal genome and ancient DNA authenticity. The EMBO Journal , 2009, 28: 2494-2502.

[13] Poinar H N, Schwarz C, Qi J, et al. Metagenomics to paleogenomics: large-scale sequencing of mammoth DNA, Science, 2006, 311(5759): 392-394.

[14] Shapiro B, Hofreiter M. Analysis of ancient human genomes: using next generation sequencing, 20-fold

coverage of the genome of a 4000-year-old human from Greenland has been obtained, BioEssays : news and reviews in molecular, cellular and developmental biology, 2010, 32(5): 388-391.
[15] Rasmussen M, Li Y, Lindgreen S, et al. Ancient human genome sequence of an extinct Palaeo-Eskimo, Nature, 2010, 463(7282): 757-762.
[16] Pedersen J S, Valen E, Velazquez A M, et al. Genome-wide nucleosome map and cytosine methylation levels of an ancient human genome, Genome research, 2014, 24(3): 454-466.
[17] Dabney J, Meyer M. Length and GC-biases during sequencing library amplification: a comparison of various polymerase-buffer systems with ancient and modern DNA sequencing libraries, BioTechniques, 2012, 52(2): 87-94.
[18] Gilbert M T, Kivisild T, Gronnow B, et al. Paleo-Eskimo mtDNA genome reveals matrilineal discontinuity in Greenland, Science, 2008, 320(5884): 1787-1789.
[19] Green R E, Krause J, Briggs A W, et al. A draft sequence of the Neandertal genome, Science, 2010, 328(5979): 710-722.
[20] Briggs A W, Good J M, Green R E, et al. Targeted retrieval and analysis of five Neandertal mtDNA genomes, Science, 2009, 325(5938): 318-321.
[21] Reich D, Green R E, Kircher M, et al. Genetic history of an archaic hominin group from Denisova Cave in Siberia, Nature, 2010, 468(7327): 1053-1060.
[22] Evans W E, Relling M V. Pharmacogenomics: translatingfunctional genomics into rationaltherapeutics. Science, 1999, 286(5439): 487-491.
[23] 许力，王升启. 药物基因组学的发展及其在个体化用药中的应用. 国外医学药学分册 1,2006, 33(6): 441-4441.
[24] March R. Pharmacogenomics: the genomics of drug response. Yeast, 2000, 17(1): 16-21.
[25] Marshall A. Nat Biotechnol, 1997, 15: 829.
[26] Kleyn A W, Vesell E S. Development Science, 1998, 18(281): 182
[27] 华允芬，明镇寰，张铭. 药物基因组学研究进展. 药学学报, 2002, 37(8): 668-672.
[28] Collins F S. Genetics: an explosion of knowledge is transforming clinical practice. Geriartics, 1999, 54(1): 41.
[29] Shi M M, Bleavins M R, De laiglesia F A. Technologies for detecting genetic polymorphism in pharmacogenomics. Mol Disgn, 1999, 4(4): 28
[30] 彭娟，谭胜蓝，周宏灏，等. 华法林药物基因组学和个体化用药. 中国药理学通报, 2013, 29(2): 169-172.
[31] Peng J, Tan S L, Zhou H, et al. Pharmacogenomics of warfarin and its personalized treatment. Chin Pharmacol Bull, 2013, 29(2): 169-172.
[32] Owen R P, Klein T E, Altman R B. The education potential of the pharmacogenetics and pharmacogenomics knowledge base(PharmGKB). Methods MolBiol, 2005, 311: 179-191.
[33] 孟祥光. 开发中国人药物基因组信息库及观察早期肾移植术后病人 CYP3A 和 ABCB1 基因多态对环孢素 A 药代动力学的影响. 临床药理研究所, 2012.
[34] Baltimore D. Our genome unveiled. Nature, 2001, 409(6822): 814.
[35] Venter C. The sequence of human genome. Science, 2001, 291(5507): 1304.
[36] Bruner D W, Baffoe-Bonnie A, Miller S, et al. Prostate cancer risk assessment program. A model for the early detection of prostate cancer. Oncology, 1999, 13: 325-334.
[37] Gilger J W. Contributions and promise of human behavioral genetics. Hum Biol, 2000, 72: 229-255.
[38] Omenn G S. The genomic era: a crucial role for the public health sciences. Environ Health Perspect, 2000, 108: A204-205.
[39] Guengerich F P. The Environmental Genome Project: functional analysis of polymorphisms. Environ Health Perspect, 1998, 106: 365-368.
[40] Hossain M A, Bouton C M, Pevsner J, et al. Induction of vascular endothelial growth factor in human astrocytes by lead. Involvement of a protein kinaseC/activator protein-1 complex-dependent and hypoxia-inducible factor 1-independent signaling pathway. Bio Chem, 2000, 275: 278 74-82.
[41] Yoneda K, Peck K, Chang M M, et al. Development of high-density DNA microarray membrane for profiling smoke- and hydrogen peroxide-induced genes in a human bronchial epithelial cell line. Am J Respir Crit Care Med, 2001；164: S85-89.
[42] Franke-Whittle I H, Klammer S H, Insam H. Design and application of an oligonucleotide microarray for the

investigation of compost microbial communities. Microbiol Methods, 2005, 62: 37-56.
[43] Wagner M, Nielsen P H, Loy A, et al. Linking microbial community structure with function: fluorescence in situ hybridization- microautoradiography and isotope arrays, Current Opinion in Biotechnology, 2006, 17: 83-91.
[44] Liang P, Pardee A B. Differential display of eukaryotic messenger RNA by means of the polymerase chain reaction. Science, 1992, 257: 967.
[45] Van Beneden R J, Rhodes L D, Gardner G R. Studies of the Molecular Basis of Gonadal Tumor in the Marine Bivalve, Mya arenaria. Marine Environmental Research, 1998, 46 : 209-213.
[46] Corsini E, Sheasgreen J, Marinovich M, et al. Use of differential display-polymerase chain reaction to identify genes selectively modulated by chemical allergens in reconstituted human epidermis. Toxicology in Vitro, 2002, 16: 427-431.
[47] Velculeacu V E, Zhang L. Serial analysis of gene expression. Science, 1995, 270: 484.
[48] Cushman M A, Bufford D, et al. An expressed sequence tag(EST)database for the common ice plant Mesembryanthemum crystallinum. Plant Physiol, 1999: 120-145.

第八章 基因健康信息管理系统实例

第一节 基因多态性群体遗传结构的主成分和非线性分析

一、问题描述

在某一群体中某一座位各等位基因的频率，即是该群体在该座位的遗传结构；其全部座位的基因频率即是该人群的整个遗传结构。人群遗传结构的差异，实质上是基因频率的差异，分析人群基因频率的分布，有助于了解人口迁移、人群融合、自然选择、漂变、地理和社会隔离、突变等对人类的影响，也能为探讨人类的起源与扩展提供依据[1]。我国人类群体遗传学研究，特别是在体质群体遗传学研究方面发展迅速[2]，积累了大量多民族、多地区的基因多态性数据，如 ABO、MNSS 等红细胞血型、白细胞抗原系统中的 HLA 等；自 20 世纪 80 年代中期，我国又开展了 DNA 多态性的研究，如微卫星座位 DYS19、DXY156[3,4]等，这些数据已成为中华民族遗传结构的宝库。随着人类基因组多样性计划的兴起和发展，必将产生海量的等位基因多态性数据，进一步丰富和发展我国人类体质群体遗传学的研究成果。

二、数据采集

表 8-1 是 *DXYS156Y* 等位基因频率在中国 10 个群体中的分布。引自文献[4]，并根据文中原始数据重新计算，精度取到小数点后 5 位。

任何座位的基因多态性的群体调查数据都可以写成表 8-1 的形式。

TH01 基因座位于人类基因组 11p15-p1515 的酪氨酸羟化酶（tyrosine hydroxylase，TH）基因第一内含子，基因库登录号为 D00269。在各人群中，共发现 *TH01* 基因座的 10 种等位基因（5～8，813、9、913、10、11、12）杂合度为 0162～0180[21]。国内学者已经对我国不同地区不同民族的 *TH01* 多态性进行了大量调查研究，本文收集了近年公开发表的 37 个群体的 *TH01* 基因多态性数据。对于同一地区同一民族，如果有 2 套以上的数据则将原始数据合并，用基因计数法重新计算基因频率；对有 1 套数据的群体同样采用基因记数法重新计算基因频率，核实原文献中计算的准确性，并将计算结果进行整理（表 8-1）。

表 8-1　*DXYS156Y* 等位基因频率在不同人群中的分布

群体	调查人数	*TH01* 基因频率								合计
		5	6	7	8	9	9.3	10	11	
1. 北京汉族	236	0.0000	0.0805	0.2860	0.0508	0.4895	0.0339	0.0593	0.0000	1.0000
2. 甘肃东乡族	94	0.0106	0.1277	0.2500	0.0691	0.4681	0.0479	0.0160	0.0106	1.0000
3. 广东汉族	328	0.0000	0.1077	0.3266	0.0511	0.4453	0.0237	0.0456	0.0000	1.0000
4. 海南黎族	213	0.0000	0.0783	0.3893	0.0323	0.4240	0.0438	0.0323	0.0000	1.0000
5. 河南汉族	117	0.0000	0.1085	0.2830	0.0518	0.4953	0.0425	0.0189	0.0000	1.0000
6. 黑龙江朝鲜族	100	0.0000	0.2050	0.2250	0.0300	0.4650	0.0000	0.0750	0.0000	1.0000
7. 湖北汉族	400	0.0000	0.1550	0.2700	0.0475	0.4050	0.0675	0.0550	0.0000	1.0000
8. 江苏汉族	111	0.0000	0.1081	0.3018	0.0270	0.4685	0.0360	0.0586	0.0000	1.0000
9. 内蒙古蒙古族		0.0055	0.1044	0.2857	0.0989	0.3956	0.0934	0.0165	0.0000	1.0000
10. 宁夏回族		0.0000	0.0949	0.1899	0.1722	0.4684	0.0633	0.0063	0.0000	1.0000
11. 四川汉族	129	0.0000	0.0930	0.2870	0.0470	0.5080	0.0110	0.0540	0.0000	1.0000
12. 西藏藏族	121	0.0000	0.0970	0.2270	0.0910	0.4810	0.1040	0.0000	0.0000	1.0000
13. 新疆哈萨克族	104	0.0913	0.1875	0.1246	0.2068	0.3606	0.0096	0.0096	0.0000	1.0000
14. 新疆柯尔克孜族	100	0.0000	0.0300	0.2300	0.1150	0.2850	0.1950	0.1350	0.0000	1.0000
15. 新疆维吾尔族	150	0.0000	0.2033	0.2267	0.1067	0.3233	0.1367	0.0033	0.0000	1.0000
16. 新疆乌孜别克族	100	0.0086	0.1121	0.3190	0.0862	0.2414	0.1810	0.0517	0.0000	1.0000
17. 新疆锡伯族	100	0.0001	0.0781	0.2604	0.1562	0.4219	0.0625	0.0156	0.0052	1.0000
18. 云南阿昌族	100	0.0000	0.0300	0.1600	0.0400	0.6100	0.0900	0.0700	0.0000	1.0000
19. 云南白族	126	0.0000	0.0952	0.2222	0.0754	0.5000	0.1032	0.0041	0.0000	1.0000
20. 云南布朗族	107	0.0000	0.0050	0.2430	0.0390	0.5670	0.0970	0.0490	0.0000	1.0000
21. 云南布依族	118	0.0000	0.0647	0.3276	0.1034	0.3577	0.1207	0.0259	0.0000	1.0000
22. 云南傣族	110	0.0000	0.0545	0.3182	0.1000	0.3818	0.1137	0.0318	0.0000	1.0000
23. 云南独龙族	103	0.0000	0.0720	0.2640	0.0860	0.4570	0.0770	0.0340	0.0000	1.0000
24. 云南哈尼族	128	0.0000	0.0703	0.2344	0.0703	0.5273	0.0586	0.0391	0.0000	1.0000
25. 云南回族	112	0.0000	0.0848	0.2679	0.0670	0.4865	0.0759	0.0179	0.0000	1.0000
26. 云南基诺族	100	0.0000	0.0600	0.2050	0.0950	0.4800	0.0750	0.0850	0.0000	1.0000
27. 云南景颇族	106	0.0000	0.0943	0.2170	0.0661	0.4811	0.0943	0.0472	0.0000	1.0000
28. 云南拉祜族	152	0.0000	0.0691	0.3092	0.1283	0.4211	0.0625	0.0098	0.0000	1.0000
29. 云南傈僳族	150	0.0000	0.0705	0.3020	0.1342	0.4127	0.0705	0.0101	0.0000	1.0000
30. 云南苗族	138	0.0000	0.1087	0.2138	0.0652	0.4927	0.0870	0.0326	0.0000	1.0000
31. 云南怒族	106	0.0000	0.0710	0.2620	0.0710	0.4770	0.0860	0.0330	0.0000	1.0000
32. 云南佤族	139	0.0000	0.0540	0.3670	0.1043	0.3741	0.0575	0.0431	0.0000	1.0000
33. 云南瑶族	100	0.0000	0.1050	0.2150	0.0900	0.4850	0.0800	0.0250	0.0000	1.0000
34. 云南彝族	172	0.0000	0.0727	0.3110	0.1308	0.4070	0.0698	0.0087	0.0000	1.0000
35. 甘肃裕固族	103	0.0000	0.1699	0.2670	0.0728	0.4272	0.0631	0.0000	0.0000	1.0000
36. 云南壮族	137	0.0000	0.0588	0.3162	0.1066	0.3714	0.1213	0.0257	0.0000	1.0000
37. 重庆汉族	200	0.0050	0.0980	0.2590	0.0480	0.5370	0.0400	0.0130	0.0000	1.0000

用 n Xd 阶矩阵表示表 1 中的等位基因调查数据，n 代表调查的群体个数（本例 $n=10$，表示 10 个群体），d 代表某一座位上等位基因多态数（本例 $d=5$，表示检测到的 *Y8*、*Y9*、*Y10*、*Y11*、*Y12* 共 5 种基因）。用 n Xd 阶矩阵 X 表示各等位基因的频率分布，即

$$X=\begin{Bmatrix} x_{11} & x_{12} & \cdots & x_{1d} \\ x_{21} & x_{22} & \cdots & x_{2d} \\ \cdots & \cdots & \cdots & \cdots \\ x_{n1} & x_{n2} & \cdots & x_{nd} \end{Bmatrix}$$

对于单一座位上各等位基因的频率矩阵 $\boldsymbol{X}$ 式，也可将其变换为矩阵 $\boldsymbol{Y}$：

$$Y=\begin{Bmatrix} y_{11} & y_{12} & \cdots & y_{1d} \\ y_{21} & y_{22} & \cdots & y_{2d} \\ \cdots & \cdots & \cdots & \cdots \\ y_{n1} & y_{n2} & \cdots & y_{nd} \end{Bmatrix}$$

其中，$y_{ij}=\lg(\frac{xi_j}{g_i})$，$g_i=\sqrt[d]{x_{i1}x_{i2}....x_{id}}$ 为等位基因频率矩阵 $\boldsymbol{X}$ 第 i 行各数据的几何均数。称该变换过程为“中心化对数比 0 变换”，它是 Aitchison 对数比 0 变换的一个特殊类型，适合于基于基因频率多态性群体遗传结构的分析。

三、分析过程

将单一座位上的等位基因频率矩阵 $\boldsymbol{X}$ 或多座位的等位基因频率矩阵 $\boldsymbol{Y}$c 写成如下形式：

$$W=\begin{Bmatrix} W_1 \\ W_2 \\ \cdots \\ W_n \end{Bmatrix} \qquad i=1,2,\cdots,n$$

同理，将单一座位上等位基因频率的“中心化对数比”0 矩阵 $\boldsymbol{Y}$ 或多座位的等位基因频率的“中心化对数比”$\boldsymbol{Y}$ 写成如下形式：

$$Z=\begin{Bmatrix} Z_1 \\ Z_2 \\ \cdots \\ Z_n \end{Bmatrix} \qquad i=1,2,\cdots,n$$

对闭合数据 $w_i = (w_{i1}, w_{i2}, ..., w_{iD})$ 的非线性主成分分析，就可以通过对随机向量 $Z_i = (Z_{i1}, Z_{i2}, ..., Z_{iD})$ 的线性主成分分析来实现。对于 $Z_i = (Z_{i1}, Z_{i2}, ..., Z_{iD})$ 的主成分分析，就是寻找在 $A'A = 1$ 的条件下，线性组合 $A'Z = 1$ 的方差的极大值。

（1）将等位基因多态性矩阵 **W** 中的零值用一定的方法处理，使其能进行对数运算。Aitchison[9]建议采用合并矢量、条件模拟，或用痕（即很小正数），Reyment[20]则提供了专门的矫正程序，本文采用痕代替法。

（2）对等位基因多态性矩阵 **W** 做中心化对数比 0 变换。

（3）计算/ 中心化对数比 0 样本协方差矩阵。

（4）从 S 出发求样本主成分，设 K_1\\K_2\\，\\。

Kp 是 S 的 p 个特征根，$\boldsymbol{A}$=（$a_1, a_2, \cdots, a_p$）是相应的标准化特征向量矩阵，则第 i 个主成分为

$$F = \sum_{i=1}^{p} a_{ij} \lg w_{ij}$$

四、结论和讨论

表 8-2 列出了经典线性方法和对数比 0 非线性方法主成分分析的特征根及其累积贡献率。由此可见，经典线性方法的第 1 主成分的特征值为 211 401，其贡献率仅为 26 176%，即仅仅提供了 *TH01* 基因座位遗传结构变异性的 26 176% 的信息；其第 2、3、4 主成分的贡献率分别为 22 159%、15 154%和 12 136%，到第 4 主成分的累积贡献率仅 77 124% ，仍不能提供 *TH01* 基因座遗传结构变异性的 85%的信息，说明降维效果不够理想。而对数比 0 非线性方法的第 1 主成分的特征值为 314 250，其贡献率为 42 181%，即已经提供了 *TH01* 基因座遗传结构变异性的 42 181%的信息；其第 2、3、4 主成分的贡献率分别为 18 100%、16 171% 和 12 123%，到第 4 主成分的累积贡献率为 89 176%，提供了 *TH01* 基因座遗传结构变异性 85%以上的信息，说明降维效果较好。

表 8-2　经典线性方法和“对数比”非线性方法的特征根及其累积贡献率

主成分	经典线性方法		“对数比”非线性方法	
	特征值	累积贡献率	特征值	累积贡献率
1	2.140 58	0.267 57	3.425 00	0.428 13
2	1.807 35	0.493 49	1.440 36	0.608 71
3	0.242 80	0.648 84	1.336 98	0.775 29
4	0.988 26	0.772 37	0.978 72	0.897 63
5	0.875 07	0.881 76	0.405 25	0.948 29
6	0.676 64	0.966 33	0.285 63	0.983 99
7	0.269 32	1.000 00	0.128 05	1.000 00
8	0.000 00	1.000 00	0.000 00	1.000 00

第二节　基因微阵列数据的决策树分析

一、问题描述

根据由 CAMDA2000（critical assessment of microarray data analysis）所提供的急性淋巴白血病（ALL）和急性骨髓白血病（AML）基因数据集，设计并实现了一个决策树分类器，并且使用该决策树分类器对白血病患者的基因数据进行归纳分类。

二、数据采集

本分类器的实验数据来自于 CAMDA2000 提供的急性淋巴白血病（ALL）和急性骨髓白血病（AML）基因数据集。在设计当中，首先要求能对文件中数据类型、数据格式进行分析，并转换到相应的存储对象当中，得到设计中所需要的数据。将该文件数据分为训练集和测试集，分别存储于数据库中，该数据库包含 3 个表：Attribute 表、Trainset 表、Testset 表。训练集 Trainset 中包含 38 个样本，每个样本包含 7130 个属性，其中最后一个属性为理想的分类结果，用于区分样本类别。此属性值为 1，则表明该样本为 ALL 类；属性值为 0，则表明该样本为 AML 类。测试集 Testset 包含 34 个测试样本，属性为 7129 个。属性集 Attribute 存储着各属性对应的属性名。

基因数据集中的样本共有 7000 多个属性，如果对这些属性全部加以处理，将会导致效率低下，响应时间长，并且还会存在有些属性在分类过程中不起作用或者起到的作用很小。因此在使用决策树分类器对基因数据进行分类之前，必须对数据进行预处理。我们对训练样本集中的所有样本属性计算信息增益度量，在根节点选择具有最高信息增益（或最大熵压缩）的 300 个属性，这 300 个属性可以作为样本中最具代表性的属性集，它们对分类结果的影响最大。在决策树分类器中，我们只使用该属性集进行分类，这样就可以同时保证分类的效果和效率。

三、分析过程

在本文中，我们使用 ID3 算法，它是一个典型的决策树学习系统，以信息熵作为选择分类属性的评价函数，采用自顶向下不可返回的策略，在决策树的叶子节点得到分类结论。其优点是：ID3 算法构造的决策树平均深度较小、分类速度较快。缺点是：ID3 算法趋向于选择属性值较多的属性，而属性值较多的属性却不一定是最优的属性。

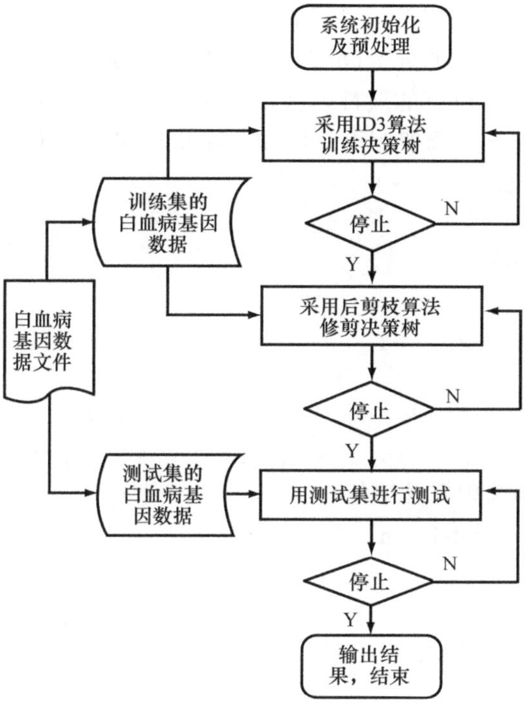

图 8-1 决策树分类器划分基因数据的模型

在本书中，针对白血病基因数据的构造，所采用属性熵的计算方法和分类阈值的选取方法如下。

由于在每个节点发生分裂时都需要计算该节点剩余样本中不同属性分类时的熵，从中选择出具有最小熵的属性作为分类的依据，同时找出分类阈值。所以我们设计一熵计算函数 attselect 来计算熵值，并可以通过这个函数选取分类阈值，找出熵最小的那个属性后将其属性序号存储在节点的 data 变量中，分类阈值存在 dividevalue 变量中。其中计算熵值代码如下

```
if（num！ =0&&Lall！ =0&&Rall！ =0&&Laml！ =0&&Raml！ =
0&&count1！=0&&count2！=0）
{
Hx=count1/num*（-Lall/count1*log（Lall/count1）-Laml/count1*
log（Laml/count1））+count2/num*（-Rall/count2*log（Rall/count2）-
Raml/count2*log（Raml/count2））;
}
```

在计算每一个属性的分类阈值和熵值时，分别选取该属性中的样本作为分类的依据，并将其数值作为预备分类阈值，计算以该样本值为阈值分类后的熵值。

若熵值小于以前的熵值，则新计算得到的熵值作为该属性的熵值，将其数据作为存为该属性在给定样本时的分类阈值，如此循环，可以计算出该属性的最小熵值和分类阈值。接着比较所有的属性，找出最小熵值对应的属性的序号，存于变量 attsort 中，将对应的分类阈值存于变量 dividevalue 中。代码如下：

```
for（i=0；i<count-1；i++）
{
if（temp>=att[i]）
{
temp=att[i]；
index=i；
}
}
attsort=index；//基因属性编号
for（m=0；m<count-1；m++）
{
if（m==attsort）
dividevalue=attvalue[m]；
}
```

四、结论

在测试完成后输出对测试集的分类结果，产生的测试结果如表 8-3 所示。在测试集中共有 34 个样本，其中 20 个样本为 ALL 类，14 个样本为 AML 类。最后的

表 8-3　决策树节点分裂情况

节点	分类属性号	样本分类结果	
		ALL 组	AML 组
根节点	6521	1～34	NULL
1	2584	1～17,25～28,30	18～24,29,31～34
2	3596	1～5,7～14,16,27～28,30	6,15,17,25,26
3	5821	18～21,31,34	22～24,29,32～33
4	1988	1～5,7～14,16,27	28,30
5	856	6	15,17,25,26
6	4210	18～20,31	21,34
7	5812	1～5,7～14,16	27

分类结果如下：将训练得到的决策树进行修剪后再测试得到的 ALL 数组中为样本序号为 1 14，16，18 20，31；AML 数组中分类序号为 15，17，21 30，32 34。此时 ALL 的分类精确度：85.00 %，AML 是：78.57 %，其平均分类精确度 82.35 %。

第三节　基于非线性回归分析的差异基因选择

一、问题描述

基因芯片数据因其快速、高通量、样品用量少等优点，现正广泛地运用于生物学研究。但是该技术产生的数据由于其高噪音、高维度的特点，在数据处理方面仍没有满意的解决方法。为了降低数据的维度和排除假阳性，往往都需要筛选在不同条件下差异表达的基因。

二、数据采集

从 CNS 实验网站下载的公共数据集进行实验分析；其数据组成为 42 个肿瘤样本包括 10 个髓母细胞瘤，10 个横纹肌样脑膜瘤，10 个胶质瘤，8 个幕上原始神经外胚层肿瘤和 4 个正常人小脑，CNS 原始数据集用鲁棒多芯片平均（RMA）和 GC 鲁棒多芯片平均（GCRMA）进行了预处理。

三、分析过程

基于非线性回归分析方法用于微阵列数据的多重假设检验方法，其基本原理是先对微阵列数据中各类别的样本分别进行非线性回归分析，得到各类别样本的基因表达回归曲线，然后计算待测样本中各基因表达值对于各样本回归曲线的距离，用这些距离作为统计量进行基因表达差异性的假设检验。本文采用基于有理插值样条的非线性回归算法对微阵列数据进行回归分析。

（1）从已知样本数据 $a = x_1 < x_2 <,\ldots,< x_n = b$ 中挑选适当的数据组成新的样本（x^*_1， $x^*_2,\ldots,x^*_m$），一般令 $x^*_1 = x_1$， $x^*_m = x_n$ 计算 $h^*_i = x^*_{i+1} - x^*_i \; i = 1,2,\ldots,m-1$，为了使所得函数为区间[$a$，$b$]上的函数，故需加入新点 $x^*_{m+1} = x^*_m + h_{m-1}$ 取（x^*_{m-1}，y^*_{m-1}），（x^*_m ，y^*_m）进行线性插值得插值函数 $y = kx + c$，将 x^*_{m+1} 代入得 y^*_{m+1}，由此得到新的样本点（x^*_{m+1}， y^*_{m+1}）。

（2）对新的样本数据 $x^*_1 < x^*_2 <,\ldots,< x^*_m < x^*_{m+1} < x^*_{m+1}$ 采用上述的一元有理插值样条方法进行插值。令 $K = (x - x^*_i)/h^*_i$，对每一段 $[x^*_i, x^*_{i+1}]$，$i = 1,2,\ldots,m-1$

构造插值函数： $p^*_i(x)=\dfrac{p^*_i(x)}{q^*_i(x)}$， $i=1,2,\ldots,m-1$ 。

（3）取适当的 $B_i>0$， $i=1,2,\ldots,m-1$ 得到 $[x^*_i,x^*_{i+1}]$， $i=1,2,\ldots,m-1$ 上的确定函数 $p^{**}_i(x)=p^*_i(x,B_i)$ 即为 $[a,b]$ 上的插值函数，即观测数据 (x_i,y_i)， $i=1,2,\ldots,n$ 的非线性回归方程。

（4）构造统计量

目前，基于多重假设检验的基因选择方法多采用 t 检验作为统计量 ，对于第 j 个基因的统计量取值计算如下： $t_j=\dfrac{x_{1j}-x_{2j}}{s_{1j}+s_{2j}}$， 其中， x_{1j},x_{2j} 表示两类样本中各类样本所有基因表达值平均值，而 s_{1j},s_{2j} 则分别表示两类样本中各类样本所有基因表达值的均方差。全用这种统计量的缺陷是各基因的统计量之间是相互影响的，这就违背了多重假设检验中各统计量是相互独立的前提，同时，利用这种统计量选择出来的基因，无法排除噪声数据引起的统计量的显著性。

可以采用基于非线性回归分析方法用于微阵列数据的多重假设检验，先对两类样本的各基因表达值进行非线性回归分析，得到两类样本的表达曲线 L1，式 L2。则新的检验统计量 D_j = dL1，L2，其中，dL1，L2 表示第 j 个基因的回归曲线 L1 到 L2 的位移。由于该假设检验统计量计算的是各基因表达值到不同的样本中心（非线性回归曲线）的距离，因而各基因的统计量之间没有相关性，并且有效地减弱了数据噪声带来的假阳性结果，从而提高了多重假设检验的功效。

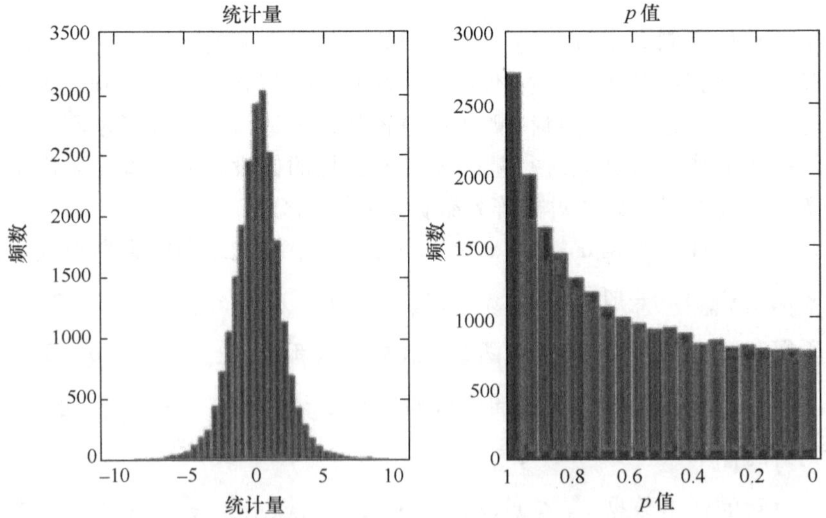

图 8-2　统计量及 p 值直方图

四、结论

实验结果表明，该方法选择出的基因集具有更好的分类特性。先对两类样本的各基因表达值进行非线性回归分析，得到两类样本的表达曲线 L1，式 L2。则新的检验统计量 D_j = dL1，L2，其中，dL1，L2 表示第 j 个基因的回归曲线 L1 到 L2 的位移。由于该假设检验统计量计算的是各基因表达值到不同的样本中心（非线性回归曲线）的距离，因而各基因的统计量之间没有相关性，并且有效地减弱了数据噪声带来的假阳性结果，从而提高了多重假设检验的功效。

第四节　DNA 序列分类的统计分析

一、实现目标

对 182 个自然 DNA 序列进行分类（数据见附录 1）。

二、分析过程

符号说明：
na：任意给出的 DNA 序列中 a 的百分含量；
ng：任意给出的 DNA 序列中 g 的百分含量；
nt：任意给出的 DNA 序列中 t 的百分含量；
nc：任意给出的 DNA 序列中 c 的百分含量；
Gi：由具有相同特征属性的个体构成的类

1. 特征提取

首先对不同种类的各个序列提取特征，然后给出相应的数学表示，最后构造判别方法并进行筛选，对于任意一个 DNA 序列，能够反映该序列的特征有两个。

1）DNA 序列的碱基（碱基 a，碱基 t，碱基 g，碱基 c）含量

考虑采用根据各类 DNA 序列的碱基含量作为序列特征。由题意可知，在不用于编码的蛋白质的序列片段中，a 和 t 的含量相对较多，因此，以碱基的含量作为 DNA 序列的结构特征是可行的。将序列中的 a，g，t，c 的出现次数记为 n_a，n_g，n_t，n_c，将四种碱基表示成四维向量（n_a，n_g，n_t，n_c）来进行计算，记标号为 i 的序列的特征向量为 X_i，其中，任意序列的特征向量与一个四维空间的点对应。

2）DNA 序列碱基组成的 3 字符串的含量

2. 分类模型

1）欧氏距离分类模型

在欧氏距离分类模型中，将每一个样本看成四维空间的一个点，以它们到不同集合的几何中心的欧氏距离作为判断依据，具体步骤如下。

（1）分别对 10 个 A 类的 DNA 序列的 4 种碱基出现次数进行统计得到表 8-4。

表 8-4　10 个 A 类的 DNA 中碱基出现次数统计表

碱基种类 / 样本出现次数	a	c	g	t
x1	33	19	44	15
x2	30	18	46	17
x3	30	24	50	7
x4	47	12	20	32
x5	36	26	47	12
x6	39	14	44	14
x7	39	11	40	21
x8	31	18	41	21
x9	23	23	48	17
x10	20	30	45	15
平均值 a	31.8	19.5	42.5	17.1

再对 10 个 B 类的 DNA 序列的 4 中碱基出现次数进行统计得到表 8-5。

表 8-5　10 个 B 类的 DNA 中碱基出现次数统计表

碱基种类 / 样本出现次数	a	c	g	t
x11	39	5	11	55
x12	36	3	16	55
x13	28	11	14	57
x14	33	9	13	55
x15	32	0	7	71
x16	40	9	10	51
x17	39	27	15	29
x18	32	13	10	55
x19	24	16	8	62
x20	22	19	7	62
平均值 b	23.50	11.20	11.10	55.20

（2）设有两个总体（或称两类）A、B，从第一个总体中抽取 10 个样品，从第二个总体中抽取 10 个样品，每个样品测量 4 个指标（a，c，g，t）如表 3.4.1，表 3.4.2。

今任取一个样品，实测指标值为 $X=(x_1,\cdots,x_4)'$。

（3）首先计算 X 到 A、B 总体的距离，分别记为 $D(X,A)$ 和 $D(X,B)$，按距离最近准则判别归类，则可写成：

$$\begin{cases} X\in A,\text{当}D(X,A)<D(X,B) \\ X\in B,\text{当}D(X,A)>D(X,B) \\ \text{待 判},\text{当}D(X,A)=D(X,B) \end{cases}$$

则可计算出

$$D(X,A)=\sqrt{(X-a)'(X-a)}$$

$$D(X,B)=\sqrt{(X-B)'(X-B)}$$

（4）然后比较 $D(X,A)$ 和 $D(X,B)$ 大小，按距离最近准则判别归类

（5）用此算法对已知样本 A1～A20 进行分类，发现：除了 A17 被错误的分到了 A 类外，其余样本全部正确，准确率达到 95%。

（6）利用程序一（见附录 2）对人工序列 A21～A40 进行分类，得到的结果是

A 类：22 23 25 27 29 30 32 34 35 36 37 39

B 类：21 24 26 28 31 33 38 40

2）Fisher 判别模型

Fisher 分类方法的思想就是将四维的样本映射成一维的特征值 y，并依据 u 来进行判别。具体的做法是先引入一个与样本同维的待定向量 u，在将 y 取为 X 坐标的线性组合 $y=u^Tx$。而 u 的选取原则是要同一类别产生的 y 尽量聚拢，不同类别产生的 y 尽量拉开。这样，我们就可以将样品 X 到某一类 G 的距离定义为 $y=u^Tx$ 与 $y_c=u^Tc$ 之间的欧氏距离：

$$L(X,G)=y-y_{\mathrm{c}}=u^T(x-c)$$

其中，c 是 G 的几何中心。

Fisher 分类的依据为：

$$\begin{cases} X\in A,\text{当}L(X,A)<L(X,B) \\ X\in B,\text{当}L(X,A)>L(X,B) \\ \text{待 判},\text{当}L(X,A)=L(X,B) \end{cases}$$

用此算法对已知样本 A1-A20 进行分类，发现：除了 A4 被错误的分到了 B 类外，其余样本全部正确，准确率也达到 95%。

利用程序二（见附录 2）对人工序列 A21-A40 进行分类，得到的结果如下：

A 类：22 23 25 27 29 34 35 37

B 类：21 24 26 30 31 32 33 36 38 39 40

3）Bayes 判别模型

已知 A、B 类的先验概率分别为 q_1, q_2（它们可以用样品频率代替）。各总体的密度函数分别为：$f_1(x), f_2(x)$（在离散情形是概率函数），在观测到一个样品 x 的情况下，用著名的 Bayes 公式计算它来自 g 的后验概率（相对于先验概率来说，将它又称为后验概率）：

$$P(g/x)=\frac{q_g f_g(x)}{\sum_{i=1}^{k} q_i f_i(x)} \qquad g=1,2$$

并且当 $P(h/x)=\max\limits_{1\leqslant g\leqslant k} P(g/x)$ 时，则判 X 来自第 h 总体。

具体步骤：

（1）判别函数的导出

首先需要知道待判总体的先验概率 q_g 和密度函数 $f_g(x)$。对于先验概率，如果没有更好的办法确定，可用样品频率代替，即令 $q_g=\frac{n_g}{n}$，在本书中，$q_1=q_2=10/20=0.5$，

$$f_g(x)=\begin{cases} y(g/x)=\ln q_g-\frac{1}{2}\mu^{(g)'}\Sigma^{-1}\mu^{(g)}+x'\Sigma^{-1}\mu^{(g)} \\ y(g/x)\xrightarrow{g}\max \end{cases}$$

（2）计算后验概率

在进行分类时，主要根据判别式 $y(g/x)$ 的大小，而它不是后验概率 $P(g/x)$，但是有了 $y(g/x)$ 之后，就可以根据下式算出 $P(g/x)$：

$$P(g/x)=\frac{\exp\{y(g/x)\}}{\sum_{i=1}^{k}\exp\{y(i/x)\}}$$

若

$$y(g/x)=\max_{1\leqslant g\leqslant k}\{y(g/x)\}$$

则把样品 x 归入第 h 总体。

分别对 20 个已知类的 DNA 序列的 4 中碱基出现次数的频率进行统计得到

Bayes 判别分析表 8-6。

表 8-6 Bayes 判别分析

样本序号	原类号	判别函数 f1 值	判别函数 f2 值	回判类别	后验概率
1	A	184.147	167.1309	A	1
2	A	190.8011	173.1358	A	1
3	A	187.5416	165.8583	A	1
4	A	156.8481	157.0214	B	0.5432
5	A	212.9117	193.7088	A	1
6	A	177.8924	158.8778	A	1
7	A	178.772	163.609	A	1
8	A	187.2221	173.784	A	1
9	A	199.5094	182.3793	A	1
10	A	194.111	180.2843	A	1
11	B	168.8235	180.5008	B	1
12	B	177.3963	185.7159	B	0.9998
13	B	183.9277	196.6807	B	1
14	B	176.6216	188.5103	B	1
15	B	183.2145	201.5094	B	1
16	B	163.5715	175.569	B	1
17	B	152.8705	159.6426	B	0.9989
18	B	174.0264	188.8365	B	1
19	B	184.5245	204.0453	B	1
20	B	185.1765	206.2108	B	1

用此算法对已知样本 A1～A20 进行分类，发现：除了 A4 被错误的分到了 B 类外，其余样本全部正确，准确率也达到 95%。

用程序三（见附录 2）对待测样本 21～40 进行分类，得到表 8-7。

表 8-7 Bayes 判别 21～40

样本序号	判别函数 f1 值	判别函数 f2 值	后验概率	判属类号
21	183.4569	190.4864	0.9991	2
22	150.9332	149.8337	0.7502	1
23	167.7981	158.7971	0.9999	1
24	204.1677	211.509	0.9994	2
25	164.6217	159.7773	0.9922	1
26	196.6721	204.2341	0.9995	2
27	167.7038	160.8101	0.999	1

续表

样本序号	判别函数 f1 值	判别函数 f2 值	后验概率	判属类号
28	204.0734	213.522	0.9999	2
29	174.5024	161.1229	1	1
30	158.802	160.6626	0.8654	2
31	190.2781	193.1975	0.9488	2
32	189.9492	191.3096	0.7958	2
33	179.7936	183.152	0.9664	2
34	158.4133	149.09	0.9999	1
35	161.3766	153.8378	0.9995	1
36	159.8065	159.8836	0.5193	2
37	162.9387	157.2373	0.9967	1
38	209.2578	218.2146	0.9999	2
39	154.8303	157.9386	0.9572	2
40	208.158	217.8761	0.9999	2

即 A 类有：22 23 25 27 29 34 35 37

B 类有：21 24 26 28 30 31 32 33 38 39 40

三、结论

欧氏距离判别法虽然简单、直观、易懂，但也存在一些明显的不足：如当待分类的样本是完全随机的样本时，此模型不能很好地将两个随机点间的距离相近度描述出来。

在多维空间里分类的方法不仅仅是距离分类法一种，常用的 Fisher 分类法就是另一种基于几何特性的分类法。在距离判别模型中，三维空间的样品 X 被映射为一维的距离 d 作为判断。Fisher 分类法的思想也是把三维空间的样本映射为一维的特征值 y，并依据 y 来进行判别。

Fisher 判别模型随着总体个数的增加，建立的判别式也增加，因而计算起来还是比较麻烦的。因此可以用 Bayes 判别模型进行改进，如果对多个总体的判别考虑的不是建立判别式，而是计算额外提供样品属于类的条件概率 P。比较两个概率的大小，然后将额外提供样品判归为来自概率最大的总体。

综上所述，Bayes 判别模型是最优判别模型。

第五节 基因序列聚类

一、问题描述

DNA 序列聚类问题不同于传统的聚类问题，它本身有其特殊性和复杂性。特殊性是指 DNA 序列片断只是由 4 个字符 A、T、C、G 组成的串。复杂性是指已知分类的 DNA 序列数据长度不等。即使等长度，但由于其作为字符串长度过大，也不能直接通过数学运算进行分类。如果采用数学方法研究 DNA 序列聚类，首先要把 DNA 序列用一个向量数据表示，即进行 DNA 序列特征（聚类要素）提取。向量型数据对应着 DNA 序列特征。不同的特征提取方法有不同的特性，它将很大程度上影响聚类的结果。

二、分析过程

基于采集到的数据，现以三个碱基为一组（密码子），提取其百分含量构成 64 维向量，再由这 64 维向量作为一个 DNA 序列的数据表征（即聚类要素），然后用模糊聚类的一般方法进行聚类分析。

1. 基于密码子的 DNA 序列判别特征提取

A、T、C、G 为 DNA 的四种碱基，将 64 种密码子按 1，2，3，…，64 依次编号，编号顺序为 aaa，aat，aac，aag，ata，att，atc，atg，…，aga，agt，agc，agg，taa，tat，tac，tag，tta，ttt，ttc，ttg，…，gga，ggt，ggc，ggg；

三种不同解读 DNA 序列的方式是指分别从开始的 1、2、3 号位置分别截取连续的三个碱基，后面则依次截取密码子（3 个连续的碱基），从而产生三种不同的表示。例如：人工制造 DNA 序列的第 1 号序列前 12 个碱基为 aggcacggaaaa，三种不同解读为（agg）（cac）（gga）（aaa）和 a（ggc）（acg）（gaa）aa 和 ag（gca）（cgg）（aaa）a；

u_i 表示人工制造 DNA 序列的第 i 号序列；

x_{ik} 表示按三种不同解读方式得到的第 i 号序列中含有第 k 个密码子的个数；

p_{ik} 表示按三种不同解读方式得到的第 k 个密码子在第 i 号序列中平均百分含量，即第 k 个密码子在第 i 号序列中出现的频率；

M 表示按三种不同解读方式得到的第 i 序列中含有密码子的总数。

则存在如下关系可以提取 DNA 序列的判别特征：

$$p_{ik} = \frac{x_{ik}}{M}，\text{其中} M = \sum_{k=1}^{64} x_{ik}$$

由于数据比较庞大，本书借用计算机作为辅助工具进行复杂数据的处理。书中中以 Visual C++ 6.0 软件为平台，在其上逻辑进行编程，实现数据处理。

对于三种不同解读 DNA 序列的方式，本书提出了转化，这样更便于计算机的实现。如上例所述：人工制造 DNA 序列的第 1 号序列前 12 个碱基为 aggcacggaaaa，三种不同解读为（agg）（cac）（gga）（aaa）和 a（ggc）（acg）（gaa）aa 和 ag（gca）（cgg）（aaa）a，现可转化为（agg）cacggaaaa，a（ggc）acggaaaa，ag（gca）cggaaaa，agg（cac）ggaaaa，aggc（acg）gaaaa，……，aggcacg（gaa）aa，aggcacgg（aaa）a，aggcacgga（aaa），这样可包含上述三种不同解读全部情况的密码子，且仅包含上述三种不同解读全部情况的密码子。

经程序运算，1～20 号 DNA 序列中 64 种密码子的统计频率分布如下（以下数据按四舍五入法保留小数点后 4 位。为了显示清楚，现将的矩阵以 10 个为一组，且纵横坐标相互交换，并不表示前 10 个 DNA 序列属于同一类，而后 20 个 DNA 序列属于另一类表 8-8 和表 8-9）。

表 8-8　1～10 号 DNA 序列中 64 种密码子的统计频率分布

	u1	u2	u3	u4	u5	u6	u7	u8	u9	u10
1	0.0367	0.0275	0.0092	0.1101	0.0367	0.0642	0.0642	0.0092	0.0550	0.0370
2	0.0092	0.0091	0.0092	0.0275	0.0000	0.0183	0.0459	0.0183	0.0183	0.0000
3	0.0183	0.0367	0.0183	0.0367	0.0183	0.0183	0.0092	0.0183	0.0092	0.0093
4	0.0275	0.0275	0.0183	0.0183	0.0092	0.0550	0.0367	0.0367	0.0092	0.0185
5	0.0183	0.0000	0.0183	0.0459	0.0000	0.0275	0.0275	0.0183	0.0000	0.0000
6	0.0092	0.0275	0.0092	0.0275	0.0183	0.0275	0.0183	0.0183	0.0000	0.0093
7	0.0000	0.0000	0.0092	0.0092	0.0000	0.0000	0.0183	0.0092	0.0183	0.0093
8	0.0092	0.0092	0.0000	0.0367	0.0000	0.0092	0.0459	0.0183	0.0275	0.0000
9	0.0092	0.0275	0.0275	0.0275	0.0183	0.0092	0.0000	0.0183	0.0000	0.0093
10	0.0092	0.0092	0.0000	0.0092	0.0092	0.0000	0.0183	0.0000	0.0092	0.0000
11	0.0092	0.0092	0.0000	0.0092	0.0183	0.0000	0.0000	0.0092	0.0000	0.0000
12	0.0642	0.0275	0.0092	0.0092	0.0367	0.0183	0.0000	0.0092	0.0000	0.0278
13	0.0000	0.0000	0.0000	0.0367	0.0000	0.0000	0.0183	0.0000	0.0000	0.0000
14	0.0092	0.0000	0.0000	0.0000	0.0000	0.0092	0.0000	0.0000	0.0092	0.0000
15	0.0000	0.0092	0.0000	0.0092	0.0000	0.0000	0.0000	0.0000	0.0183	0.0000

续表

	u1	u2	u3	u4	u5	u6	u7	u8	u9	u10
16	0.0734	0.0459	0.0550	0.0092	0.0642	0.0917	0.0550	0.1009	0.0367	0.0648
17	0.0183	0.0092	0.0000	0.0367	0.0000	0.0092	0.0092	0.0092	0.0000	0.0093
18	0.0092	0.0183	0.0000	0.0459	0.0000	0.0183	0.0275	0.0092	0.0000	0.0000
19	0.0183	0.0000	0.0275	0.0092	0.0183	0.0000	0.0000	0.0000	0.0000	0.0093
20	0.0000	0.0000	0.0000	0.0183	0.0000	0.0092	0.0092	0.0367	0.0000	0.0000
21	0.0092	0.0183	0.0000	0.0367	0.0092	0.0092	0.0092	0.0367	0.0000	0.0093
22	0.0000	0.0092	0.0000	0.0459	0.0092	0.0275	0.0183	0.0183	0.0183	0.0093
23	0.0000	0.0183	0.0092	0.0092	0.0183	0.0183	0.0092	0.0183	0.0092	0.0185
24	0.0275	0.0092	0.0000	0.0183	0.0000	0.0000	0.0183	0.0000	0.0183	0.0000
25	0.0000	0.0000	0.0000	0.0092	0.0092	0.0000	0.0000	0.0000	0.0000	0.0000
26	0.0092	0.0000	0.0092	0.0000	0.0000	0.0000	0.0000	0.0092	0.0000	0.0093
27	0.0000	0.0000	0.0000	0.0000	0.0092	0.0000	0.0092	0.0000	0.0092	0.0185
28	0.0000	0.0183	0.0092	0.0092	0.0092	0.0183	0.0183	0.0275	0.0275	0.0278
29	0.0183	0.0000	0.0000	0.0000	0.0000	0.0000	0.0092	0.0092	0.0092	0.0000
30	0.0092	0.0092	0.0000	0.0183	0.0000	0.0000	0.0092	0.0000	0.0092	0.0093
31	0.0000	0.0000	0.0000	0.0183	0.0000	0.0000	0.0000	0.0000	0.0000	0.0000
32	0.0183	0.0459	0.0092	0.0183	0.0275	0.0183	0.0459	0.0183	0.0550	0.0185
33	0.0000	0.0367	0.0183	0.0183	0.0183	0.0092	0.0000	0.0183	0.0092	0.0093
34	0.0092	0.0000	0.0092	0.0183	0.0092	0.0000	0.0000	0.0092	0.0183	0.0093
35	0.0275	0.0000	0.0275	0.0000	0.0183	0.0092	0.0000	0.0000	0.0000	0.0185
36	0.0000	0.0092	0.0000	0.0183	0.0092	0.0183	0.0092	0.0000	0.0092	0.0185
37	0.0092	0.0000	0.0000	0.0000	0.0092	0.0000	0.0092	0.0000	0.0000	0.0093
38	0.0275	0.0000	0.0000	0.0183	0.0000	0.0000	0.0092	0.0183	0.0000	0.0093
39	0.0000	0.0000	0.0000	0.0000	0.0092	0.0000	0.0000	0.0092	0.0092	0.0093
40	0.0000	0.0183	0.0092	0.0000	0.0275	0.0000	0.0000	0.0092	0.0183	0.0093
41	0.0000	0.0000	0.0092	0.0092	0.0183	0.0000	0.0000	0.0092	0.0092	0.0093
42	0.0000	0.0000	0.0000	0.0000	0.0000	0.0000	0.0000	0.0000	0.0000	0.0093
43	0.0000	0.0000	0.0000	0.0000	0.0000	0.0000	0.0000	0.0000	0.0000	0.0093
44	0.0183	0.0092	0.0000	0.0000	0.0092	0.0000	0.0092	0.0092	0.0183	0.0185
45	0.0092	0.0000	0.0000	0.0092	0.0000	0.0000	0.0000	0.0183	0.0092	0.0000
46	0.0000	0.0000	0.0000	0.0000	0.0092	0.0000	0.0000	0.0092	0.0092	0.0185
47	0.0092	0.0000	0.0000	0.0000	0.0000	0.0000	0.0000	0.0092	0.0183	0.0556
48	0.0642	0.0092	0.1468	0.0183	0.1009	0.0826	0.0550	0.0459	0.0734	0.0556
49	0.0367	0.0275	0.0275	0.0275	0.0092	0.0734	0.0826	0.0459	0.0275	0.0093
50	0.0092	0.0092	0.0183	0.0183	0.0092	0.0183	0.0275	0.183	0.0000	0.0093

续表

	u1	u2	u3	u4	u5	u6	u7	u8	u9	u10
51	0.0275	0.0367	0.0459	0.0459	0.0275	0.0000	0.0092	0.0183	0.0000	0.0000
52	0.0459	0.0183	0.0367	0.0000	0.0550	0.0183	0.0183	0.0275	0.0459	0.0278
53	0.0092	0.0092	0.0092	0.0275	0.0000	0.0000	0.0000	0.0000	0.0000	0.0000
54	0.0000	0.0183	0.0000	0.0183	0.0092	0.0000	0.0092	0.0183	0.0275	0.0093
55	0.0092	0.0000	0.0000	0.0000	0.0000	0.0000	0.0000	0.0000	0.0000	0.0185
56	0.0092	0.0183	0.0000	0.0000	0.0000	0.0092	0.0000	0.0000	0.0092	0.0093
57	0.0275	0.0183	0.0183	0.0092	0.0092	0.0367	0.0092	0.0000	0.0275	0.0370
58	0.0183	0.0092	0.0000	0.0092	0.0367	0.0000	0.0000	0.0275	0.0183	0.0185
59	0.0092	0.0000	0.0092	0.0000	0.0000	0.0000	0.0000	0.0092	0.0183	0.0185
60	0.0000	0.0275	0.0459	0.0092	0.0459	0.0459	0.0367	0.0367	0.0734	0.0648
61	0.0917	0.1009	0.1376	0.0183	0.1009	0.1101	0.1101	0.0826	0.0550	0.4630
62	0.0092	0.0367	0.0092	0.0275	0.0000	0.0000	0.0000	0.0092	0.0092	0.0093
63	0.0459	0.0459	0.0734	0.0000	0.0917	0.0826	0.0459	0.0642	0.1009	0.0833
64	0.0367	0.0367	0.0183	0.0000	0.0275	0.0092	0.0092	0.0000	0.0183	0.0463

表 8-9　11～20 号 DNA 序列中 64 种密码子的统计频率分布

	u11	u12	u13	u14	u15	u16	u17	u18	u19	u20
1	0.0648	0.0278	0.0093	0.0370	0.0833	0.0741	0.1019	0.0278	0.0000	0.0278
2	0.0648	0.0648	0.0278	0.0370	0.0463	0.0833	0.0370	0.0463	0.0185	0.0000
3	0.0185	0.0000	0.0093	0.0000	0.0000	0.0093	0.0278	0.0093	0.0000	0.0278
4	0.0093	0.0370	0.0185	0.0093	0.0000	0.0000	0.0093	0.0000	0.0000	0.0093
5	0.0278	0.0000	0.0000	0.0278	0.0370	0.0278	0.0093	0.0185	0.0370	0.0000
6	0.0093	0.0833	0.0833	0.0741	0.0833	0.0093	0.0278	0.1019	0.0648	0.0370
7	0.0093	0.0185	0.0000	0.0185	0.0000	0.0185	0.0370	0.0000	0.0370	0.0185
8	0.0185	0.0093	0.0185	0.0093	0.0093	0.0093	0.0370	0.0000	0.0000	0.0000
9	0.0000	0.0000	0.0093	0.0093	0.0000	0.0185	0.0000	0.0278	0.0093	0.0093
10	0.0093	0.0093	0.0093	0.0000	0.0000	0.0185	0.0093	0.0185	0.0093	0.0556
11	0.0000	0.0000	0.0185	0.0000	0.0000	0.0000	0.0278	0.0000	0.0093	0.0000
12	0.0185	0.0000	0.0093	0.0000	0.0000	0.0000	0.0185	0.0278	0.0000	0.0000
13	0.0093	0.0093	0.0185	0.0463	0.0093	0.0093	0.0093	0.0185	0.0000	0.0000
14	0.0093	0.0185	0.0093	0.0278	0.0000	0.0000	0.0093	0.0000	0.0093	0.0000
15	0.0000	0.0000	0.0000	0.0000	0.0000	0.0000	0.0000	0.0000	0.0000	0.0000
16	0.0093	0.0370	0.0185	0.0000	0.0093	0.0000	0.0000	0.0000	0.0093	0.0093
17	0.0648	0.0093	0.0370	0.0370	0.0463	0.0648	0.0370	0.0185	0.0278	0.0370
18	0.0741	0.0278	0.0648	0.0463	0.0833	0.0370	0.0648	0.0648	0.0833	0.0278

续表

	u11	u12	u13	u14	u15	u16	u17	u18	u19	u20
19	0.0093	0.0093	0.0185	0.0093	0.0000	0.0278	0.0000	0.0648	0.0278	0.0278
20	0.0185	0.0278	0.0093	0.0370	0.0093	0.0093	0.0000	0.0093	0.0093	0.0000
21	0.1204	0.1389	0.1204	0.1019	0.0833	0.0833	0.0185	0.1296	0.1111	0.0648
22	0.1759	0.1667	0.2130	0.1574	0.3981	0.1111	0.0185	0.1574	0.1759	0.2130
23	0.0000	0.0000	0.0093	0.0278	0.0000	0.0093	0.0093	0.0093	0.0370	0.0370
24	0.0000	0.0093	0.0093	0.0000	0.0093	0.0278	0.0093	0.0093	0.0000	0.0185
25	0.0000	0.0093	0.0093	0.0093	0.0000	0.0000	0.0278	0.0000	0.0093	0.0185
26	0.0000	0.0000	0.0093	0.0463	0.0000	0.0370	0.0185	0.0000	0.0556	0.0741
27	0.0093	0.0000	0.0000	0.0000	0.0000	0.0000	0.0185	0.0185	0.0093	0.0093
28	0.0000	0.0093	0.0000	0.0093	0.0000	0.0093	0.0000	0.0000	0.0185	0.0000
29	0.0000	0.0093	0.0000	0.0000	0.0093	0.0185	0.0185	0.0000	0.0093	0.0093
30	0.0000	0.0000	0.0093	0.0093	0.0185	0.0093	0.0093	0.0093	0.0000	0.0278
31	0.0000	0.0000	0.0093	0.0093	0.0000	0.0000	0.0093	0.0000	0.0000	0.0000
32	0.0185	0.0093	0.0093	0.0000	0.0000	0.0185	0.0093	0.0000	0.0000	0.0000
33	0.0093	0.0000	0.0093	0.0000	0.0000	0.0093	0.0093	0.0278	0.0000	0.0000
34	0.0000	0.0093	0.0000	0.0185	0.0000	0.0093	0.0000	0.0093	0.0185	0.0185
35	0.0000	0.0000	0.0000	0.0000	0.0000	0.0000	0.0278	0.0000	0.0000	0.0093
36	0.0000	0.0000	0.0185	0.0093	0.0000	0.0000	0.0093	0.0000	0.0000	0.0000
37	0.0000	0.0000	0.0000	0.0093	0.0000	0.0185	0.0556	0.0093	0.0000	0.0185
38	0.0093	0.0093	0.0278	0.0278	0.0000	0.0185	0.0093	0.0278	0.0556	0.0556
39	0.0000	0.0000	0.0000	0.0000	0.0000	0.0093	0.0093	0.0000	0.0185	0.0463
40	0.0000	0.0000	0.0000	0.0093	0.0000	0.0093	0.0000	0.0000	0.0093	0.0185
41	0.0093	0.0000	0.0000	0.0000	0.0000	0.0000	0.0093	0.0000	0.0000	0.0000
42	0.0000	0.0000	0.0093	0.0000	0.0000	0.0000	0.0370	0.0185	0.0093	0.0093
43	0.0000	0.0000	0.0000	0.0000	0.0000	0.0000	0.0370	0.0000	0.0000	0.0000
44	0.0000	0.0000	0.0093	0.0000	0.0000	0.0000	0.0000	0.0000	0.0093	0.0000
45	0.0000	0.0000	0.0093	0.0000	0.0000	0.0093	0.0000	0.0000	0.0093	0.0000
46	0.0185	0.0093	0.0093	0.0000	0.0000	0.0000	0.0000	0.0093	0.0093	0.0000
47	0.0000	0.0000	0.0000	0.0000	0.0000	0.0000	0.0000	0.0000	0.0093	0.0000
48	0.0000	0.0000	0.0000	0.0093	0.0000	0.0000	0.0278	0.0185	0.0000	0.0000
49	0.0185	0.0185	0.0093	0.0093	0.0093	0.0185	0.0278	0.0093	0.0000	0.0000
50	0.0093	0.0093	0.0093	0.0278	0.0000	0.0278	0.0093	0.0000	0.0185	0.0185
51	0.0000	0.0000	0.0185	0.0000	0.0000	0.0000	0.0000	0.0000	0.0000	0.0000
52	0.0000	0.0000	0.0000	0.0185	0.0093	0.0000	0.0000	0.0093	0.0093	0.0000
53	0.0185	0.0185	0.0093	0.0000	0.0185	0.0093	0.0185	0.0000	0.0000	0.0093

续表

	u11	u12	u13	u14	u15	u16	u17	u18	u19	u20
54	0.0278	0.0556	0.0278	0.0278	0.0093	0.0093	0.0000	0.0278	0.0278	0.0278
55	0.0000	0.0000	0.0093	0.0185	0.0000	0.0093	0.0093	0.0093	0.0000	0.0000
56	0.0000	0.0000	0.0000	0.0000	0.0093	0.0000	0.0000	0.0000	0.0000	0.0000
57	0.0000	0.0000	0.0093	0.0093	0.0000	0.0000	0.0093	0.0093	0.0000	0.0000
58	0.0000	0.0000	0.0000	0.0000	0.0000	0.0000	0.0093	0.0000	0.0093	0.0000
59	0.0000	0.0000	0.0000	0.0000	0.0000	0.0000	0.0093	0.0000	0.0000	0.0000
60	0.0000	0.0000	0.0000	0.0000	0.0000	0.0000	0.0093	0.0000	0.0000	0.0000
61	0.0185	0.0093	0.0093	0.0093	0.0000	0.0093	0.0093	0.0000	0.0093	0.0093
62	0.0093	0.0370	0.0093	0.0000	0.0093	0.0093	0.0000	0.0093	0.0000	0.0000
63	0.0000	0.0000	0.0093	0.0000	0.0000	0.0000	0.0278	0.0093	0.0000	0.0000
64	0.0000	0.0000	0.0000	0.0000	0.0000	0.0000	0.0000	0.0093	0.0000	0.0000

上述提取的DNA序列判别特征可以构成模糊聚类分析中待分类对象的数据表征。以下将根据模糊聚类分析的一般步骤及方法，分析DNA序列的聚类情况。

2. 基于聚类要素建立模糊相似矩阵

按第三章第二节介绍的模糊聚类分析的一般步骤和方法进行分析。需要说明的是上述DNA序列所提取的聚类要素可以不再进行初始化。这是因为上述DNA序列判别特征的单位相同，即都为百分比，其单位为1，而且数据的取值范围在[0～1]之间。下面就将DNA序列所提取的聚类要素作为标准化后的数据进行处理。

现在要基于DNA序列聚类要素（提取的判别特征）来计算分类对象之间的相似系数，从而得到相似系数的矩阵，它是自反且对称的。

在第三章第二节中，已经介绍了建立模糊相似矩阵的一些方式，如数量积法、相关系数法、指数相似系数法、非参数方法、最大最小法、算术平均最小法、几何平均最小法、绝对值指数法、绝对值减数法、绝对值倒数法。现在选用夹角余弦法，如第三章第二节中的介绍：

$$令\ \vec{\alpha}_i=(p_{i1},p_{i2},L,p_{i64})，\ 取\ r_{ij}=\left|\cos\left\langle \overset{r}{\alpha i},\overset{r}{\alpha j}\right\rangle\right|=\frac{\left|\sum_{k=1}^{64}p_{ik}\cdot p_{jk}\right|}{\sqrt{\sum_{k=1}^{64}p^2{}_{ik}}\sqrt{\sum_{k=1}^{64}p^2{}_{jk}}}$$

同样，用计算机以Visual C++ 6.0软件为平台进行数据处理。得到的模糊相似矩阵如图8-3所示。

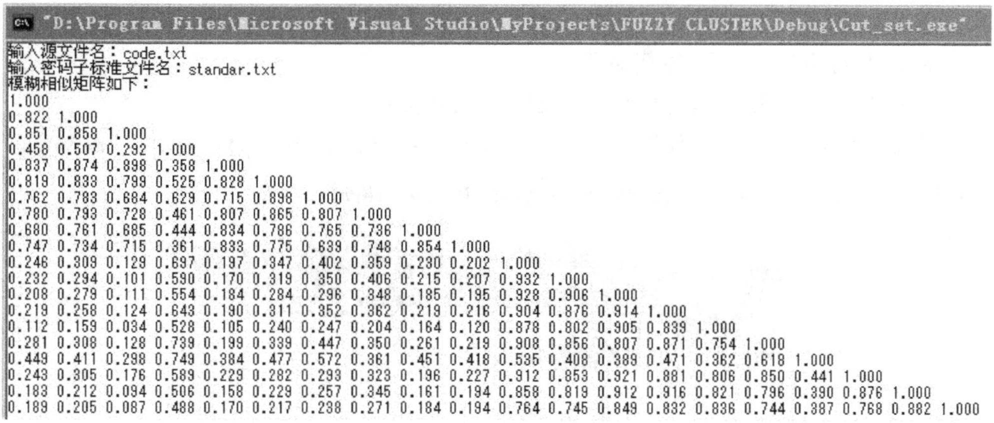

```
"D:\Program Files\Microsoft Visual Studio\MyProjects\FUZZY CLUSTER\Debug\Cut_set.exe"
输入源文件名：code.txt
输入密码子标准文件名：standar.txt
模糊相似矩阵如下：
1.000
0.822 1.000
0.851 0.858 1.000
0.458 0.507 0.292 1.000
0.837 0.874 0.898 0.358 1.000
0.819 0.833 0.799 0.525 0.828 1.000
0.762 0.783 0.684 0.629 0.715 0.898 1.000
0.780 0.793 0.728 0.461 0.807 0.865 0.807 1.000
0.680 0.761 0.685 0.444 0.834 0.786 0.765 0.736 1.000
0.747 0.734 0.715 0.361 0.833 0.775 0.639 0.748 0.854 1.000
0.246 0.309 0.129 0.697 0.197 0.347 0.402 0.359 0.230 0.202 1.000
0.232 0.294 0.101 0.590 0.170 0.319 0.350 0.406 0.215 0.207 0.932 1.000
0.208 0.279 0.111 0.554 0.184 0.284 0.296 0.348 0.185 0.195 0.928 0.906 1.000
0.219 0.258 0.124 0.643 0.190 0.311 0.352 0.362 0.219 0.216 0.904 0.876 0.914 1.000
0.112 0.159 0.034 0.528 0.105 0.240 0.247 0.204 0.164 0.120 0.878 0.802 0.905 0.839 1.000
0.281 0.308 0.128 0.739 0.199 0.339 0.447 0.350 0.261 0.219 0.908 0.856 0.807 0.871 0.754 1.000
0.449 0.411 0.298 0.749 0.384 0.477 0.572 0.361 0.451 0.418 0.535 0.408 0.389 0.471 0.362 0.618 1.000
0.243 0.305 0.176 0.589 0.229 0.282 0.293 0.323 0.196 0.227 0.912 0.853 0.921 0.881 0.806 0.850 0.441 1.000
0.183 0.212 0.094 0.506 0.158 0.229 0.257 0.345 0.161 0.194 0.858 0.819 0.912 0.916 0.821 0.796 0.390 0.876 1.000
0.189 0.205 0.087 0.488 0.170 0.217 0.238 0.271 0.184 0.194 0.764 0.745 0.849 0.832 0.836 0.744 0.387 0.768 0.882 1.000
```

图 8-3　基于密码子的 DNA 序列分类的模糊相似矩阵

3. 聚类分析

模糊聚类的方法有很多种，如第三章第二节介绍的聚类编网法和最大树法，但为了方便计算机的实现，现采用传递闭包法求 DNA 序列的模糊等价矩阵，即传递闭包。

为了简化计算，本文采用平方法求其传递闭包。由上面求得的模糊相似矩阵 R，至多经过 $\left[\log_2 n\right]+1$ 步便可求得模糊等价矩阵 $\hat{R}$ 。

$$R \to R^2 \to \left(R^2\right)^2 \to \mathrm{L} \to R^{2^k} = \hat{R}$$

求得的模糊等价矩阵（数据保留小数点后 3 位）如图 8-4 所示。

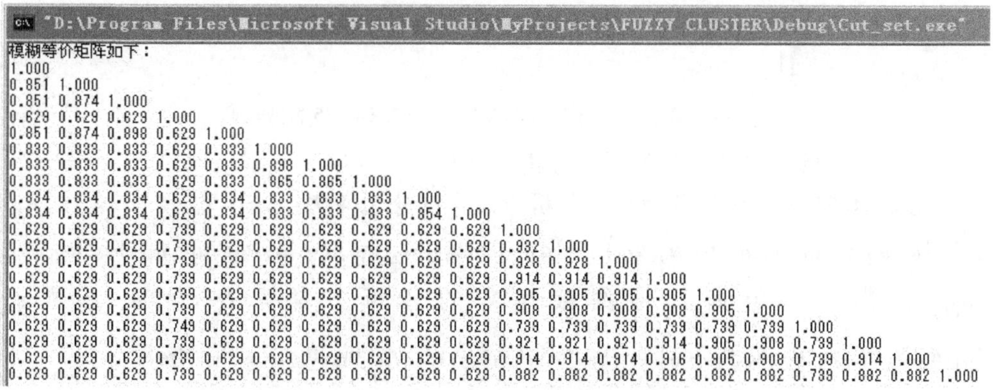

```
"D:\Program Files\Microsoft Visual Studio\MyProjects\FUZZY CLUSTER\Debug\Cut_set.exe"
模糊等价矩阵如下：
1.000
0.851 1.000
0.851 0.874 1.000
0.629 0.629 0.629 1.000
0.851 0.874 0.898 0.629 1.000
0.833 0.833 0.833 0.629 0.833 1.000
0.833 0.833 0.833 0.629 0.833 0.898 1.000
0.833 0.833 0.833 0.629 0.833 0.865 0.865 1.000
0.834 0.834 0.834 0.629 0.834 0.833 0.833 0.833 1.000
0.834 0.834 0.834 0.629 0.834 0.833 0.833 0.833 0.854 1.000
0.629 0.629 0.629 0.739 0.629 0.629 0.629 0.629 0.629 0.629 1.000
0.629 0.629 0.629 0.739 0.629 0.629 0.629 0.629 0.629 0.629 0.932 1.000
0.629 0.629 0.629 0.739 0.629 0.629 0.629 0.629 0.629 0.629 0.928 0.928 1.000
0.629 0.629 0.629 0.739 0.629 0.629 0.629 0.629 0.629 0.629 0.914 0.914 0.914 1.000
0.629 0.629 0.629 0.739 0.629 0.629 0.629 0.629 0.629 0.629 0.905 0.905 0.905 0.905 1.000
0.629 0.629 0.629 0.739 0.629 0.629 0.629 0.629 0.629 0.629 0.908 0.908 0.908 0.908 0.905 1.000
0.629 0.629 0.629 0.749 0.629 0.629 0.629 0.629 0.629 0.629 0.739 0.739 0.739 0.739 0.739 0.739 1.000
0.629 0.629 0.629 0.739 0.629 0.629 0.629 0.629 0.629 0.629 0.921 0.921 0.921 0.914 0.905 0.908 0.739 1.000
0.629 0.629 0.629 0.739 0.629 0.629 0.629 0.629 0.629 0.629 0.914 0.914 0.914 0.916 0.905 0.908 0.739 0.914 1.000
0.629 0.629 0.629 0.739 0.629 0.629 0.629 0.629 0.629 0.629 0.882 0.882 0.882 0.882 0.882 0.882 0.739 0.882 0.882 1.000
```

图 8-4　基于密码子的 DNA 序列分类的模糊等价矩阵

最后，进行聚类分析：

λ 取不同的值，得到各截矩阵为：

当λ=1.00时，截矩阵为单位阵，U 分为 20 类；

当λ=0.85时，截矩阵如图 8-5，U 分为 6 类：$\{u_1, u_2, u_3, u_5\}$，$\{u_4\}$，$\{u_6, u_8\}$，$\{u_9, u_{10}\}$，$\{u_{11},u_{12},u_{13},u_{14},u_{15},u_{16},u_{17},u_{18},u_{19},u_{20}\}$，$\{u_{17}\}$；

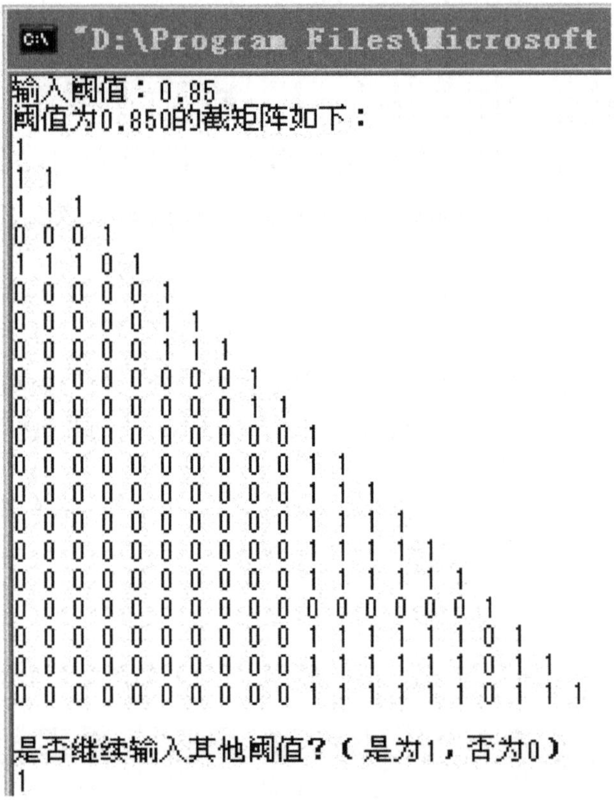

```
"D:\Program Files\Microsoft
输入阈值：0.85
阈值为0.850的截矩阵如下：
1
1 1
1 1 1
0 0 0 1
1 1 1 0 1
0 0 0 0 0 1
0 0 0 0 0 1 1
0 0 0 0 0 1 1 1
0 0 0 0 0 0 0 0 1
0 0 0 0 0 0 0 0 1 1
0 0 0 0 0 0 0 0 0 0 1
0 0 0 0 0 0 0 0 0 0 1 1
0 0 0 0 0 0 0 0 0 0 1 1 1
0 0 0 0 0 0 0 0 0 0 1 1 1 1
0 0 0 0 0 0 0 0 0 0 1 1 1 1 1
0 0 0 0 0 0 0 0 0 0 1 1 1 1 1 1
0 0 0 0 0 0 0 0 0 0 0 0 0 0 0 0 1
0 0 0 0 0 0 0 0 0 0 1 1 1 1 1 1 0 1
0 0 0 0 0 0 0 0 0 0 1 1 1 1 1 1 0 1 1
0 0 0 0 0 0 0 0 0 0 1 1 1 1 1 1 0 1 1 1

是否继续输入其他阈值？（是为1，否为0）
1
```

图 8-5　基于密码子的 DNA 序列分类λ=0.85的截矩阵

后面的分析省略截矩阵的图，分析方法相同。

当 $\lambda = 0.75$ 时，根据截矩阵的分析方法，U 分为 4 类：

$\{u_1,u_2,u_3,u_5,u_6,u_7,u_8,u_9,u_{10}\}$，$\{u_4\}$，$\{u_{11},u_{12},u_{13},u_{14},u_{15},u_{16},u_{17},u_{18},u_{19},u_{20}\}$，$\{u_{17}\}$；当 $\lambda = 0.70$ 时，根据截矩阵的分析方法，U 分为 2 类：$\{u_1,u_2,u_3,u_5,u_6,u_7,u_8,u_9,u_{10}\}$，$\{u_4,u_{11},u_{12},u_{13},u_{14},u_{15},u_{16},u_{17},u_{18},u_{19},u_{20}\}$；

当 $\lambda = 0.600$ 时，根据截矩阵的分析方法，U 分为 1 类：$\{u_1,u_2,u_3,u_4,u_5,u_6,u_7,u_8,u_9,u_{10},u_{11},u_{12},u_{13},u_{14},u_{15},u_{16},u_{17},u_{18},u_{19},u_{20}\}$；

聚类图如图 8-6。

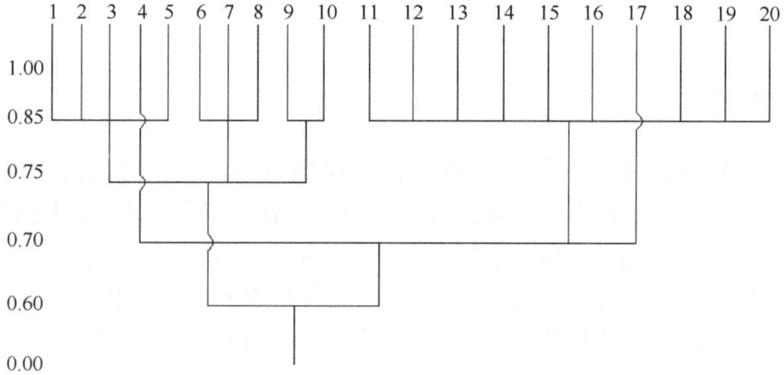

图 8-6　基于密码子的 DNA 序列分类聚类图

三、结论

当 $\lambda=0.85$ 时，1、2、3、5 号 DNA 序列聚合成一类，6～8 号 DNA 序列聚合成一类，9、10 号 DNA 序列聚合成一类，1～16、18、19、20 号 DNA 序列聚合成一类。说明：1、2、3、5 号 DNA 序列，6～8 号 DNA 序列，9、10 号 DNA 序列，1～16、18、19、20 号 DNA 序列分别具有较好的相似性，相似程度高。

当 $\lambda=0.70$ 时，1、2、3、5～10 号 DNA 序列聚合成一类，4、11～20 号 DNA 序列聚合成一类。说明：1、2、3、5～10 号 DNA 序列比 1～20 号的其他 DNA 序列更加相似；4、11～20 号 DNA 序列也比 1～20 号的其他 DNA 序列具有更大的相似性。

在模糊聚类分析中，由于提取判别特征（聚类要素）的方法不同或聚类方法的选取不当，有时会出现误判的现象。因此，已知类别的序列分类的正确率或误判率常常作为衡量聚类方法优劣的标准。一般地，有：误判率=1–正确率。

本书选用正确率来衡量聚类方法的优劣，正确率的构造如下：对已知类别的 1～20 号人工 DNA 序列聚类。属于 A 类的对象成功地被判定为 A 类，或者属于 B 类的对象成功地被判定为 B 类，称为判定正确。设判定正确的个数为 m，总共的个数为 M（本书中 M=20），正确率为 p，则：

$$p=\frac{m}{M}=\frac{m}{20}$$

由上面的聚类分析结果可知：当 $\lambda\geqslant 0.75$ 时，4 号 DNA 序列自成一类；当 $\lambda=0.70$ 时，4 号 DNA 序列被判定归为 B 类 DNA 序列。而已知的 4 号 DNA 序列属于 A 类 DNA 序列，所以 4 号 DNA 序列无法通过上述方法进行聚类，则 m=19，p=95%，即正确率为 95%。

第六节 肿瘤基因表达谱分类

一、问题描述

肿瘤一直以来威胁着人类的健康，在各种疾病中，恶性肿瘤的死亡率高居第二位。世界上，每年死于肿瘤疾病约有 600 万人，且以每年 1000 万人的速度递增。根据统计，中国每年约有 100 万人死于肿瘤疾病，尤其近几年来城市人口患病的概率呈上升趋势，患者年龄呈下降趋势，并且发病率和死亡率以 20%的速度连年攀升，肿瘤已成为人类的死敌。因此，在人类更加关心自身健康与生命的 21 世纪，肿瘤学们关注的是：预防和治疗肿瘤。

在组织形态学上，肿瘤被分为多种不同的类型，同一种类型又分为不同的亚型，在临床治疗中，对肿瘤亚型的正确诊断是至关重要的。然而现实的临床上，肿瘤的分型并不容易处理，很多肿瘤在组织形态学上非常相似，例如白血病的亚型，但治疗方法却不同。从分子水平上看，DNA 损伤带来的基因异常表达致使肿瘤的出现，导致肿瘤细胞异常繁殖、生长失控和缺乏分化。但是由于肿瘤基因表达谱数据具有样本数量少、维数非常高、噪声冗余基因多且信息基因少，各个样本中只有少量的基因与样本类别有关特点，因此，肿瘤基因表达谱分析的本质内容就是选取信息基因，建立有效的肿瘤分类模型的关键。为了揭示肿瘤的产生、发展，并实现肿瘤分子级诊断，常采用数据挖掘技术对肿瘤基因表达谱数据进行研究。

二、数据采集

本文选用 3 组经典的基因表达公共数据库，包括白血病、结肠癌和前列腺癌（数据来自于 http：//www. broad. mit. edu/cgi-bin/eancer/datasets. cgi）。第一组实验数据为白血病（leukemia）数据集，leukemia 两个亚型（ALL 和 AML）共有 52 个样本，其中 ALL 样本 24 个，AML 样本 28 个，每个样本包含 12 564 条基因。第二组实验数据为结肠癌（coloncancel"）数据集，共有 62 个样本，其中正常样本 22 个，癌症样本 40 个，每个样本包含 2000 条基因。第三组实验数据为前列腺癌（prostatecancel"）数据集，共有 102 个样本，其中正常样本 50 个，癌症样本 52 个，每个样本包含 12 600 条基因。针对肿瘤样本，通常先使用基因排序法对原始样本集进行初次筛选，按照某种记分准则为各个基因记分，该基因在分类中的重要程度取决于分值的大小，再按分值大小进行降序排列，此种方法主要是尽可能多地剔除无关的冗余基因。常用的几种记分准则如下：

（1）误分类阈值。

（2）Relidf 与 Relief-F。

（3）Fisher 判别，其记分准则为：

$$FDR(g_i)=\frac{(u^+{}_i-u^-{}_i)^2}{(\sigma^+{}_i)^2+(\sigma^-{}_i)^2}$$

其中，分别为第 i 个基因在两种类别中的均值和方差。

（4）t 检验统计计量，其表达式为：

$$T=\frac{\overline{X}-\overline{Y}}{\sqrt{\frac{{s_1}^2}{n_1}+\frac{{s_2}^2}{n_2}}}$$

其中，s 为样本 x 的方差，J 为样本的方差。

（5）特征记分准则，它的记分函数为：

$$FSC(g_i)=\left|\frac{u^+{}_i-u^-{}_i}{\sigma^+{}_i+\sigma^-{}_i}\right|$$

（6）修订的特征记分准则，它的记分函数为：

$$RFSC(gi)=\frac{1}{2}\left|\frac{u^+{}_i-u^-{}_i}{\sigma^+{}_i+\sigma^-{}_i}\right|+\frac{1}{2}\ln\frac{(\sigma^+{}_i)^2+(\sigma^-{}_i)^2}{2\sigma^+{}_i\sigma^-{}_i}$$

（7）Wilcoxon、Krushal. Wallis 秩和检验的方法，Wilcoxon 秩和检验仅仅适合两类问题，Krushal. Wallis 秩和检验则适合多个肿瘤亚型分类问题。

肿瘤样本集经过预处理，即选择特征基因或抽取特征基因处理后，可以带来诸多优点，包括：

（1）改善了肿瘤分类模型的识别正确率；

（2）删除了冗余信息和特征；

（3）降低了测量成本；

（4）缩短了分类器训练和学习的时间；

（5）简化了分类模型；

（6）提高了分类模型的运行速度；

（7）改善了参数估计的可靠性。

三、分析过程

Step1：根据式（2. 9）、（2. 10）和（2. 11）分别对白血病、结肠癌和前列腺癌数据集进行预处理。

Step2：将预处理后的数据集归一化，再根据式（2. 5）剔除预处理后的熵值较小的基因。

熵是信息的度量，最早由香农（Claude Elwood Shannon）提出，其度量值由信息的不确定性决定，一个信息的不确定性越大，熵就越大，理解它所需要的信息量也就越大。信息熵是系统有序化程度的度量，一个系统如果越有序，其信息熵也就越低；反之，如果一个系统越是混乱，其信息熵就会越高。将信息熵应用于基因表达谱数据，如某基因信息熵越大，表明该基因含有信息量越大，分类贡献度也就越大；反之，信息熵越小，该基因含有信息量越小，分类贡献度也就越小。假设肿瘤基因表达谱数据集中第 i 个基因在所有样本中符合某一概率分布 P（g），则该基因的信息熵可通过公式计算：

$$H(g_i)=\sum_{j=1}^{n}p(g_{ij})\log_2\frac{1}{p(g_{ij})}$$

其中，第 i 个基因由 g_i 表示，g_i 表示第 i 个基因在第 j 个样本中的基因表达水平等级。此外，假设所有基因符合均值为 u_i，方差为 0.5 的正态分布，其中 u_i 以为第 i 个基因在所有样本中基因表达水平等级的均值，利用公式计算预处理后的基因熵值，剔除熵值小的基因，达到降维和选取基因子集的目的。

Step3：计算数据集中剩下的每个基因表达谱数据的峰谷差和峰谷比。

直方图又称频率分布直方图，它可以比较直观地看出不同种类样本的分布情况。在制作直方图时，首先要对样本进行分组，按照组距相等的原则，结合基因表达谱数据的实际特点，本文将预处理后的数据集分成 16 组。直方图中幅值最大值是波峰，幅值最小值是波谷，波峰数与波谷数之差是峰谷差，波峰数与波谷数之比是峰谷比。根据数字图像处理中直方图与图像亮度的关系可知，曝光正常的理想状态下，所有波形都会均匀分布，即不会出现明显差异的峰谷差和峰谷比。把直方图理论运用到肿瘤基因上，如果出现明显差异的峰谷差和峰谷比，即直方图的峰谷差和峰谷比越大，此基因所带来的信息量就越大，分类贡献度也就越大。

下面给出频率分布直方图峰谷比和峰谷差的一般实现过程：

（1）找出所选样本中每个基因的最大表达值 $\max_j$ 和最小表达值 $\min_i$，计算它们的差 $s_j=\max_j-\min_j$，j=1，2，…，N，其中 N 为基因总数；

（2）确定组数 D，计算组距 $R_j=\dfrac{s_j}{(D-1)}$，j=1，2，…，N，其中 N 为基因总数；

（3）确定各组的界限位，即下界 L_{ij} 和上界 U_{ij} 各组的界限位可以从第一组开始依次计算，第一组的下界 $L_{1j}=\min_j-10^{-3}$，第一组的上界 $U_{1j}=L_{1i}+R_i$，则第 i 组的下界 $L_{ij}=U_{(i-1)j}$，第 i 组的上界 $U_{ij}=L_{ij}+R_j$，i=1，2，…，D，j=1，2，…，N，

其中 D 为组数，N 为基因总数；

（4）统计各组的频数 D_{ij}，则各组的频率 $F_{ij}=\dfrac{D_{ij}}{N}$，i=1，2，…，D，j=1，2，…，N，其中 D 为组数，N 为基因总数；

（5）统计频率分布直方图的峰谷差和峰谷比。

根据峰谷差和峰谷比从大 Nd，对基因进行排序，选择排在前面的若干基因作为信息基因，使之更加适合后续分类分析。

Step4：根据峰谷差和峰谷比的大小对基因进行排序，选取峰谷差和峰谷比大的若干基因作为信息基因。

Step5：用 SVM 或 KNN 对三组数据集进行分类并分析其结果。

第一组，用此方法与 Furey T 等以“信噪比”为指标的 Signal to noise ratio 法和 BeIl-Dor A 等的 All genes，TNoM SVM score 法，分别对 colon cancer 样本基因表达数据用 SVM 进行分类实验，对比结果如表 8-10。

表 8-10　实验结果

数据集	实验方法	分类器	正确率
结肠癌	此方法	支持向量机	91.94%
结肠癌	信噪比	支持向量机	90.30%
结肠癌	此方法	支持向量机	91.94%
结肠癌	全基因，TNoM 支持向量机评分法	支持向量机	74.20%

由表 8-10 可知，对于 colon eancer 样本，虽然样本少，但此方法分类效果较 signalto noise ratioAll genes，TNoM SVM score 更有效。第二组，用此方法与 Shulill Wang 等的 RFSC and ICA 法，分别对 leukema 和 colon cancer 样本基因表达数据，用 SVM 进行分类实验，对比结果如表 8-12。

四、结论

由表 8-11 可知，对于白血病、结肠癌和前列腺癌数据集，无论是采用 SVM 和 KNN 分类器，此方法得到的分类准确率都较高，从而进一步验证了此方法的有效性，同时具有一定的普适性。

表 8-11　实验结果

数据集	实验方法	分类器	正确率
白血病	此方法	支持向量机	100%
白血病	RFSC 和 ICA	支持向量机	98.61%
结肠癌	此方法	支持向量机	91.94%
结肠癌	RFSC 和 ICA	支持向量机	91.94%

第七节　判别分析在基因检测中的应用

一、问题描述

对基因表达数据分析的一个重要任务是对样品进行判别分类，即根据已知的基因表达数据建立判别模型，对未知样本进行判别与分类，这对疾病的诊断具有非常重要的意义。目前有多种基因表达数据的分类方法，如神经网络、支持向量机、自组织作图等，效果各异。最近，应用组合分类器的方法得到了人们重视，即将多个单一分类器的预测模型进行组合，产生一个新的分类器，然后利用它对未知数据进行分类。许多研究表明，组合分类器比单一分类器的分类效果好，随机森林（random forests）就是一种利用多个分类树对数据进行判别与分类的方法，它可以应用于变量个数远大于样本个数的数据，并且不会产生过拟合现象，在基因表达数据分析的研究领域有广阔的发展前景。

二、数据描述

对结肠癌、前列腺癌、白血病和乳腺癌四种基因表达数据进行分类研究，算法通过 R 软件实现。其中结肠癌、前列腺癌、白血病均以正常组织作为对照，乳腺癌则分为转移、无转移，基因数目和分类情况如表 8-12。

表 8-12　四种疾病基因表达数据的样本分布情况

数据名称	基因数目	样本数	正确率	
			正常	异常
结肠癌	2000	62	22	40
前列腺癌	6033	102	50	52
白血病	7129	72	47	25
乳腺癌	4869	77	33	44

为了准确地评价随机森林分类器的效果，对每一种疾病的基因表达数据，随机将样本分成两部分，其中 2/3 为训练样本，1/3 为测试样本，按此方法随机组成 1000 个训练样本和 1000 个测试样本，分别建立组合分类器，最后综合评价分类效果。评价采用灵敏度（Se）、特异度（Sp）、信息比（IR）和 ROC 曲线下面积（AUC）四种指标，其中 Se、Sp 和 IR 是按照概率 0.5 为判别阈值预测分类的评价结果，ROC 曲线下面积则是综合评价的结果。

三、分析过程

随机森林由 Breiman(2001)[6]提出，它通过自助法（bootstrap）重采样技术，从原始训练样本集 N 中有放回地重复随机抽取 k 个样本生成新的训练样本集合，然后根据自助样本集生成 k 个分类树组成随机森林，新数据的分类结果按分类树投票多少形成的分数而定。

随机森林中的每一棵分类树为二叉树，其生成遵循自顶向下的递归分裂原则，即从根节点开始依次对训练集进行划分；在二叉树中，根节点包含全部训练数据，按照节点不纯度最小原则，分裂为左节点和右节点，它们分别包含训练数据的一个子集，按照同样的规则节点继续分裂，直到满足分支停止规则而停止生长。

若节点 n 上的分类数据全部来自于同一类别，则此节点的不纯度 $I(n)=0$ 不纯度度量方法是 Gini 准则，即假设 $p(w_i)$ 是节点 n 上属于 w_i 类样本个数占训练样本总数的频率，则 Gini 准则表示为

$$I(n)=\sum_{i\neq j}p(w_i)p(w_j)=1-\sum_{j}p^2(w_j)$$

随机森林生成的算法如下所述。

（1）原始训练集为 N，应用 boot strap 法有放回地随机抽取 k 个新的自助样本集，并由此构建 k 棵分类树，每次未被抽到的样本组成了 k 个袋外数据(out of bag，OOB)。

（2）设有 mall 个变量，则在每一棵树的每个节点处随机抽取 mtry 个变量（mtry = mall)，然后在 mtry 中选择一个最具有分类能力的变量，变量分类的阈值通过检查每一个分类点确定。

（3）每棵树最大限度地生长，不做任何修剪。

（4）将生成的多棵分类树组成随机森林，用随机森林分类器对新的数据进行判别与分类，分类结果按树分类器的投票多少而定。

在随机森林构建过程中，自助样本集用于每一个树分类器的形成，每次抽样生成的袋外数据（OOB）被用来预测分类的正确率，对每次预测结果进行汇总得到错误率的 OOB 估计，然后评估组合分类器判别的正确率。此外，在随机森林中，生成每一棵分类树时，所应用的自助样本集从原始的训练样本集中随机选取，每一棵树所应用的变量也是从所有变量 mall 中随机选取，从而使得随机森林有较稳定的错误率，并可以应用袋外数据来衡量分类器的性能随机森林中最重要的参数是 mtry，Liaw A 等通过试验认为 mtry = mall 是一个比较好的选择[3]。随机森林中另外两个重要的参数是构建分类树的个数 ntree 和叶节点 nodesize 的大小，本研究采用 ntree =500 和 nodesize=1 进行研究。

四、结论

由表 8-13 可以看出，四组基因表达数据中以白血病的判别效果最好，灵敏度接近 100%，特异度接近 90%，对乳腺癌有无转移预测效果最差。四种疾病预测效果的 ROC 曲线见图 8-7。

表 8-13　随机森林方法对四种基因表达数据分类结果的评价

疾病	评价指标			
	S_e	S_p	IR	AUC
结肠癌	0.898	0.701	0.280	0.890
前列腺癌	0.867	0.932	0.477	0.930
白血病	0.999	0.890	0.662	0.994
乳腺癌	0.761	0.456	0.061	0.710

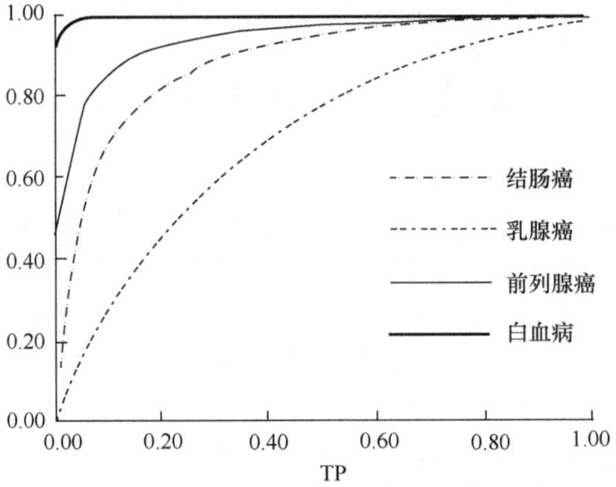

图 8-7　随机森林对四种不同疾病分类的 ROC 曲线

第八节　基因多态性与内因症发病风险相关性的荟萃分析

一、问题描述

血管内皮生长因子（VEGF）是最主要的促血管生成因子，由于女性生理特有的周期性新血管形成的特点，使得 VEGF 在女性生殖系统疾病的发生、发展中有着重要的影响。目前，多项研究表明，内异症患者的腹腔液、血清、异位及在位内膜组织中的 VEGF 蛋白及 mRNA 的表达与非内异症患者相比差异明显。Stevens 等[4]报道，在 VEGF 的启动子区存在着数十种基因位点，具有单核昔酸多态性（singlenucleotidc polym orphisms，SNP）。Watson 等[5]报道，上述位点对 VEGF 启动子的活性有很大影响，可能通过调控转录水平而改变 VEGF 的表达量，从而导致人类罹患某些疾病的风险增加。在以往的报道中，相同 VEGF 基因位点的 SNP 与内异症发病关系的研究在不同的样本量和人群种族中得到的结论不一致。为了更好地评价两者的关系，本研究采用荟萃分析的方法，对以往的资料进行综合分析，以期得到科学的结论，可以指导更深入的研究。

二、数据描述

本书所用数据中，累计病例组（为内异症患者）1610 例，对照组（为非内异症患者）1003 例。荟萃分析结果显示，VEGF 基因-460C/T 位点的 CC、CT、TT 基因型频率及 C、T 等位基因频率在病例组与对照组间比较，差异均无统计学意义（P>0.05）。VEGF 基因+405C/G 位点的 CC 基因型频率在两组间比较，差异有统计学意义（P=0.009，OR=1.45，95%CI 为 1.10～1.91）；C 等位基因频率在两组间比较，差异有统计学意义（P=0.020，OR=1.19，95%CI 为 1.03～1.38）。VEGF 基因+936C/T 位点 CC 基因型频率在两组间比较，差异有统计学意义（P=0.050，OR=0.81，95%CI 为 0.66～1.00）；T 等位基因频率在两组间比较，差异有统计学意义（P=0.040，OR=1.20，95%CI 为 1.03～1.43）。

三、分析方法

1. 文献检索方法

计算机检索 Medline 数据库、Cochrane 图书馆数据库、中国知网（CNICI）、中目生物医学文献数据库（CBM）、万方数据库、西文生物医学期刊文献数据库（FMJS）等，检索期限为各数据库开库以来至 2011 年 7 月。

中文检索词：子宫内膜异位症、内异症、血管内皮生长因子、基因多态性、遗传变异、血管生成、抗血管生成。

2. 纳入和排除标准

（1）研究类型：病例对照研究。

（2）纳入标准：

A. 国内外已公开发表的关于 VEGF 基因多态性与内异症发病相关的文献；

B. 各研究的目的、统计学方法相似，文献数据齐全；

C. 病例组为经临床和病理检查均证实为内异症的患者，且术前半年均未接受任何激素治疗，无其他并发症；

D. 对照组为临床和病理检查均证实为非内异症的其他良性妇科疾病患者或

健康妇女；

E. 对照组人群的基因型频率分布符合 Hardy-Weinberg 平衡（$P>0.05$）。

（3）排除标准：

A. 未给出具体方法、具体数据的研究；

B. 病例组为非内异症患者，或半年内接受过激素治疗，或有其他并发症；

C. 对照组人群的基因型频率分布不符合 Hardy-Weinberg 平衡（$P<0.05$），或未进行该平衡检验；

D. 分析指标：VEGF 基因多态位点的基因型频率、等位基因频率在病例组与对照组间的差异比较。

3. 质量评价

由两名评价员根据纳入及排除标准独立阅读、筛选文献，剔除样本量过少、质量差、重复报道、无原始数据等的文献，然后进行交叉核对，如有分歧则经讨论或由第三方判定是否纳入，最后获得初筛文献。

4. 资料分析

采用 RevMan5.0 软件进行荟萃分析。首先对纳人的各研究效应量进行统计学异质性分析，采用χ^2检验判定，如 I2（统计量 I2 反应异质性部分在效应量总的变异中所占的比例）≤50%，表示各研究结果间无统计学异质性，采用固定效应模型进行合并分析；如 I2＞50%，表示各研究结果间存在统计学异质性，采用随机效应模型进行合并分析，根据情况可进行亚组分析或描述性分析等。通过漏斗图检测是否存在发表偏倚。选取 OR 值及其 95%CI 为评定罹患内异症风险的指标。

四、结论

1. 文献检索结果

初筛共获得 608 篇文献，根据阅读题目、摘要以及全文，排除综述、动物实验、会议记录、个案报道、重复文献等明显不符合纳入标准的文献，获得 12 篇质量好、研究意义较大的文献。通过进一步仔细阅读全文，又排除以下 3 篇文献：在 Hsieh 等[6]的研究中，对照组人群的 VEGF 基因–460C/T 位点的基因型频率分布不符合 Hardy-Weinberg 平衡（$\chi^2=28.17$，$P=0.000\ 05$）；Zhao 等[7]的报道未明确给出研究位点的基因型频率统计数据；Kim 等[8]未给出对照组的基因型、等位基因频率统计数据。最终纳入 9 篇文献，累计病例组 1610 例，对照组 1643 例。病例组为经临床和病理检查证实的内异症患者，对照组为同期同一地区经病理检查证实的非内异症患者（排除恶性肿瘤）或健康妇女。在排除了 Bhanoori 等[9]与 Altinkaya

等[17]的研究后可以得到以下结论，携带 VEGF 基因+405C/G 位点的 CC 基因型的妇女发生内异症的风险增加 1.45 倍，携带 C 等位基因则增加 1.19 倍，而携带 G 等位基因的妇女发病风险降低（OR=0.84，95%CI 为 0.72～0.97）。所获得的结论在不同种族间同质性好，结果可靠。虽然在本研究中放弃了 Bllanoori 等[9]与 Attar 等[17]的研究，但并不能否定这些研究的价值。对于统计学上有异质性表现的研究，将其去除后再分析尚有争议，Colditz 等[18]认为这样可能会产生选择偏倚。因此，VEGF 基因+405C/G 位点的 SNP 与内异症发病的关系仍需要更多高质量、大样本的研究证实。VEGF 基因+936C/T 位点：4 个文献的分析结果显示，携带 T 等位基因罹患内异症的风险增加 1.2 倍，而携带 C 等位基因可能降低该风险。纳入的不同种族间经分析不存在统计学异质性，即结论可靠。

2. VEGF 基因其余位点的多态性与内异症发病风险的关系

关于 VEGF 基因–2578C/A、–1154G/A、–634G/C 等位点多态性的研究较少，结论不一致，种族差异较大，如果只是盲目的进行合并，并不能获得科学的、有意义的结论，因此本研究并未对这些基因位点进行分析。

3. VEGF 基因多态性与内异症分期、病理分型的关系

所有被纳入的研究均对内异症分期进行了亚组分析，Genhlini 等[11]对卵巢囊肿大小、结节浸润深度及盆腔粘连程度等进行了亚组分析，且未发现有明显的差异。可能是 VEGF 基因多态性与内异症的严重程度关系不大，也可能与样本量大小、DNA 检测方法的灵敏度、结局指标的特异度及准确率等有关。综上所述，内异症是一种受众多环境、遗传因素共同作用的疾病，且具有家族聚集性。随着分子生物学技术的不断提高，研究 DNA 上的多态位点，可以了解内异症的发病机制，并可以提早预防，且针对导致 VEGF 高表达的序列，如果能采用基因靶向治疗阻断其复制、转录等，减少 VEGF 的生成，可能显著抑制新生血管形成，成为治疗内异症的新方向。

参 考 文 献

[1] 尹方方. 基于 STR 和 HLA 多态性的中国人群空间遗传结构研究. 山东大学, 2010.

[2] 杜若甫. 我国的人类群体遗传学研究. 生物学通报, 1997, (7): 9-12.

[3] Liaw A, Wiener M. Classification and regression by random forest. R News, 2002, 23(23).

[4] Stevens A, Soden J, Brenchley P E. Haplotype analysis of the polymorphic human vascular endothelial growth factor gene promoter, 2003, 5.

[5] Watson C J, Webb N J, Bottomley M J. Identification of polymorphisms within the vascular endothelial growth factor (VEGF) gene: correlation with variation in VEGF protein production, 2000, (8).

[6] Hsieh Y Y, Chang C C, Tsai F J T. Allele for VEGF gene-460 polymorphism at the 5'-untranslated region: association with a higher susceptibility to endometriosis, 2004.

[7] Watson C J, Webb N J, Bottomley M J, et al. Identification of polymorphisms within the vascular endothelial growth factor (VEGF) gene : correlation with variation in VEGF protein production. Cytokine, 2000, 12(8): 1232-1235.

[8] Kim J G, Kim J Y, Jee B C. Association between endometriosis and polymorphisms in endostatin and vascular endothelial growth factor and their serum levels in Korean women, 2008.

[9] Bhanoori M, Arvind B K, Pavankumar R N G. The vascular endothelial growth factor (VEGF) + 405G> C5'-untranslated region polymorphism and increased risk of endometriosis in South Indian women: a case control study, 2005.

[10] Chapron C, Bricou A, Chopin N, et al. Deeply infiltrating endometriosis: pathogenetic implications of the anatomical distribution. Human Reproduction, 2006, 21(7): 1839-1845.

[11] Gentilini D, Somigliana E, Vigano P. The vascular endothelial growth factor + 405G》C polymorphism in endometriosis, 2008.

[12] 张霁, 侯一平, 吴瑾, 等. 中国人群 9 号染色体 10 个 STR 基因座的遗传多态性及其在法医学中的应用. 中华医学遗传学杂志, 2007, 17(6): 417-421.

[13] 黄书琴. 河南汉族人群 15 个 STR 基因座的遗传多态性及其法医学应用研究. 郑州大学, 2010.

[14] 张幼芳, 徐林苗, 吴微微. 浙江汉族人群 13 个 STR 基因座的遗传多态性及法医学应用研究. 公安学刊：浙江公安高等专科学校学报, 2005, 5 (5): 54-56.

[15] Park S J, Lee W G, Lee S W, et al. Genetic variations at four tetrameric tandem repeat loci in Korean population. Journal of Forensic Sciences, 1997, 42(1): 125-129.

[16] Guo S W, Thompson E A. Performing the exact test of Hardy-Weinberg proportion for multiple alleles// Biometrics. Biometrics, 1992: 361-372.

[17] Altinkaya S O, Ugur M, Ceylaner G. Vascular endothelial growth factor + 405 C/G polymorphism is highly associated with an increased risk of endometriosis in Turkish women.

[18] Hou Y, Prinz M, Staak M. Comparison of Different Tests for Deviation from Hardy-Weinberg Equilibrium of AMPFLP Population Data// Advances in Forensic Haemogenetics. Springer Berlin Heidelberg, 1994: 511-514.

[19] 周娟娟, 洪素云. 中国汉族人群 15 个 STR 基因座遗传多态性研究及法医学应用. 中国免疫学杂志, 2004, 12 (12): 841-842.

[20] 王占海, 郭燕霞, 刘开会, 等. 青海地区藏族人群 9 个 STR 基因座的遗传多态性. 中国法医学杂志, 2004, 19(2): 100-101.

[21] 张晓红. 汉维人群 18 个 STR 基因座的遗传多态性及法医学应用. 南方医科大学, 2013.

附　录　1

Art-model-data

1.aggcacggaaaaacgggaataacggaggaggacttggcacggcattacacggaggacgaggtaaaggaggcttgtctacggccggaagtgaagggggatatgaccgcttgg

2.cggaggacaaacgggatggcggtattggaggtggcggactgttcggggaattattcggtttaaacgggacaaggaaggcggctggaacaaccggacggtggcagcaaagga

3.gggacggatacggattctggccacggacggaaaggaggacacggcggacatacacggcggcaacggacggaacggaggaaggagggcggcaatcggtacggaggcggcgga

4.atggataacggaaacaaaccagacaaacttcggtagaaatacagaagcttagatgcatatgtttttaaataaaatttgtattattatggtatcataaaaaaaggttgcga

5.cggctggcggacaacggactggcggattccaaaaacggaggaggcggacggaggctacaccaccgtttcggcggaaaggcggagggctggcaggaggctcattacggggag

6.atggaaaattttcggaaaggcggcaggcaggaggcaaaggcggaaaggaaggaaacggcggatatttcggaagtggatattaggagggcggaataaaggaacggcggcaca

7.atgggattattgaatggcggaggaagatccggaataaaatatggcggaaagaacttgttttcggaaatggaaaaaggactaggaatcggcggcaggaaggatatggaggcg

8.atggccgatcggcttaggctggaaggaacaaataggcggaattaaggaaggcgttctcgcttttcgacaaggaggcggaccataggaggcggattaggaacggttatgagg

9.atggcggaaaaaggaaatgtttggcatcggcgggctccggcaactggaggttcggccatggaggcgaaaatcgtgggcggcggcagcgctggccggagtttgaggagcgcg

10.tggccgcggagggggcccgtcgggcgcggatttctacaagggcttcctgttaaggaggtggcatccaggcgtcgcacgctcggcgcggcaggaggcacgcgggaaaaaacg

11.gttagatttaacgtttttatggaatttatggaattataaatttaaaaatttatatttttaggtaagtaatccaacgtttttattactttttaaaattaaatatttatt

12.gtttaattactttatcatttaatttaggttttaattttaaatttaatttaggtaagatgaatttggtttttttaaggtagttatttaattatcgttaaggaaagttaaa

13.gtattacaggcagaccttatttaggttattattattatttggattttttttttttttttttttaagttaaccgaattattttctttaaagacgttacttaatgtcaatgc

14.gttagtctttttagattaaattattagattatgcagtttttttacataagaaaattttttttcggagttcatattctaatctgtctttattaaatcttagagatatta

15.gtattatatttttttattttattattttagaatataatttgaggtatgtgtttaaaaaaaattttttttttttttttttttttttttaaaatttataaatttaa

16.gttatttttaaatttaattttaattttaaaatacaaaatttttactttctaaaattggtctctggatcgataatgtaaacttattgaatctatagaattacattattgat

17.gtatgtctatttcacggaagaatgcaccactatatgatttgaaattatctatggctaaaaaccctcagtaaaatcaatccctaaacccttaaaaaacggcggcctatccc

18.gttaattatttattccttacgggcaattaattatttattacggttttatttacaatttttttttttgtcctatagagaaattacttacaaaacgttattttacatactt

19.gttacattatttattattatccgttatcgataatttttacctctttttcgctgagtttttattcttactttttttcttctttatataggatctcatttaatatcttaa

20.gtatttaactctctttactttttttttcactctctacattttcatcttctaaaactgtttgatttaaactttttgtttctttaaggattttttttacttatcctctgttat

21.tttagctcagtccagctagctagtttacaatttcgacaccagtttcgcaccatcttaaatttcgatccgtaccgtaatttagcttagatttggatttaaaggatttagattga

22.tttagtacagtagctcagtccaagaacgatgtttaccgtaacgtqacgtaccgtacgctaccgttaccggattccggaaagccgattaaggaccgatcgaaaggg

23.cgggcggatttaggccgacggggacccgggattcgggacccgaggaaattcccggattaaggtttagcttcccgggatttagggcccggatggctgggaccc24.tttagctagctactttagctatttttagtagctagccagcctttaaggctagcttagctagcattgttctttattgggacccaagttcgacttttacgatttagttttgaccgt

25.gaccaaaggtgggctttagggacccgatgctttagtcgcagctggaccagttccccagggtattaggcaaaagctgacgggcaattgcaatttaggcttaggcca

26.gatttactttagcatttttagctgacgttagcaagcattagctttagccaatttcgcatttgccagtttcgcagctcagttttaacgcgggatctttagcttcaagctttttac

27.ggattcggatttacccggggattggcggaacgggacctttaggtcgggacccattaggagtaaatgccaaaggacgctggtttagccagtccgttaaggcttag

28.tccttagatttcagttactatatttgacttacagtctttgagatttcccttacgatttgacttaaaatttagacgttagggcttatcagttatggattaatttagcttattttcga

29.ggccaattccggtaggaaggtgatggcccgggggttcccgggaggatttaggctgacgggccggccatttcggtttagggagggccgggacgcgttagggc30.cgctaagcagctcaagctcagtcagtcacgtttgccaagtcagtaatttgccaaagttaaccgttagctgacgctgaacgctaaacagtattagctgatgactcgta

31.ttaaggacttaggctttagcagttactttagtttagttccaagctacgtttacgggaccagatgctagctagcaatttat tatccgtattaggcttaccgtaggtttagcgt32.gctaccgggcagtctttaacgtagctaccgtttagtttgggcccagccttg cggtgtttcggattaaattcgttgtcagtcgctctrtgggtttagtcattcccaaaagg

33.cagttagctgaatcgtttagccatttgacgtaaacatgattttacgtacgtaaattttagccctgacgtttagctagga atttatgctgacgtagcgatcgactttagcac

34.cggttagggcaaaggttggatttcgacccagggggaaagcccgggacccgaacccagggctttagcgtaggct gacgctaggcttaggttggaacccggaaa

35.gcggaagggcgtaggtttgggatgcttagccgtaggctagctttcgacacgatcgattcgcaccacaggataaa agttaagggaccggtaagtcgcggtagcc

36.ctagctacgaacgctttaggcgcccccgggagtagtcgttaccgttagtatagcagtcgcagtcgcaattcgcaa aagtccccagctttagccccagagtcgacg

37.gggatgctgacgctggttagctttaggcttagcgtagctttagggccccagtctgcaggaaatgcccaaaggagg cccaccgggtagatgccasagtgcaccgt

38.aacttttagggcatttccagttttacgggttattttcccagttaaactttgcaccattttacgtgttacgatttacgtataat ttgaccttattttggacactttagtttgggttac

39.ttagggccaagtcccgaggcaaggaattctgatccaagtccaatcacgtacagtccaagtcaccgtttgcagcta ccgtttaccgtacgttgcaagtcaaatccat

40.ccattagggtttatttacctgtttatttttcccgagaccttaggtttaccgtacttttaacggtttacctttgaaattttg gactagcttaccctggatttaacggccagttt

附　录　2

程序一：（以 **A21** 为例，其余格式相同）

```
x=[39
   5
   10
   55];
a=[31.8
   19.5
   42.5
   17.1];
D1=sqrt((x-a)'*(x-a))

b=[23.5
   11.2
   11.1
   55.2];
D2=sqrt((x-b)'*(x-b))

D1-D2
```

程序二：

```
a=[31.8;19.5;42.5;17.1];
b=[23.5;11.2;11.1;55.2];
x1=[33;19;44;15]; x2=[30;18;46;17];x3=[30;24;50;7];
x4=[47;12;20;32];x5=[36;26;47;12];x6=[39;14;44;14];
x7=[39;11;40;21];x8=[31;18;41;21];x9=[23;23;48;17];
x10=[20;30;45;15];
s1=(x1-a)*(x1-a)'+(x2-a)*(x2-a)'+(x3-a)*(x3-a)'+...
   (x4-a)*(x4-a)'+(x5-a)*(x5-a)'+(x6-a)*(x6-a)'+(x7-a)*(x7-a)'+...
   (x8-a)*(x8-a)'+(x9-a)*(x9-a)'+(x10-a)*(x10-a)';
s1;
x11=[39;5;11;55];x13=[28;11;14;57];x14=[33;9;13;55];x12=[36;3;16;55];
x15=[32;0;7;71];x16=[40;9;10;51];x17=[39;27;15;29];x18=[32;13;10;55];
x19=[24;16;8;62];x20=[22;19;7;62];
s2=(x11-b)*(x11-b)'+(x12-b)*(x12-b)'+(x13-b)*(x13-b)'+...
   (x14-b)*(x14-b)'+(x15-b)*(x15-b)'+(x16-b)*(x16-b)'+(x17-b)*(x17-b)'+...
   (x18-b)*(x18-b)'+(x19-b)*(x19-b)'+(x20-b)*(x20-b)';
s2;
x=[x1 x2 x3 x4 x5 x6 x7 x8 x9 x10 x11 x12 x13 x14 x15 x16 x17 x18 x19 x20];
```

```
c=(1/(10+10-2))*(s1+s2);
c;
d=c^(-1);
g=d*(a-b);
e=1/(10+10-2)*g;
f1=e'*a;
f2=e'*b;
f=(10*f1+10*f2)/(10+10);

h1=[31;22;19;41];h2=[30;25;26;23];h3=[18;26;39;19];h4=[24;22;22;47];h5=[26;24;32;23];
h6=[25;24;21;44];h7=[24;21;35;24];h8=[30;17;18;52];h9=[15;22;45;19];h10=[31;26;23;27];
h11=[27;20;25;40];h12=[19;25;29;36];h13=[30;21;23;37];h14=[24;24;37;17];h15=[25;
22;35;21];
h16=[24;32;27;22];h17=[22;26;34;21];h18=[26;20;20;51];h19=[29;30;22;25];h20=[23;
23;20;50];
h=[h1 h2 h3 h4 h5 h6 h7 h8 h9 h10 h11 h12 h13 h14 h15 h16 h17 h18 h19 h20];

for i=1:20
    y=e'*h(:,i);
    if y-f>0
        p(i,1)=1;
    else if y-f<0
            p(i,1)=2;
        else p(i,1)=3;
        end
    end
end
p
```

程序三：

```
a=[31.8;19.5;42.5;17.1];
b=[23.5;11.2;11.1;55.2];
x1=[33;19;44;15]; x2=[30;18;46;17];x3=[30;24;50;7];
x4=[47;12;20;32];x5=[36;26;47;12];x6=[39;14;44;14];
x7=[39;11;40;21];x8=[31;18;41;21];x9=[23;23;48;17];
x10=[20;30;45;15];
s1=(x1-a)*(x1-a)'+(x2-a)*(x2-a)'+(x3-a)*(x3-a)'+...
    (x4-a)*(x4-a)'+(x5-a)*(x5-a)'+(x6-a)*(x6-a)'+(x7-a)*(x7-a)'+...
    (x8-a)*(x8-a)'+(x9-a)*(x9-a)'+(x10-a)*(x10-a)';
s1;
x11=[39;5;11;55];x13=[28;11;14;57];x14=[33;9;13;55];x12=[36;3;16;55];
x15=[32;0;7;71];x16=[40;9;10;51];x17=[39;27;15;29];x18=[32;13;10;55];
x19=[24;16;8;62];x20=[22;19;7;62];
s2=(x11-b)*(x11-b)'+(x12-b)*(x12-b)'+(x13-b)*(x13-b)'+...
    (x14-b)*(x14-b)'+(x15-b)*(x15-b)'+(x16-b)*(x16-b)'+(x17-b)*(x17-b)'+...
    (x18-b)*(x18-b)'+(x19-b)*(x19-b)'+(x20-b)*(x20-b)';
```

```
s2;
x=[x1 x2 x3 x4 x5 x6 x7 x8 x9 x10 x11 x12 x13 x14 x15 x16 x17 x18 x19 x20];
c=(1/(10+10-2))*(s1+s2);
c;
d=c^(-1);
q1=10/20;q2=10/20;
q1;q2;log(q1);log(q2);

h1=[31;22;19;41];h2=[30;25;26;23];h3=[18;26;39;19];h4=[24;22;22;47];h5=[26;24;32;23];
h6=[25;24;21;44];h7=[24;21;35;24];h8=[30;17;18;52];h9=[15;22;45;19];h10=[31;26;23;
27];
h11=[27;20;25;40];h12=[19;25;29;36];h13=[30;21;23;37];h14=[24;24;37;17];h15=[25;
22;35;21];
h16=[24;32;27;22];h17=[22;26;34;21];h18=[26;20;20;51];h19=[29;30;22;25];h20=[23;
23;20;50];
h=[h1 h2 h3 h4 h5 h6 h7 h8 h9 h10 h11 h12 h13 h14 h15 h16 h17 h18 h19 h20];

for i=1:20
    f1=log(q1)-(1/2)*a'*d*a+h(:,i)'*d*a;
    f2=log(q2)-(1/2)*b'*d*b+h(:,i)'*d*b;
    if f1>f2
        p(i,1)=1;p(i,2)=exp(f1)/(exp(f1)+exp(f2));
    else if f1<f2
            p(i,1)=2;p(i,2)=exp(f2)/(exp(f1)+exp(f2));
        else p(i,1)=3
        end
    end
end
p
```

程序四：

```
clear
clc

x1=[33;19;44;15];x2=[30;18;46;17];x3=[30;24;50;7];x4=[47;12;20;32];x5=[36;26;47;12];
x6=[39;14;44;14];
x7=[39;11;40;21];x8=[31;18;41;21];x9=[23;23;48;17];x10=[20;30;45;15];x11=[39;5;11;55];
x13=[28;11;14;57];
x14=[33;9;13;55];x12=[36;3;16;55];x15=[32;0;7;71];x16=[40;9;10;51];x17=[39;27;15;29];
x18=[32;13;10;55];
x19=[24;16;8;62];x20=[22;19;7;62];
x=[x1 x2 x3 x4 x5 x6 x7 x8 x9 x10 x11 x12 x13 x14 x15 x16 x17 x18 x19 x20];
it=sum(x);
for i=1:20
    y(:,i)=x(:,i)./it(:,i);
end
```

```
y;

       m=sum(y(i,:));
       end
end
m

for i=1:10
           s1=(y(:,i)-)
  s1=(y(1)-a)*(x1-a)′+(x2-a)*(x2-a)′+(x3-a)*(x3-a)′+...
(x4-a)*(x4-a)′+(x5-a)*(x5-a)′+(x6-a)*(x6-a)′+(x7-a)*(x7-a)′+...
(x8-a)*(x8-a)′+(x9-a)*(x9-a)′+(x10-a)*(x10-a)′;
s1;
  s2=(x11-b)*(x11-b)′+(x12-b)*(x12-b)′+(x13-b)*(x13-b)′+...
(x14-b)*(x14-b)′+(x15-b)*(x15-b)′+(x16-b)*(x16-b)′+(x17-b)*(x17-b)′+...
(x18-b)*(x18-b)′+(x19-b)*(x19-b)′+(x20-b)*(x20-b)′;
s2;
  c=(1/(10+10-2))*(s1+s2);
c;
d=c^(-1);
q1=10/20;q2=10/20;
q1;q2;log(q1);log(q2);

for i=1:182
   f1=log(q1)-(1/2)*a′*d*a+her(:,i)′*d*a;
   f2=log(q2)-(1/2)*b′*d*b+her(:,i)′*d*b;
   if f1>f2
        p(i,1)=1;p(i,2)=exp(f1)/(exp(f1)+exp(f2));p(i,3)=i;
   else if f1<f2
       p(i,1)=2;p(i,2)=exp(f2)/(exp(f1)+exp(f2));p(i,3)=i;
        else p(i,1)=3;p(i,3)=i;
        end
   end
end
p
```